图解思考

——建筑表现技法

（第三版）

Fried egg

Irregular shaped white

Regular shaped yolks

CORE   RING

UMAGE

Connections Linkage

Links Golf Course

Housing Crescent

for jogging Protected

Fairways

3.

Dogleg

图解思考

——建筑表现技法

（第三版）

［美］保罗·拉索　著

邱贤丰　刘宇光　郭建青　译

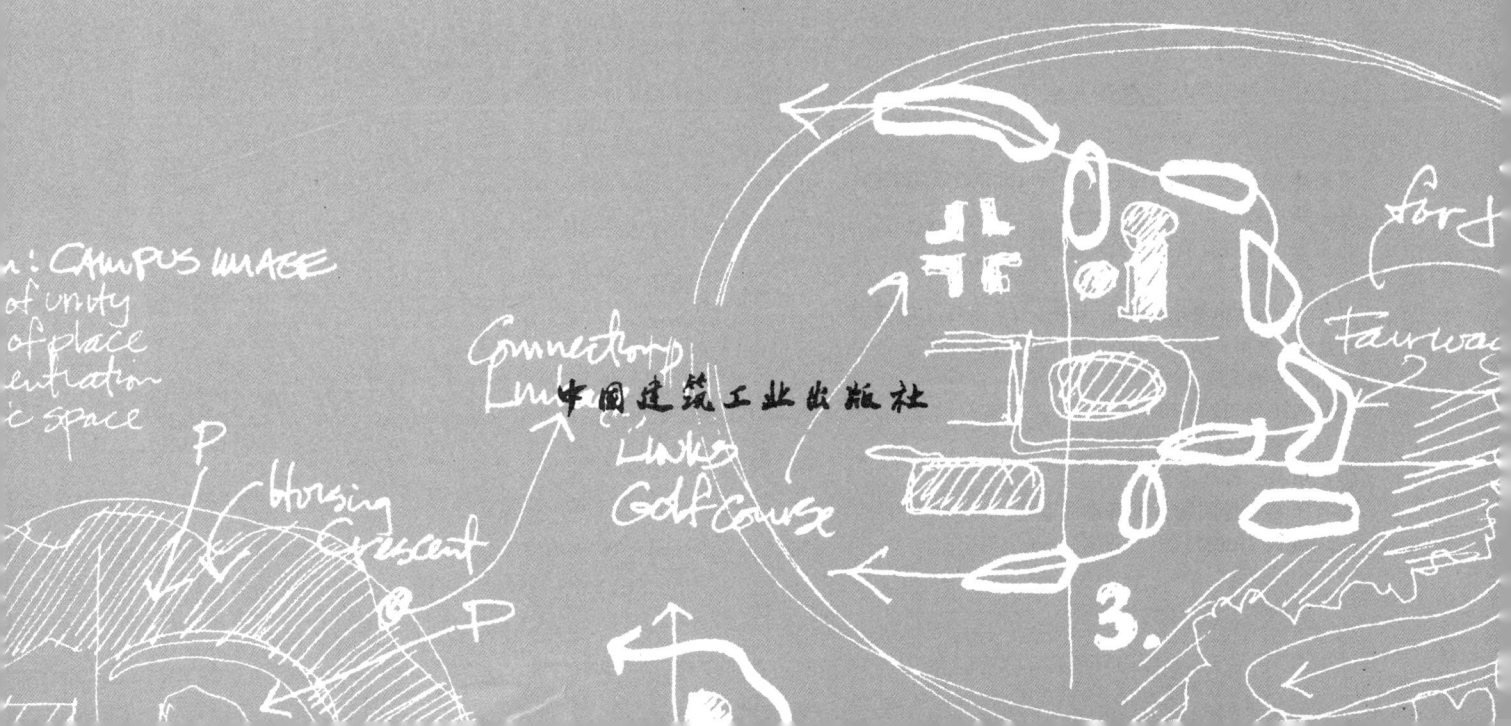

中国建筑工业出版社

著作权登记图字：01-2002-2095 号

图书在版编目（CIP）数据

图解思考：建筑表现技法／（美）拉索著；邱贤丰等译 . —第 3 版 .
北京：中国建筑工业出版社，2002（2022.8 重印）
ISBN 978-7-112-05127-4

Ⅰ . 图…　Ⅱ .①拉…②邱…　Ⅲ . 建筑制图　Ⅳ. TU204

中国版本图书馆 CIP 数据核字（2002）第 030162 号

本书是关于建筑师运用徒手画草图图解技能辅助建筑设计思考的基础理论专著。本书在第二版的基础上，增加了计算机辅助设计及因特网的内容，并对其他原有章节的次序及内容作了调整和补充。本书详尽论述了徒手画完善和发展设计构思的多种技能和方法，并附有大量的笔法优美的徒手画草图。可供建筑师、设计师，以及在校的建筑学专业师生参考阅读。

* * *

责任编辑：董苏华　张惠珍　戚琳琳

美国 John Wiley & Sons 出版公司正式授权本社在中国翻译、出版、发行本书中文版。

Graphic Thinking for Architects & Designers / Paul Laseau

图 解 思 考
——建筑表现技法
（第三版）

[美]保罗·拉索　著

邱贤丰　刘宇光　郭建青　译

*

中国建筑工业出版社出版、发行（北京西郊百万庄）
各地新华书店、建筑书店经销
北京云浩印刷有限责任公司印刷

*

开本：880×1230 毫米　1/16　印张：16　字数：507 千字
2002 年 7 月第一版　　2022 年 8 月第十七次印刷
定价：**68.00** 元
ISBN 978-7-112-05127-4
　　　（38223）

目　录

序　言（Foreword）

保罗·拉索(Paul Laseau)在本书中提出了两种相互有联系的概念：第一种是"图解思考"，第二种是作为设计师与设计委托人之间信息交流手段的图解思考。现就这两者的关系作一简略的说明。

从历史看，房屋设计一向是与人民的安居乐业相联系的。直到建筑绘图一分为二，成了两项专门工作，建筑师表达构思的设计图和指导工人操作的施工图，"与人民相交流"反而成了一个问题。

设计图自始到终是孕育设计意图的手段，借以促发内心的思维，或者仅仅只是为了乐在其中；施工图却是劳累的工作，每天八小时，按照他人的意旨用精确的线条画满成张成张的图纸。

在往昔的年代，当个体工匠的操作日趋扩大和复杂时；当设计一座教堂而不是一把坐椅时，就有必要确定尺度，个体工匠得与其他许多工匠们共同合作。作为计划工作的一项创造性方法的建筑图因此而诞生于世。

在组合各构件的连续过程中，工匠一向应用图画来使自己的想法形象化。这类图画与建造是不可分割的。有些历史学家认为12世纪和13世纪的大教堂施工图就是画在木板上的，然后再钉到构架上。

图画还有其他目的。劳动力分工促进了生产的增长。个体熟练工匠费时几个星期的工作如今被分割成较小型的标准项目。生产虽有所增长，而对技艺的要求却降低了，施工的一切细节都由图纸和设计说明书预先决定，工匠对材料、设计意图的表达就此从工地消失了。

设计的抉择让位给新的阶层，这个阶层并不动手建造，而是指导其他人干活。绘图员按他的决定绘制蓝图，工人按图纸施工。建筑设计，因此而成为一项独立的工作。出现了专业设计师、专业绘图员以及与此息息相关的流水作业线。

这一切都已经有些年了。从工匠手艺向绘图技术转变的汹涌势头带来了已为我们所选择和接受的工业化的特殊形式。如今，这一势头扩展到设计事务所的劳动力分配中。大型建筑物已经不再是由营造大师领队的卓越工匠的创作了，而成为按工业生产方式组织起来的建筑设计事务所的创作。建筑师的工作也已经分割和再分割成设计师、工地经理、室内设计师、装饰师、结构工程师、电气和机械工程师以及绘图员等的流水作业。曾在建筑师的图板上所作出的设计抉择，现在改由程序编制从电脑打印出来。

但是，有些抱有信念的人们，他们相信实现工业化并不一定湮没了工匠对材料的处理技能、对材料的喜爱和尊重以及对营造事业的欢欣心情。何况我们发觉对创造的追求和与之相伴的图解思考也并不由于电脑的无限储存库而不得不退出设计事务所。

我们建造的生活环境和人为现状几乎都存在着严重的错误；都是依据缺乏思考的流水线所设计出来的产品。以这种无思考的设计为基础来发展电脑制订计划和业务研究将会使以往的灾难延续扩大。

因此，图解思考对帮助更新目前气息奄奄的设计体系是十分必要的。就信息交流而言，仅仅"与人民"相联系还不够，全体参与设计的人员从敲钉小工到"敬爱的大师"应该共同分享创造。图解思考是大有用武之地的，它在里弗·劳格(River Rouge)流水作业的工作凳上所起的作用比在SOM*建筑设计事务所主要设计师的图板上所起的作用更大。

福雷斯特·威尔逊
1980 年

---

* 美国建筑师事务所 Skidmore, Owings & Merrill 的缩写。——译者注

第三版前言 〔Preface to the Third Edition〕

本书第一版问世20年以来发生的很多事情都加强了我和福雷斯特·威尔逊最初的论点。

个人电脑在建筑设计及工程上的快速发展,对个人思维和创造力在越来越复杂和专业化的工作过程中的作用提出了问题。个人的经验是否还有表现的机会,他们的作用是否会因为计算机程序的快速和精确而降低?

虽然今天网络的应用与发展非常迅速,但它受到两种哲学观念的支配,一种观念是将计算机视为对传统工作方式效率的提高和延续的手段,是靠专家将独立的工作组织在一起。另一种观念认为它是一种革命,它扩展了个人的活动范围和影响,对个人及组织双方都有益处。第一种观点是个人支持信息;第二种观点则是信息支持个人。

本书第一版的前提就是个人,当创造思维在今天及将来的社会中面临复杂而牵涉面广的问题时,它的重要作用是理解问题的本质而非生硬的将之分解为简单方便的理论化模型,视觉交流是描述及理解这种复杂性的重要工具。在这个过程中不断地综合知识而不是分解它,对组织和个人都有益处。彼得斯(Peters)和沃特曼(Waterman)在他们的书《追寻杰出》(In Search of Excellence)[1]中,阐明了有效的组织依靠对价值和激情的理解,而且它们由组织中全体成员共享。我们也越来越意识到个人的身心健康与组织的实质关联一样非常有效。

第一版前言（Preface to the First Edition）

1976 年末，我参加了威斯康星州密尔沃基(Milwaukee)大学的设计交流讨论会，借此机会提起我的著作《图解释疑》(Graphic Problem Solving)。该书的要旨在于鼓励建筑师更多地采用徒手画汇总设计构思的技巧，并用来处理非传统性的问题；更多地按建筑设计的发展过程而不是按建筑的结果来处理问题。讨论时，富勒·摩尔(Fuller Moore)说：图解技法是建筑学训练的一个组成部分，但是至今还一直被学校教育所忽略。因而有必要出版一本关于利用绘图加强思考的基本理论专著。此后，我有机会与几位建筑师谈及他们赖以发展设计的速写草图。大多数富有创造力的建筑师都拥有出色的徒手画技能。在思考与表达时颇为得心应手。有些建筑师还随身携带速写本，记录观察到的和想到的设计构思。我所访问过的建筑师和建筑学教师对现在进入建筑学专业的工作人员明显地缺乏徒手画技能这一现象都表示十分关注。

当开始为本书收集资料时，对速写、草图该如何与建筑贴切不无疑惑。速写是否能比今日的实际情况更好地应用到设计上?问题的答复在于分析当代对建筑设计的要求：

1. 更大程度地满足各项要求。设计过程即是解决设计问题的过程。
2. 更为科学化，更加可靠，更有预见。

要满足上述要求，海因茨·冯·弗尔斯特(Heinz Von Foerster)提议：

"……建筑语言是含蓄的语言，目的在于引导解释。创造性的建筑空间促发创造力、新的洞察力和新的机遇。建筑语言又是认识的催化剂，暗示一种道德责任，建筑师和从事负有这类责任事业的任何人都应遵守。其具体工作往往包含：增加、扩大和提高选择的数量和质量。"[1]

把这一提议与上述要求联系起来就会发现有二项相应的责任：

1. 建筑师应该与人民一起而不是为人民解决问题。通过帮助人们理解自己的要求，理解设计以及与要求相符的机遇；通过把使用者引入这些房屋的设计过程来达到"与人民一起"的目标。
2. 建筑师需要更好地了解科学，理解科学和建筑学有好多共同点。雅各布·布罗诺夫斯基(Jacob Bronowski)曾指出：有创造力的科学家对探索和发展思路的兴趣甚于建立固定不变的"真理"。人类无与伦比的特征就在于增加多样性而不是削减多样性。

在此范畴内，速写、草图可贡献于设计的，首先是便于阐明设计意图和便于设计师变换思维，其次是与人民交流而不是将结果告知人民。

速写或者图画应该并且能够帮助设计师思考，这一见解即是图解思考概念产生的基础。读者可能较习惯于接受理论专著或者画册类书籍。但是我认为重要的是剖释两者的相互作用，把图解和思考分离开来论述，就如同想在把鱼和水分离开来的情况下，研究鱼是如何游动的一样。希望读者能忍受书中粗浅之处，并从中获得若干在工作中有所助益的东西。

致　谢（Acknowledgments）

敬以本书献给在写作中给予大量支持的建筑师们。感谢他们花费时间为本书提供宝贵的意见和插图。他们对建筑创作的贡献，对绘画的热诚，对设计过程的注释、评论，对我的工作都是极大的帮助和鼓励。在此，特别需要提出的有：

戴维·斯蒂格利兹、托马斯·比贝、莫尔斯·佩恩、托马斯·拉尔森、迈克尔·格布哈特、罗马尔多·朱尔戈拉、詹姆斯·泰斯、诺曼·克罗、哈里·埃京克、科比·洛克哈德和斯蒂文及凯希书店。

感谢下列各位对本书的特殊贡献：

富勒·摩尔——感谢他首先建议写作本书。

罗伯特·麦金——感谢他杰出的视觉思考见解和鼓励。

吉姆·安德森——感谢他在图解信息领域的生动叙述。

卡尔·布朗——感谢他的评论和有价值的帮助。

米凯莱·拉索——感谢他在技术上的帮助。

杰克·怀曼、肯·卡彭特、胡安·邦塔、查尔斯·萨彭费尔德以及贝尔州立大学建筑规划学院的其他同事们——感谢他们的支持和鼓励。

特别感谢福雷斯特·威尔逊在本书开始写作时给予的热心帮助和支持。

最后，感谢我的妻子佩吉和孩子们米凯莱、凯文和马德琳，感谢他们在我修订时的耐心和牺牲精神。

从其他书籍中翻拍的插图由杰里·霍夫曼和斯蒂文·塔利摄制。

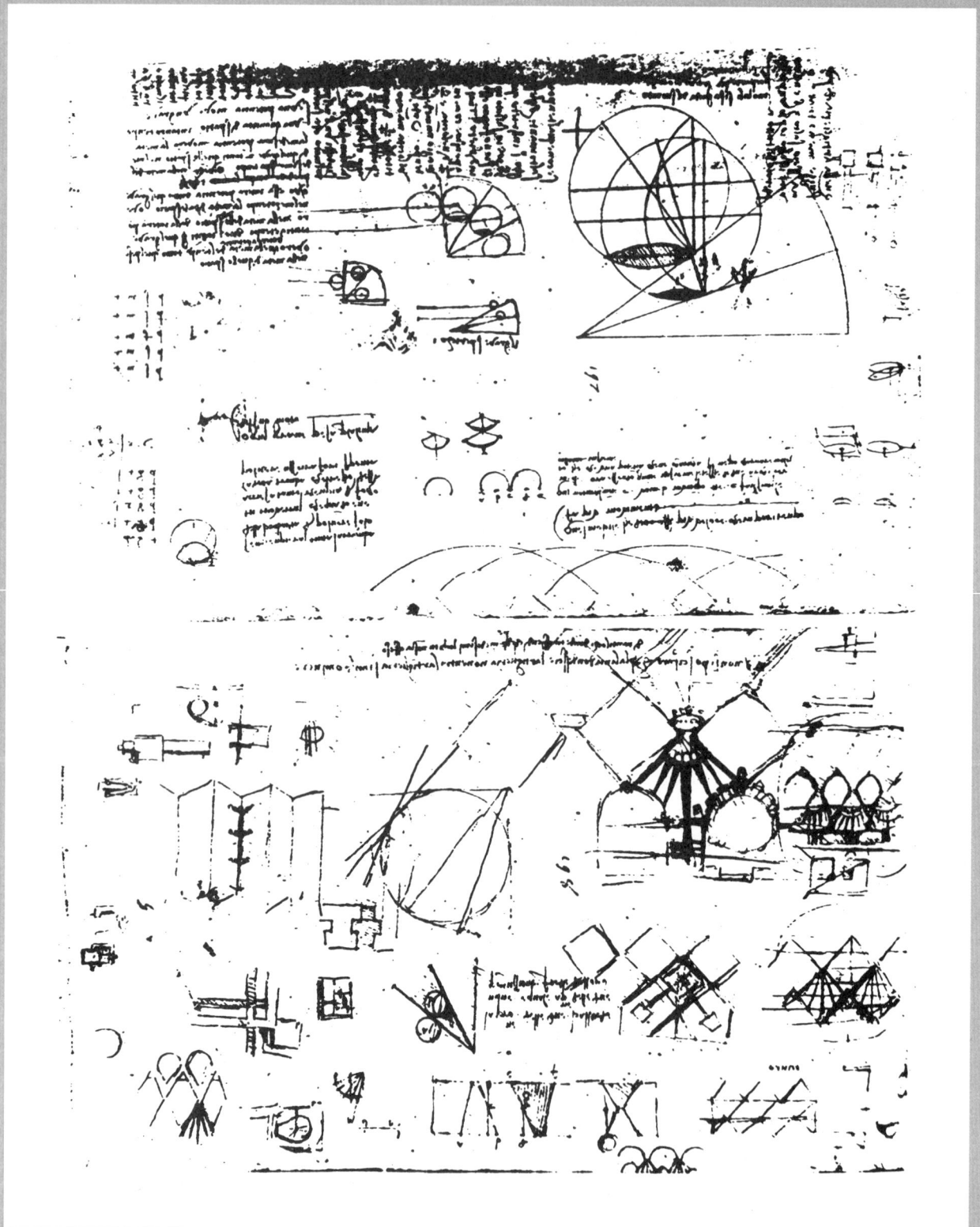

图 1-1　防御工事研究，莱奥纳尔多·达·芬奇绘

1 概论 (Introduction)

图解思考是我用来表示速写草图以帮助思考的一个术语。在建筑中，这类思考通常与设计构思阶段相联系。在那阶段，思考与设计草图的密切交织促进了设想和思路。如今对图解思考方法的兴趣由于对建筑设计历史的重新考查和由于社会对视觉交流过程中的冲击以及对设计与设计师作用的新观念而大为增长。

其实，建筑上的图解思考具有悠久的传统。只要翻阅一下已经翻版的莱奥纳尔多·达·芬奇的速写本就会对其中生气勃勃的构思留有深刻的印象。脱离他速写的画要想真正理解或者评价达·芬奇的思想是不可能的。因为图解的形象与思考是同一回事，是一个整体。仔细观察他的速写就可发现某些特点对有兴趣于图解思考的人都会有所启发。

1. 在一页纸面上表达许多不同的设想，达·芬奇的注意力始终不断地从一个主题跳向另一个主题。
2. 他的观察方式，无论在方法和尺度上都是多种多样的。往往在同页纸上既有透视，又有平面、剖面和细部图，甚至全景图。
3. 思考是探索型的、开敞的。表达如何构思的草图大都是片断的，显得轻松而随意。设想了多种变化和开扩思路的可能性。旁观者往往被邀请共同参与设想。

一个多么光辉的例子！我们看到一腔激动的胸怀，图画只是探讨的手段而不是当作哗众取宠的工具。

虽然在历史文献中往往很难找到逐步发展设计的草图记录，但是仍有足够的现存根据可以证明：有史以来，应用草图来帮助思考是建筑师普遍采用的方法。按照各建筑行业的习惯，草图变化从平面到剖面到立面有各式各样的方式。近两个世纪

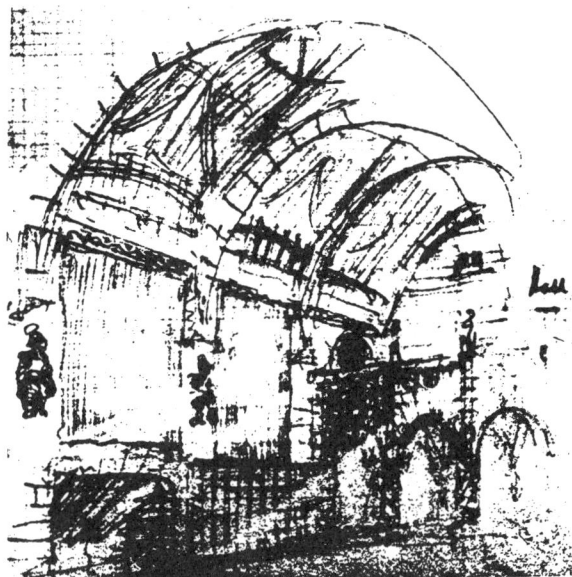

图 1-2 1911 年罗马博览会中的德罗戈城堡和英国馆。埃德温·勒琴斯(Edwin Lutyens)绘

图 1-3 1911 年罗马博览会中的德罗戈城堡和英国馆。埃德温·勒琴斯绘

以来，巴黎美术学校一直采用"草图集"*的图样作为训练的基本方法。随着美国大型建筑设计事务所的成立，按比例的立体建筑模型逐渐代替了建筑表现画。设计草图的应用也随着专业模型制作者和专业建筑表现画家的出现而日趋减少。

---

* "esquisse"：13 世纪 Villard de Honnecourt 的设计草图集。
　——译者注

图 1-4　阿尔瓦·阿尔托(Alvar Aalto)绘

当然,对建筑表现画的浓厚兴趣也曾由于美术学校和美国二百年建筑师绘画之类的展览会而一再兴起过。但是,作品大多数着重于最终方案。这类表现画实际上毫不反映建筑设计的方式。要了解设计不同阶段的进程还得依靠思考性的草图。然而,即使展览会陈列了如勒·柯布西耶(Le Corbusier)所画的那种思考性的草图,也会由于描绘精致的最终方案表现画或者照片而被人忽略。通过柯布西耶的设计草图,我们才更为鉴赏他横溢的才华。"创作的全部内在和谐都表现在思考性的图画中……而今日的艺术家竟会对这一基本的动力,这一设计的'支柱'不感兴趣,真令人难以置信。"[1]

图 1-5　格兰德堡(Grandberg)住宅。托马斯·拉尔森(Thomas Larson)绘

图1-6 弗吉尔住宅。托马斯·比贝(Thomas Beeby)绘

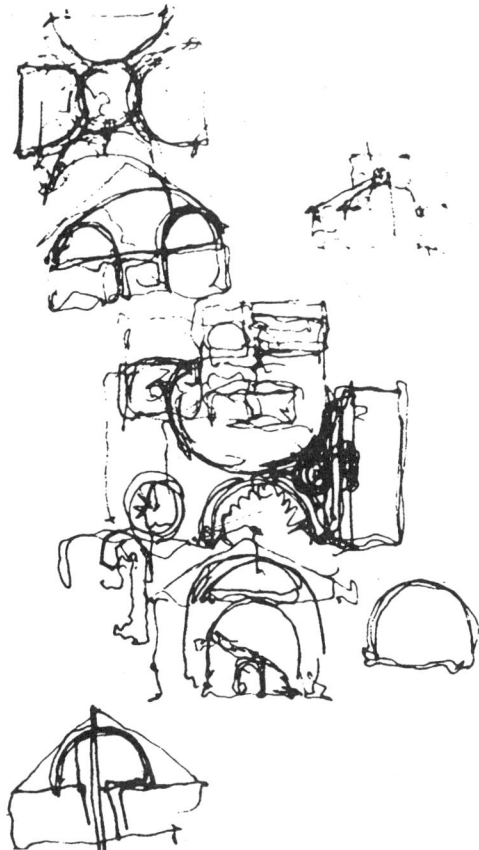

在现代建筑师中，阿尔瓦·阿尔托(Alvar Aalto)留下的图解思考传统可能是最佳模式之一。他的设计草图快捷而多变，技巧圆熟，表达真实，手、眼、心密切凝聚。他的速写与草图记录了设计的发展阶段，反映了阿尔托思想的成熟和明晰。自然，还有许多其他建筑师的创作，特别是美国建筑师，正处于设计草图的复苏时期。他们的画都很有创造性，形式丰富多彩，并且颇有讨论的价值。不论是在速写本上的记录还是在设计室反复思考的结果。这些有创造力的设计师正在寻觅某些特殊的东西，远远超过仅仅只是解决设计问题，就如美食家寻觅某些远胜于食品本身的东西。有创造才能的设计师既喜欢"我想出了！我找到了"*的经验，也喜欢探索研究的进程。本书的宗旨确实也在于探索点什么，在于寻觅新的思想，在于发现与共享思想和新事物。

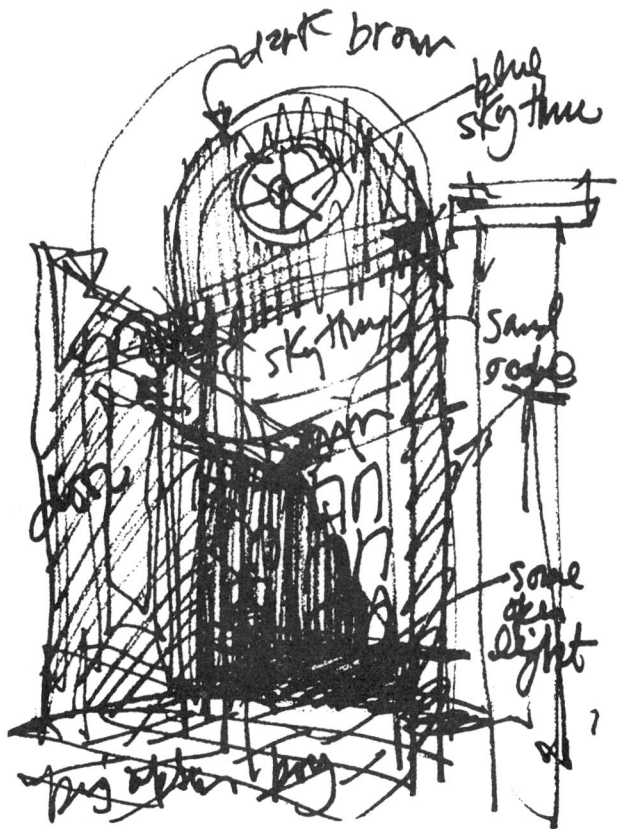

图1-7 诺曼·杰夫(Norman Jafe)绘

---

* 古希腊，阿基米德发现测量金冠体积时的欢呼。——译者注

图 1-8　切蒂一世(Cety I)与切塔(Cheta)之战

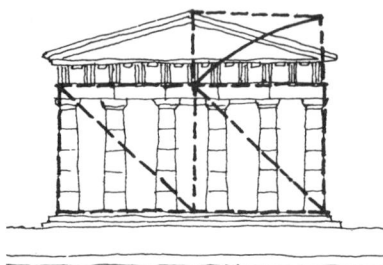

图 1-9　希腊几何

图 1-10　探险图

图 1-11　星象图

从历史看视觉交流(VISUAL COMMUNI-CATION THROUGH TIME)

视觉历来对思考具有重要的影响。在穴居人心目中图画即是"凝固的"思想或者是外界的重大事件,一个历史的再现。人类通过形象所创造的"另一世界"是对思想的发展具有决定性影响的思考结果。人能区分此地此时与想像中的未来。通过对精神世界的想像,神话般的理想世界和令人羡慕的乌托邦似乎成了即刻的现实。整个时代的文化概念可以容纳进一幅画面内;一些无法言传的感觉也因此可以与他人共享。从原始时代起,这种思维的视觉表现一直是公有的。概念,诸如人类可以飞翔的思想,一旦化为形象就会一再被其他人们反复探索,直到飞机被发明出来为止。

人类采用标记和符号远比书写文字为早。远古的书写文字,如埃及象形文学,是从图画演变而成的高度专门化了的符号。几何学的发展结合了数学和图形,使思考结构和其他抽象物的视觉表现成为可能。出现了根据设计来建造纪念性宏伟尺度的构筑物和庞大的建筑物。除了企图了解自身周围的环境,人类还应用图画迈向未知的境地。按照探险者的笔记和速写重新绘制的地图闪烁着想像的火花,激励着对我们世界和这一宇宙的新探索。

不管书写语言有多优越,视觉交流依旧是思考方式的一个重要组成部分。一些日常会话就可借以证实:"我明白(原文用see——译者注)你的意思了,请观察事物的另一面;采取全面观点。"虽然对如何获得知识的说法千差万别,但是一般说来,人们所学到的知识有70%-80%是通过视力获得的。这点已被公认。视力接受信息似乎是我们感觉器官中最快捷和最有理解力了。多少世纪以来,人依靠视觉作为最早的警报器。我们不仅依赖视觉作为理解世界的原始手段,也学会了将其他感官获得的信息转变成视觉的线索。所以在许多方面,视觉确实代替了其他的感觉。

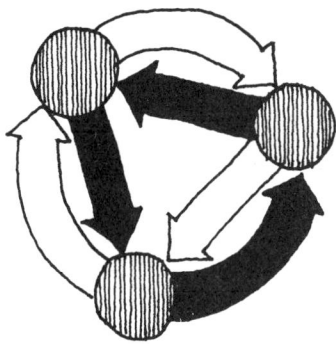

图 1-12

图 1-13

图 1-14

图 1-15

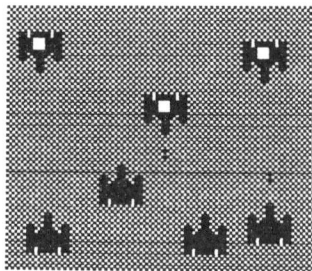

图 1-16

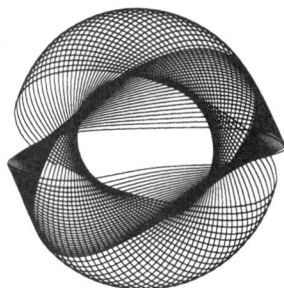

图 1-17

事实证明，视觉交流的作用在人类生活中正在日益增强。电视机即是最明显的例子。通过它可以探索天空、海洋和我们这一正在日益缩小星球上的社会。主要依赖图解式的说明使人信服。卡通画已经成为提炼和反映文化的一个非常深刻微妙的手段。但是最有意义的变革发生在视觉交流的发展上，已从专家们的领域转向一般的公众。最近正在快速发展的电影和录像带仅只是新视觉工具的开端，这些将会如同打字机和电子计算器那么普遍。

在通向 21 世纪的今日，视觉交流的潜力得到了验证。出现了两个来势汹涌、压倒一切的现象。一是信息涌集——我们所必须加以吸收的；二是各类问题的本质间的相互作用不断增长和复杂化——我们所必须解决的。正如爱德华·汉密尔顿（Edward Hamilton）所说的："迄今为止，我们吸收的信息都是以一时一物的，摘要的、线式的、局部的，但却又是有连续性的方式……如今，图案这个术语、……将更多地被应用来研究探讨我们所生活的这个世界——包含整个环境刺激因素的世界。"[2]寻

觅图像不仅为了筛选有意义的信息，也为了图解我们世界所以能够运转的过程和结构。搜集、贮存和展示种种不同现实模式的新技术，其前途是振奋人心的。电脑绘制人造卫星轨迹，电视游戏，电脑绘图以及电脑和录制设备的微型化将在视觉交流领域开辟一个崭新的时代。

新技术的充分应用将直接影响我们自己的视觉思考的发展。"电脑不能有所见，有所梦，也不会创造：电脑是一种有约束的语言。同样，思考者也无法摆脱语言结构，但他没有觉察到思维的产生有时候与语言毫无关系，往往只应用一小部分的大脑，就这点而言确实与电脑十分相似。"[3]罗伯特·麦金（Robert Mekim）的这一见解指出了人与机器相互作用的关键问题。新设备就其本身是无价值时；机器至多与我们能办到的想像同等优良。如果我们要发挥视觉技术的潜力，就必须学会视觉的思考。

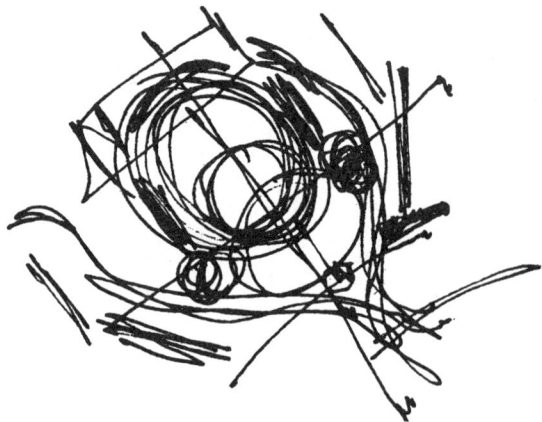

图1-18　构思草图

视觉思考(VISUAL THINKING)

视觉思考研究的主要内容出自心理学领域对创造性的研究。鲁道夫·阿恩海姆(Rudolph Arnheim)对艺术心理学的研究具有卓越的深远意义。在他的著作《视觉思考》(Visual Thinking)中,通过消除思考与感觉行为之间的人为隔阂的方法,建立探索研究的基本结构。"我说的认识指的是一切精神运行都包括信息的接受、贮存和处理程序:感受知觉、记忆、思考、学习。"[4]这是认识感觉的新方法,即是意识和感觉的统一。创造力研究的焦点从意识或感觉转向两者的相互作用。因此,视觉思考是一种应用视觉产物的思考方法——观看、想像和作画。在设计范畴内,本书的着重点在视觉的第三产品,图画或者速写草图。当思考以速写想像的形式外部化时,可以说已经成为图解了。

有充分迹象表明任何领域的思考由于应用一个以上的感觉(如边看边做)就会增强。虽然本书的着重点在建筑设计,仍希望其他专业的读者也能找到有用的叙述和例子。建筑设计的悠久历史为解决高度复杂的、综合的、大量并且高质量的问题的图解技术和想像提供了巨大的财富。今日,建筑设计面临的问题是整个人造环境,这既是个人问题,又是人人关心的紧迫问题。建筑师用以解决相互作用、冲突、功效和建筑美学的图解思考现在已成为解决社会一切方面的重要工具。这个社会,其本身存在着不断增长的复杂问题。

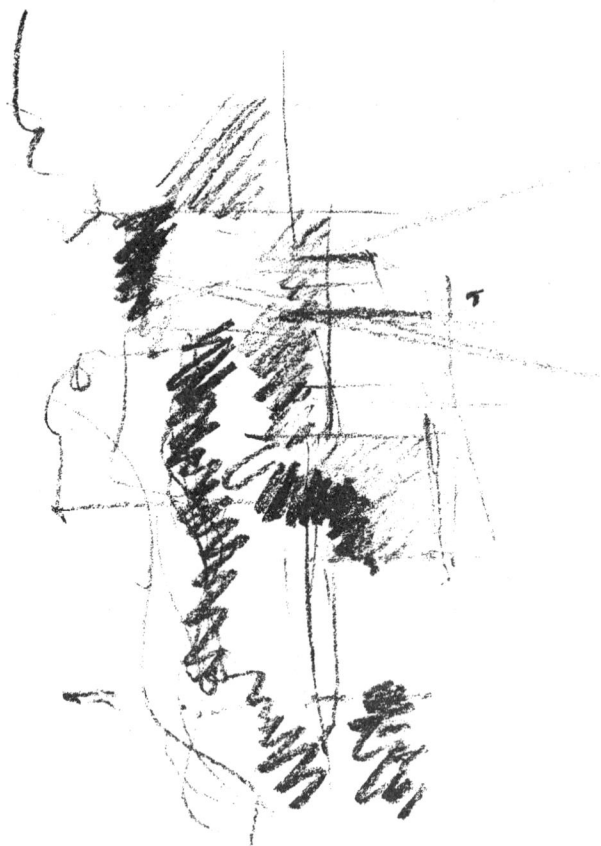

图1-19　构思草图

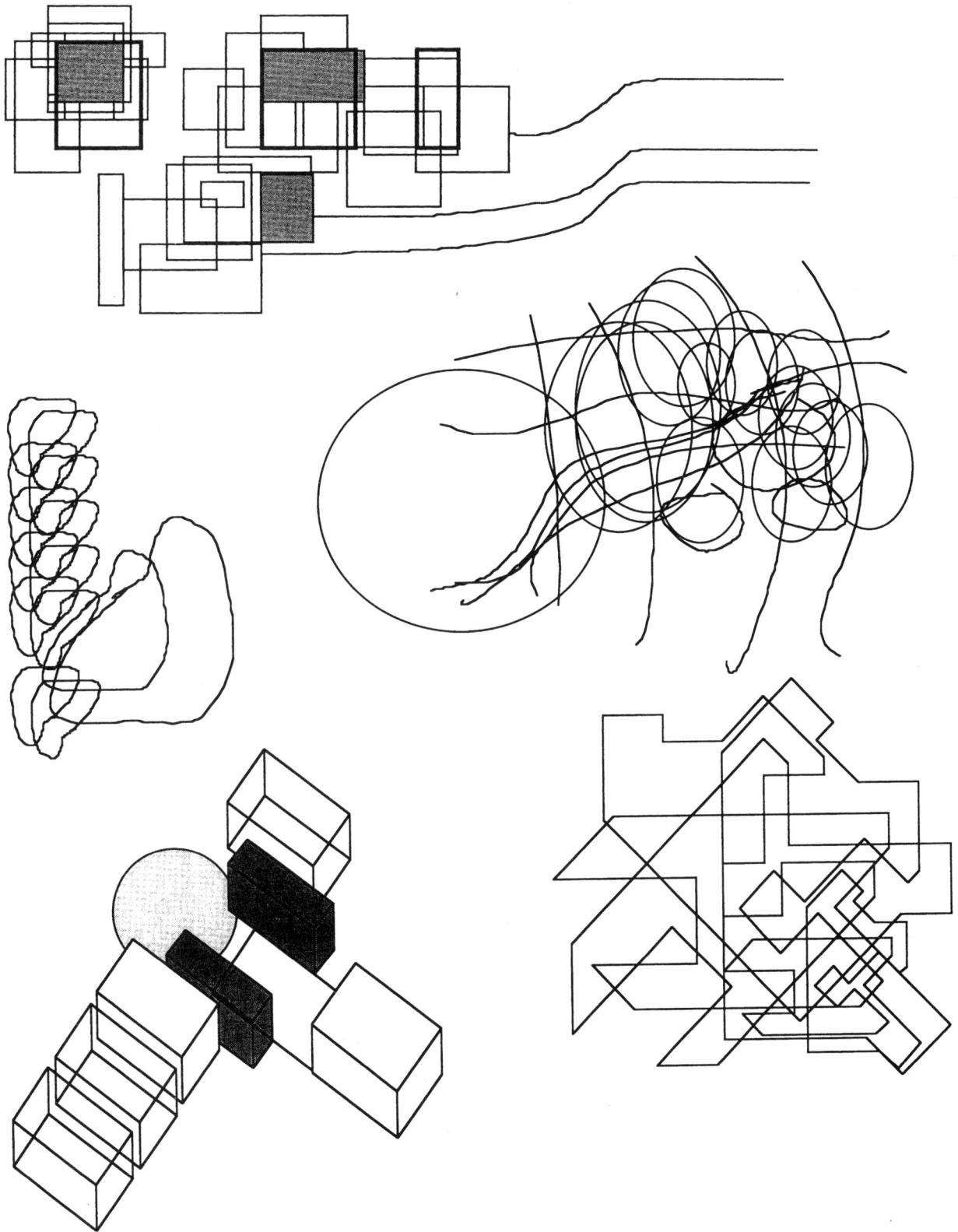

图 1-20　数字媒体生成草图

图 1-21   图解思考过程

图解思考：一种交流过程
(GRAPHIC THINKING AS A
COMMUNICATION PROCESS)

图解思考过程可以看做自我交谈，在交谈中，作者与设计草图相互交流。交流过程涉及纸面的速写形象、眼、脑和手。这一明显封闭的网络是如何产生大脑中原来不存在的设想？部分的答案在于对设想所作的定义。所谓的"新设想"其实都是观察和组合老设想的新方法。一切思想可以说都是相互联系的。思考过程将思想重新筛选，着重于局部，然后再重新加以组合。在图解思考过程的简图中——眼、脑、手和速写四个环节都有可能对通过交流环的信息进行添加、削减或者变化。由感觉协助的眼睛可以选择一个焦点和筛除其他信息。我们当然乐意接受大脑可以添加信息的观点。但是其他两个环节，手和速写在交流过程中也是非常重要的。我们想画的与实际所画的之间往往存在差异。绘图技能、材料、作者的情绪都可能是差异的原因。当然，纸面上的形象也是变异的主题。明暗度和角度的微小变化，形象的尺度和离视点的距离，纸面的反射系数和颜料的透明度，一切都提供新的可能性。

图解思考的潜力在于从纸面经过眼睛到大脑，然后返回纸面的信息循环之中。理论上，信息通过循环的次数越多，变化的机遇也越多。例如，注视这幅类如卡通圆圈的简图，圆圈代表尚待设计住宅的各种空间。按我的经验、兴趣和意图我看到了某些东西，在草图中有所选择、有所忽略。简图引起的感性形象把专用空间间隔开来，如把起居室、厨房与若干其他较私密性或者辅助性的空间隔离开来。此后，我画了一幅理性的图形来进一步组织空间，并根据已知基地条件决定朝向——起居室和厨房朝南。当这个理性图形再次转化到纸面时就起了变化，专用空间开始具有与其他空间不同的形式。

当然，这是对过程极其简化的描述。图解思考就像视觉与现实世界的交流一样是一个连续的过程。信息瞬间同时点点布入网络。在图解思考处于最活跃的时刻，如同观赏烟火的奇妙组合，可以从中寻找你真正喜爱的一簇火花。你不仅仅在创造，同时也在享受乐趣。"远远胜过照相机那种被动的、记录式的机械装置，人的视觉器官主动地应付和有生气地选择所摄入的形象。"[5]

视觉思考与视觉感受不能与其他形式的思考或感觉相分离。例如言语思考，在厨房或者起居室的概念上加添诸如光照、开敞和舒适的质量要求。显然，并非有了图解思考就能够解决全部问题，可以进行创造性思考，别无他求了。但是它毕竟是一种基本的手段。图解思考能够在设计师之间和共同工作的人们之间打开交流的渠道。图解思考式的设计，草图其所以重要是因为它们展示了设计师是如何思考问题的，不仅仅说明他的想法。

Image on Paper

表现在纸面上的概念

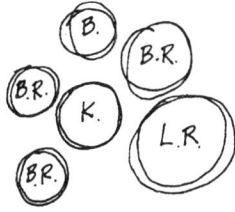

Perceptual Image

感性形象

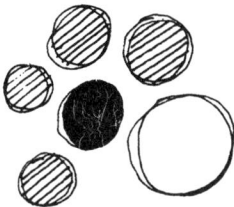

Mental Image

理性形象

朝向
orientation →

辅助和私密区
Service & Private

more public
公共区

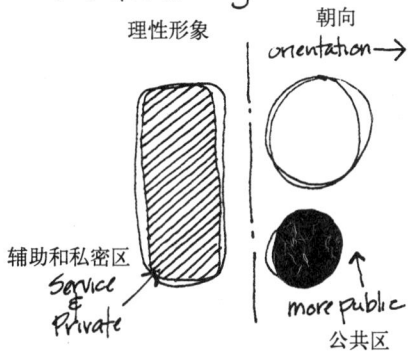

New Image on Paper

出现在纸面上的新形象

符合室内、外用途的特殊形体
special shape responding to interior & exterior uses.

Simplified order for the Kitchen
形体简化了的厨房

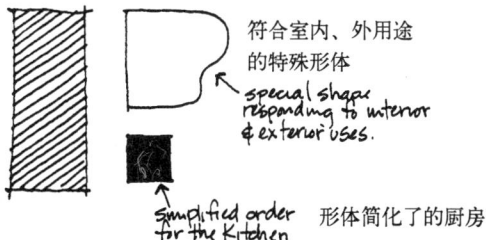

图 1-22 形象的演变

Multiple Messages

信息的多次交流

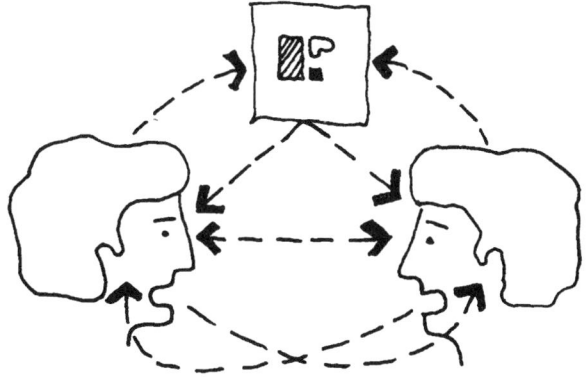

图 1-23 对话

图解思考通过绘制客观而清晰的视觉形象来利用视觉感受力。通过在纸面上的表现，我们得到了原不在大脑中物体的视觉形象，超越时间的物体得以存在了。罗伯特·麦金认为图解思考是外在思考：

"使思考形象化的图解思考具有若干胜过内在思考之处。首先，涉及材料的直接感觉提供了感觉的养料——毫不夸张的'精神食粮'；其次，巧妙处理一个实际结构的思考是一种探索、发掘的才能——出乎预料的欣喜，意外的发现；第三，视觉、触觉和动感等直接范畴的思考产生一种即时的、实际的和行动的感觉；最后，形象化的思维结构为设计中的关键性设想提供了对象和视觉形体，使之可以与同事们共享……。"6

对必须经常创新地解决问题的人们来说，他必须创造性地思考。因此，这些即时的、激发性的、机遇性的特性和设想是非常重要的。在这些特性上我要再加上一条图解思考所具备的更为特殊的特性——同时性。设计草图使我们在同一时刻看到大量的信息，展示其相互关系并且广泛地描述了细致的区别。速写、草图是直接而富有表现力的设计手段。阿恩海姆说："视觉语言的力量在于它的自发的明显性；它几乎如同儿童画一样简单……黑色的意思就是黑，属于同类的事物就归在一起表示，宏伟、踞高的就用巨大的尺度和升高的基地表示出来。"7

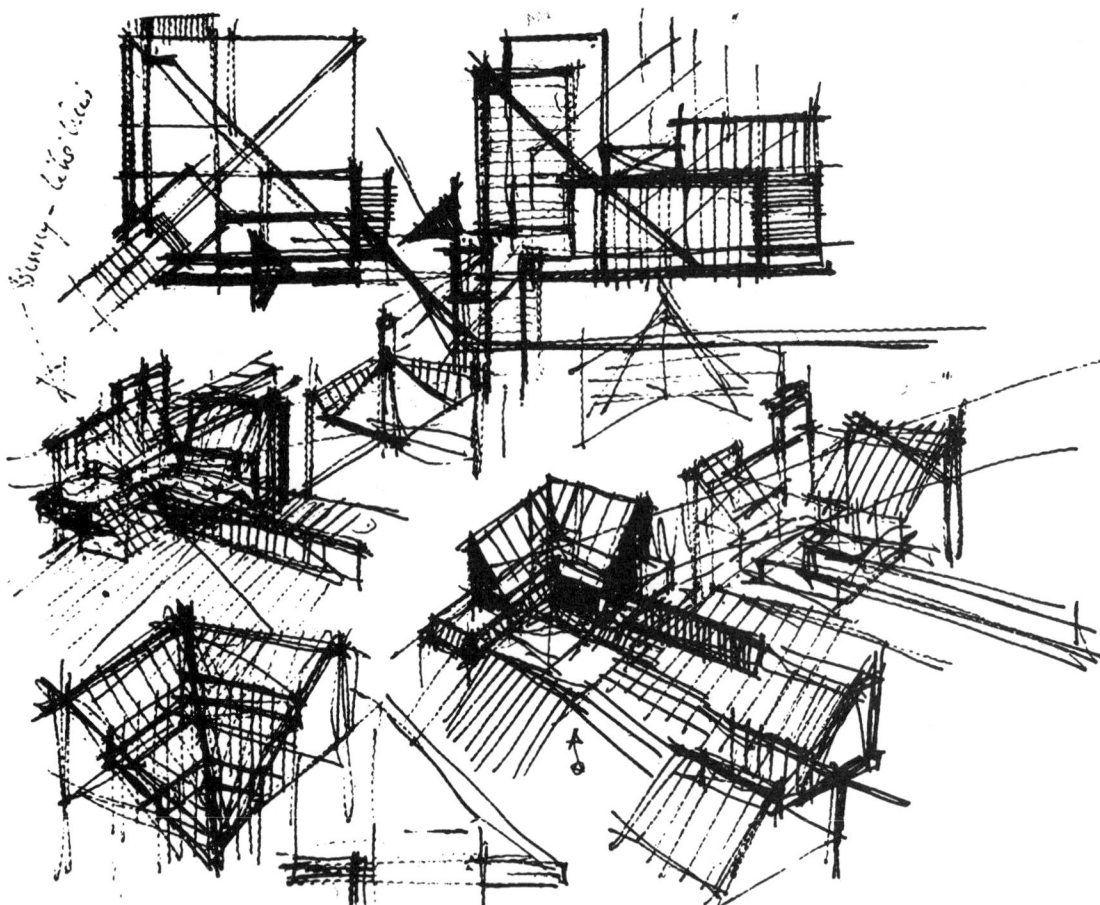

图1-24　画在餐巾背后的西格勒(Siegler)住宅区的构思草图。戴维·斯蒂格利兹绘

图1-25　哥本哈根默克尔旅馆餐巾的正面

有效的交流
(EFFECTIVE COMMUNICATION)

建筑师大都喜欢讲述这样的一个故事。它描述一项耗资数百万美元工程的基本构思图最初是如何出现在一方餐巾背面的。我一直奇怪，为什么这故事的叙述者和听者两方面似乎都对此兴趣盎然。或许故事含蓄地表达了对个人设计力量的信心；也或许由于如此重大事件竟以这样轻松、随便的态度来决定是太不相称了。就图解思考的观点来看，令人激发的创造性思想出现在餐桌上这并不奇怪。那时至少有两个人的眼睛、意识和手相互对餐巾上的形象起作用，他们还由于讨论而激发思维。此外，他们正摆脱日常的操劳，处于休息的愉快气氛中，享受着美味佳肴。他们身心平静，心情舒畅，精神饱满。正是有所创见、发明的大好时辰。要是那隐隐欲现的设想不浮现在此时此刻倒是令人奇怪的了。

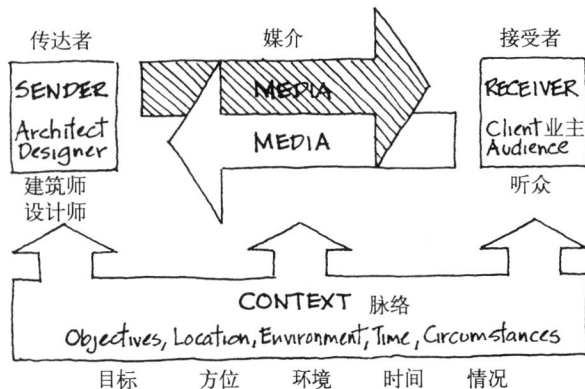

图 1-26　信息交流的结构

要成为有效的信息交流者，一个建筑师必须具备：

1. 理解交流的具体因素——信息传达者、接受者或听众、媒介体和有关脉络——以及它们在效果方面的作用。
2. 发展图解语言从中选出最有效的设计草图，以满足特定交流任务的需要。
3. 绝不可想当然地认为交流过程是不成问题的，应该乐于花时间去检查自己的效果。

基本交流理论强调信息传达者与接受者之间的交流环，目的在于获得最大效果。发言者最关心的是听众的反应，从接受者反馈的信息是与传达者、建筑师所传达的信息同样重要。因此，对我们所要交流的人们应该采取十分关注的态度。最好的办法是设身处地想一想。他们希望什么?他们关心什么?同样重要的还有我们是否意识到自己的动机和关注?我们是否下意识地在心底里早已有一个议事日程?

以下几章将述及建筑实践中应用图解思考的方法。必须记得个人不可能与他的环境和社会真正隔离。一个人的图解思考是在友好的同伴和相互支持的气氛中发展的。应该热情地追求友好合作和相互支持。

虽然本书主要以徒手速写或草图为媒介，其基本方法已为大多数图解法所采用，但每一方法又各具独特之处，对信息交流各有特殊的效果。熟悉多种方法是学会应用的最快捷径。这些方面涉及的书籍很多，但论述不能代替实践，因为我们的需要各不相同，我们的才能也参差不齐。

交流的脉络包括如下内容：地点、时间、期限、气候，空间类型、交流前怎样、交流后又怎样。我们或许可以控制某些脉络的变化。但是绝不能对此视若无睹。

图1-27　圣玛丽学院体育馆。Ｃ·Ｆ·墨菲建筑师联合事务所设计

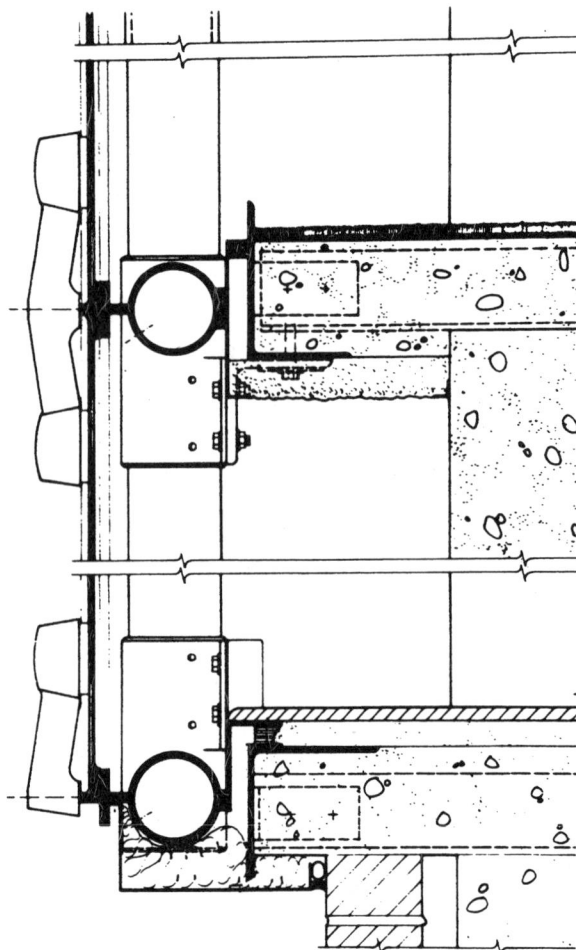

图1-28　联合公司总部大楼的墙身剖面。史密斯，欣奇曼与格里尔斯联合事务所设计

建筑图解思考的作用
(THE ROLE OF GRAPHIC THINKING IN ARCHITECTURE)

要了解建筑图解思考的潜力，必须先懂得今日设计过程的主导观点和设计过程中图画的应用。20世纪60年代早期，Ａ·Ｓ·勒旺(Levens)曾确信不疑地写道：

"设计思想混乱的原因之一在于仅只以它的语言之一，图纸，来判断设计。要是音乐作曲也以五线谱上音符的书写来判断，就会犯同样的错误。设计正如音乐作曲，主要在头脑里构成，表现在画面或写成音符只是记录的过程。"[8]

今日对设计是如何完成的，我们持有更为广阔的观念。但是建筑图画仍旧被认为是最简便的表现设计意图的方法，借以向他人阐明思考结果的产物。建筑学院的训练一直是为了取得对最终方案表现技术而做准备的，而在建筑事务所，重点却转到能向承包商清晰交代的施工图。

Ａ·Ｓ·勒旺的推论可以作如下理解，图解思考对图画的处理与其说像记分单不如说更像钢琴。设计如同作曲一般，不需要一架可用来提供反馈的机械。但对大多数设计师来说这并非是多产的方法。设计思考和设计交流应该相互作用，这就暗示了图解包含的新作用。

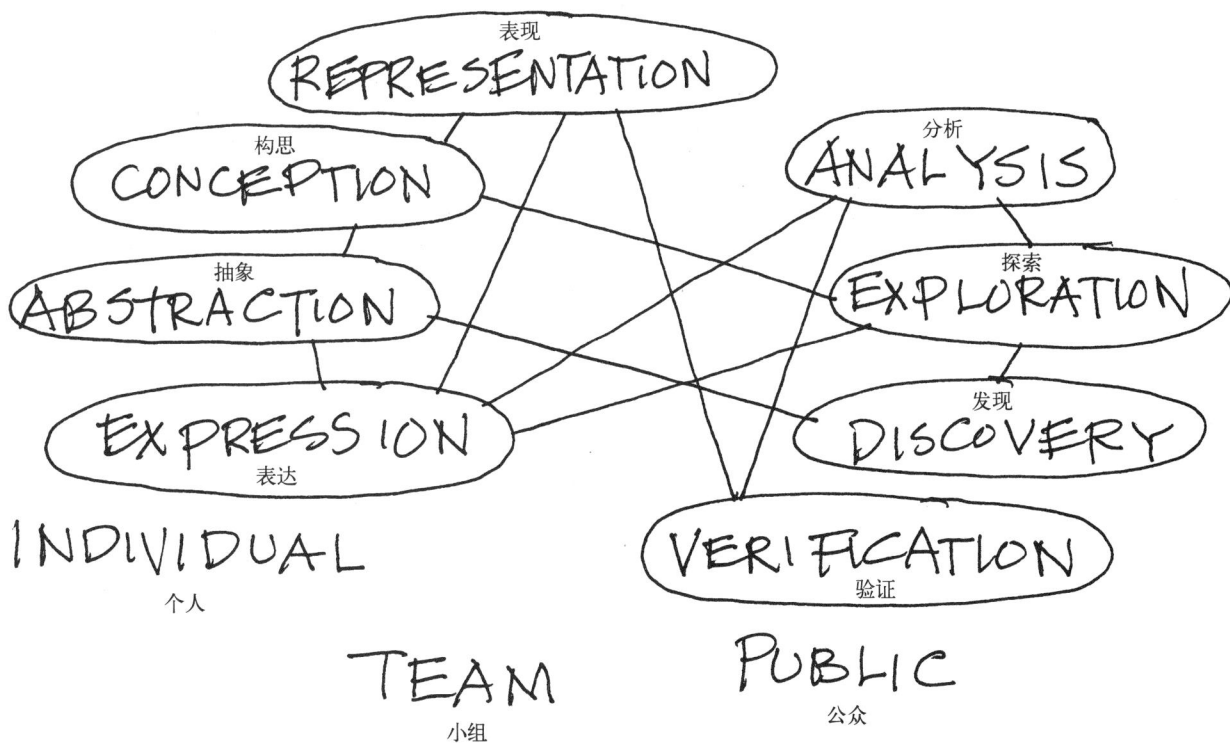

表现
REPRESENTATION

构思
CONCEPTION

分析
ANALYSIS

抽象
ABSTRACTION

探索
EXPLORATION

EXPRESSION
表达

发现
DISCOVERY

INDIVIDUAL
个人

VERIFICATION
验证

TEAM
小组

PUBLIC
公众

图 1—29

关于本书的编排
(ORGANIZATION OF THE BOOK)

　　第一部分关注于图解思考的表现和构思方面的基本技能。它包含绘图、惯例、抽象和表现等四章。我想提醒人们注意到有很多图形工具有助于提高工作能力，也能为思维活动带来乐趣。

　　第二部分强调图解思考在设计过程中的应用。它包括分析、探索、发现和验证等四章。虽然有不少设计程序模式*得到明显的应用，但我有意避免强调这种联系。设计程序模式存在的问题之一是：对它的应用过于简单化，思考方式和行为方式被分门归类，而对设计程序和思维的相互错综交织被忽略了。我们所要的是灵活性而不是分类。例如，操纵图解图像可用于设计的众多阶段而不是某一阶段。对某个具体工程来讲，无法猜度在何处较为顺

手，如以操纵房屋立体图形来看设计，若使一立面歪曲变形或许能因此获得细部新的处理方法；而一幅程序简图的反向或许会启示建筑程序的修正。

　　第三部分着重于更有效的交流，以求共享思维。然后是本人搜集的一些表现想像、设想和发现的图画。希望对读者有所助益，能引起兴趣。图例的作画方式是选择式的而不是识别式的；包含兼容的而不是排外的；期待的而不是结论性的。目的不在简单地阐明实例而在传达图解思考的动人激情，并富有感染力。我们都各有自己独特的思考能力，这种能力要是解除了束缚，就会对解决我们面临的难题做出巨大的贡献。阿恩海姆说："每一个伟大的艺术家都诞生一个新天地。在此，熟悉的事物被给予史无前例的新面目。"[9]本书期待着在众多的读者中诞生出自己的新天地。

———————————
* 本段"设计程序模式"指电脑程序。——译者注

BASIC SKILLS
基 本 技 能

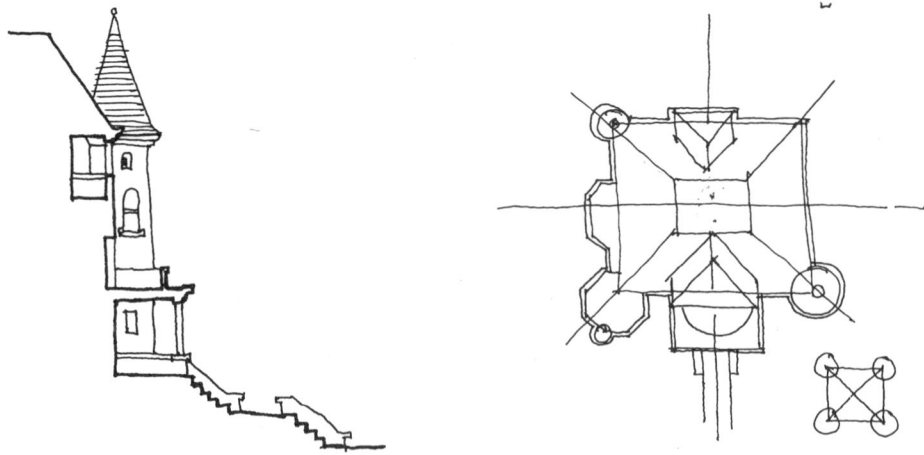

图 2-1

2 绘画

本章的中心是讨论有助于前文所介绍的图解思考方法的基本技法。要获得图解思考和表现视觉感受的技法必须熟练徒手画。或许有人会这样说："我倒是真羡慕优美的图画和那些出手快捷的设计师，但是不得不接受的事实是，我可永远也做不到。"真是胡说！事实恰恰相反！任何人都能学会画得好。如果对此有怀疑，不妨与画技娴熟的人们谈谈，你就会发觉他们最初的那些画也都是很拙劣、幼稚的。但是他们善于抓住一切机会来练习徒手画，随着长期而艰苦的努力，绘画的技能就日益熟练。对自己所花的精力绝不会有半点懊恼。

想要学会任何技能都该牢记两个重要条件：

1. 技能得自重复练习
2. 乐在其中是熟练任何技能最可靠的条件。

由于在正规教学中极其强调合理化而使许多人错误地以为诸如绘画这类学科仅仅只需要理解概念就可以精通它的技法。当然，概念是有用的；但是，实践是根本的。

管弦乐队指挥阿尔蒂·肖(Artie Shaw)有一次解释他为什么对家长们要他听听他们子女演奏的要求一律加以拒绝；肖认为最糟的事莫过于告诉有天才的孩子——他是有天才的。音乐界的"伟人们"向来无视天赋的才华，他们以艰苦的工作和对音乐事业的信仰而取得成功。他们信任自己，懂得必须经过艰难的奋斗才能得到他人的赞同。精力凝聚、竞争心、长年累月的辛劳工作是他们成为优秀音乐家的必经之路。

仅仅理解作画和思考对建筑学的重要性是不够的；具有天赋的绘画才能也是不够的。要终生致力于学习和完善图解思考，我们就必须在作画和思考中感到乐趣；要有勇气比自己羡慕的那些建筑师画得更好。建筑师协会的莫尔斯·佩恩(Morse Payne)曾指出拉尔夫·拉普辛(Ralph Rapsin)对许多设计师的影响："眼看拉尔夫只花15分钟就画出一幅优美的透视图确实令人鼓舞，它为我们树立了挑战性的奋斗目标。"[1]幸运的是，建筑专业仍对高质量的图画非常重视。能够即席以图解和口语共同表达自己意图的人是大受尊重的，在聘请雇员时，主考人员往往觅求善于表达交流的才能甚于独创的才能。因为他们懂得能够与他们在长期共事中发展想法的才能远比一开始就带给他们想法重要得多。

最后得说明——建筑师自然不一定非具备熟练的图解思考技能。不善于与顾客交谈的理发师或者酒吧伙计当然也可以理发，也能侍候酒客。但是，如果他们善于与顾客交谈，那么工作就会感到轻松得多，事业可能得以促进。我相信，图解思考可以使设计工作更令人愉快，更为有效。

支持图解思考的手段有四种：观察、感知、分辨和想像。虽然它们都被认为是基本的思考技巧，在本章中我试图说明如何借助图形手段来提高这些技巧，以实现图形和思考的初步结合。我强调这些技巧的顺序，是因为每一种思考技巧都是承前启后的。

图 2-2 丽莎·考伯尔(Lisa Kolber)绘

图 2-3 劳伦斯·哈尔普林(Lawrence Halprin)绘

速写-笔记本
(THE SKETCH-NOTEBOOK)

弗雷德里克·皮尔斯认为,"对事物光看而不仔细观察的人们,他们回忆中的画面也是残缺不全的。而那些认真观察并且加以识别的人们就会有一双相对机敏的内在目光。"[2]视觉图像对有独创性的设计师是个关键问题。他必须依靠视觉记忆的丰硕搜集,而丰富的记忆则依靠训练有素和灵敏的视觉。速写-笔记本是搜集视觉形象和敏锐视觉感觉好办法,因为它把看提高到有所见。习惯于使用速写-笔记本的建筑师很快就感到它的有效性。我想说的仅一句话:试试吧! 你马上就会喜欢它了!

速写-笔记本开本宜小,可以放入口袋随身携带。本子装订要牢固,有耐磨损的封面,不易松散。应随时随地都带着它,夜间睡眠时放在床边(有些极妙的想法正是在刚要入睡前或者朦胧苏醒时来临的)。正像本子的名称所示,这是一本速写本,也是笔记本,又是一本供回忆、感受和任何其他你能思及之物的本子。文字与图解相结合的笔记必然有助于统一文字和视觉思考。参见本节中的插图。

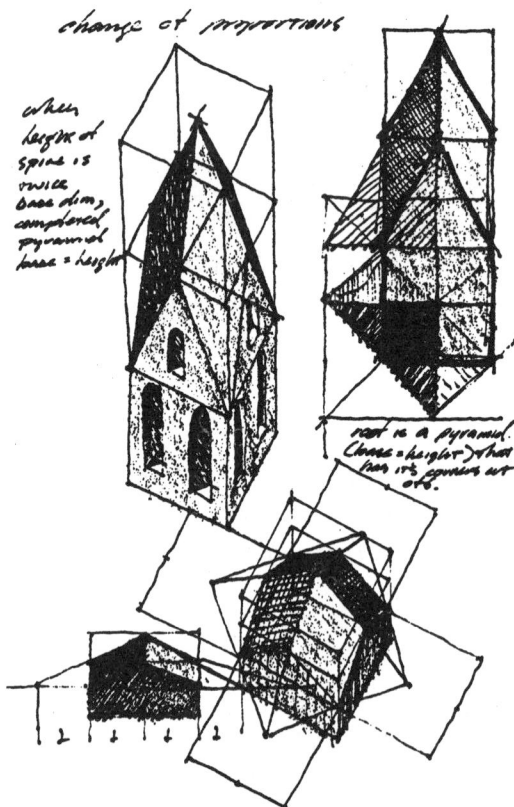

图 2-4 卡尔·布朗(Karl Brown)绘

CHICHI CASTENANGO
68. G2.72 R

图 2-5　卡尔·曼格(Karl Mang)绘

图 2-6　韦恩大学旧主楼，罗纳德·马格丽斯
　　　　(Ronald Magolls)绘

图 2-7　帕特里克·D·纳尔(Patrick D.Nall)绘

图 2-8　西班牙阶梯，罗马

观察（OBSERVATION）

　　成千个上过建筑学院的学生都被告知应该学会徒手画，也懂得画一点。然而绝少谈到应该画什么和为什么画。采用绘画块体或者其他静物的练习都是割裂了思考来教授速写的方法。大多数学生对此感到厌烦，其中一部分此后就放弃了作画。我喜欢一开始就采用实际的房屋做教材。因为：

　　1.学生所画的对象正是他们最感兴趣且随时准备讨论的对象。

　　2.眼、心、手同时并用，视觉感受将逐渐敏锐，可以开始从中清理自己的视觉经验。

　　3.学习建筑设计的最佳办法之一就是仔细地观察实际房屋和实际空间。

　　要证实徒手速写、草图对熟练图解思考技法的作用，最简便的方法就是把速写与照片相比较。虽然照相机往往是实用而方便的工具，但缺乏速写的许多特性。速写可以展现我们的观察。因此，可以着重描写某一局部，而照相机只能将对象等同地再现。下页的罗马西班牙教堂速写，重点在外部空间的构成要素，教堂、椭圆环形和石台阶。照片中显眼的花丛在速写中被删去了。速写的简练可以更进一步到只画出明、暗色调或者聚焦于某一细部如灯柱或窗扇。单就这幅景象就是一部都市设计的词典。但是你不必非到了罗马才能开始学习速写，我们周围到处有课题。要致力于成为一个建筑设计的勘探者，边学习速写边收集优秀的设计设想，真有无穷的乐趣。

图 2-9　西班牙阶梯速写，罗马

图 2-9a　西班牙阶梯，罗马

图 2-10　窗户的细部

图 2-11　街灯的细部

图 2-12a　房屋基本轮廓

图 2-12b　明暗色调

画速写（BUILDING A SKEICH）

　　理查德·唐纳(Richard Downer)在其著作《建筑画》:(Drawing Buildings)中介绍了就我所知最为有效的徒手画入门。"画建筑物，首先也是最重要的是对自己打算画的对象感兴趣。"³其次，选择便于最佳描画的有利地点。然后可按三个步骤开始速写了:基本轮廓、明暗色调、细部。基本轮廓是关键，要是各局部位置不正，比例错误，那么到往后两个步骤也不会有什么改善，完成的速写看起来总是失真的。所以不要急躁，应该仔细观察对象，时时把自己的速写与实物相比较。轮廓确定后加画明暗色调。明暗色调表示出受光、阴影和色彩部分的空间界限。再一次仔细观察对象，哪个部位最明亮，哪个部位最黝暗?速写就渐渐逼真了。最后，加画细部，到这阶段，画面各部分已经确定，可以专注于细部了，进行逐个描绘。这样就不会有推翻重来之虑，可以心舒神畅地欣赏它了。

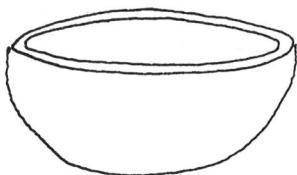

图 2-13a　基本轮廓

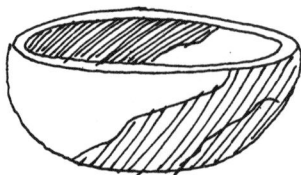

图2-13b　明暗色调

图2-13c　完成的碗

图 2-12d　完成的房子

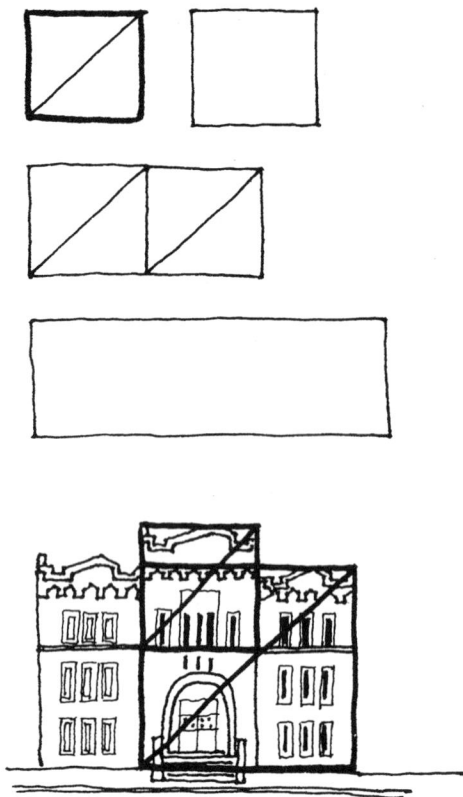

图 2-14

图 2-15

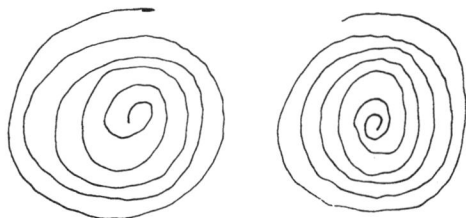

图 2-16

图 2-17

轮廓的速写（Structure Sketch）

基本线条是速写中最重要的部分，也是最难掌握的技法，它要求有大量的练习。下列方法我认为有助于掌握这一技能。

1.为了帮助取得所要求的敏锐的比例感，要练习画正方块，接着画 2∶1 和 3∶1 的长方形。然后在你拟画的景象中寻找这类方法。起初，可用描图纸复在照片上找。

2.利用十字或者方格使速写中的各部分处于恰当的地位，或者使景象或主题中的某个显著物具有组织其他部分的作用。

3.当然可以用铅笔作画，但我偏爱毡尖笔和墨水笔，因为这样线条明确而清晰。要是某根线条画错了，错误也一目了然。既然线条无法擦去就只得重画一条纠正的线。这样对照实物一再重画和校正的过程就能提高速写的技能。要是线条画得很淡，粗看不受注意，或者可轻易地擦掉，那么就会影响设计师的反复作画，而反复正是提高技能的必要条件。

4.为了进一步掌握线条技能，不妨试试某些简单的练习。类如我们在"懒散时刻"随手乱画出来的东西。如图 2-16 所示的螺旋体，从外围向中心画，顺时针方向画，再逆时针方向画，尽可能地画得快，线条间距要小而不碰。直线阴影可以画成各种斜度，但要求线条首尾一贯。

图 2-18

图 2-19

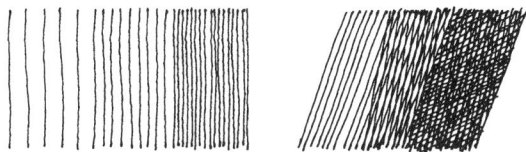

图 2-20

明暗色调（Tones）

　　明暗色调用不同密度的或者交错组合的阴影线表示。线条必须平行，间距均匀。要始终记住：交错线条的主要用途是表示中间色调和暗色调的不同层次。直线用笔就像用刷子油漆表面一样；飘忽和不规则的线条具有吸引注意的性能，使目光从更重要的部位游离开去。速写的明暗色调并无严格的规律，但是我有些自己喜爱的方法，似乎很有效果；水平的影线用于水平表面、倾斜的影线用于垂直表面。当两个垂直面相交时，两个面的阴影线的斜度应稍微有些不同。

明暗色调也分 3 个步骤来画：

1. 表现各种表面的质感，例如谷仓的垂直木板。
2. 如果质感还不能表示对象的明暗度，可在整个表面增加所需的影线。
3. 最后，在一切有阴影的部位画上更多的影线。以不同角度的一系列影线表示不同层次的阴影。

　　建筑画中的优美明暗色调取决于对实物的仔细观察和善于掌握线条疏密的一致性。

　　本书搜集了明暗色调速写的多种技法。上图是采用随意笔法的快速画法。设计师往往选择适应自己特性的技法。

图 2-21

图 2-22

图 2-23

细部（Details）

　　细部往往是最引人注目和最激发兴趣的建筑部位。窗户就是个很好的实例：在那里，细部是两种材料——砖块与玻璃之间，或者两种构成要素——墙面与窗洞之间转换的结果。木窗框、砖拱券、拱顶石与窗台使这一转换成为可能。每一细部都加深了人们对该建筑物的认识。我让学生在一幅比例正确的基本轮廓图上画出窗户、门扇或者其他建筑构件，促使他们从中理解并鉴赏细部对建筑质量和功能的贡献。从细部可获知功能和材料的一些知识以及与此有关的创造才能。树木下部的金属保护网格既表明功能又标出树冠下供路人行走的地面。

　　在多数建筑景象中，若干细部离我们很近，其余的都较远。近的细部看得清楚，在速写中应该画出诸如螺钉、扣件、精致的节点和质地。处于远景的细部则逐渐简化，直到只需表示出一个外轮廓。

图 2-25　美国亚拉巴马州蒙哥马利

综合观察(Combining Observations)

　　练习把结构、色调和细部结合起来就能有效地抓住物体的全貌，各种风格的老房子最适合练习和提高观察技巧。它们通常容易接近并能提供多种有趣的画面。试着在一天当中不同时刻去观察这些老房子，这样能看到不同的光线条件，围着它前后左右地走走，就能看到很多不同的景观。

图 2-24　美国加利福尼亚州旧金山

错误
wrong

图 2-26a　最初草图

图 2-26b　重叠草图

图 2-26c　完成的草图

描画（TRACING）

描画现有的图解资料是学习速写技能的另一方法。用描图纸描绘自己的设计草图显然是常用的手段。但是，与其在一幅错误的画上花工夫，不如先在描图纸上描画出需要修改的部位，然后另用一张描图纸连同已修改部分画成一幅新画。这样就可以从自己的错误中学到东西，最后完成的速写就会更好些、更清新些。也可以把画好方格的透明膜片覆盖在图画或照片上，另用画纸打上放大了的方格，然后逐格描绘。第三种方法是利用幻灯机和一小片镜子把大小适当的图像反射到绘图桌面上描绘。第31页的那幅大的速写就是采用这种方法描画的。

不必去介意拷贝是不正派的或者不合法的观念，丢开它。艺术大师如达·芬奇，初学绘画时也拷贝过其他画家的作品。描画绝不会同原作一模一样。你必然会着重某些细部而简略另一些细部。描画逼你仔细观察原画或照片，更好地理解主题。

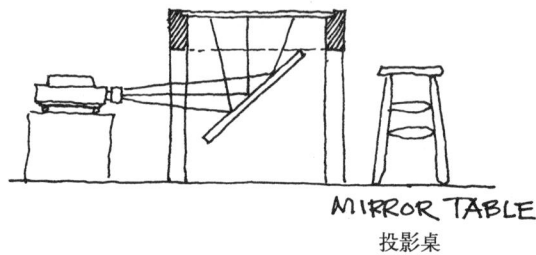

MIRROR TABLE
投影桌

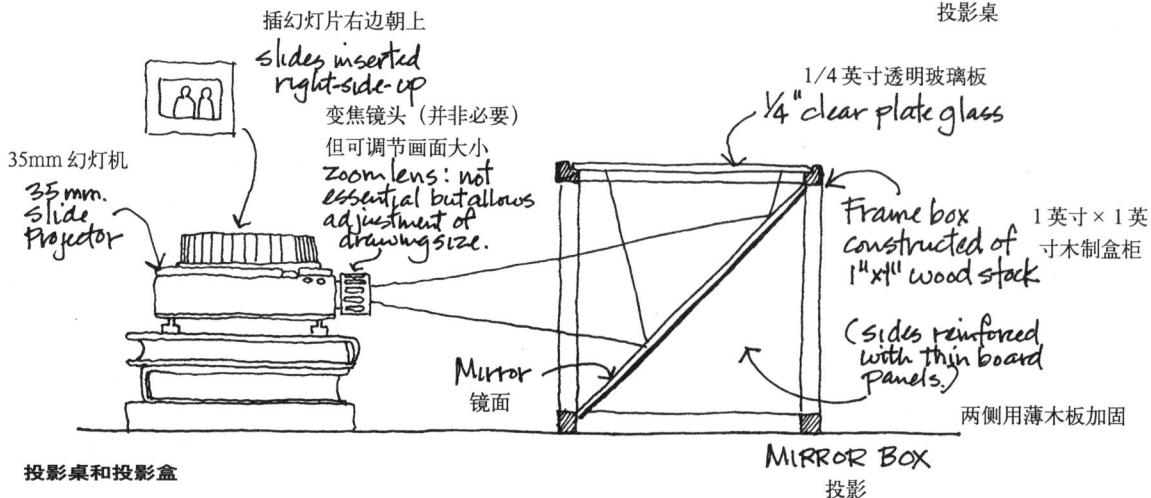

插幻灯片右边朝上
slides inserted right-side-up

变焦镜头（并非必要）
但可调节画面大小
zoom lens: not essential but allows adjustment of drawing size.

35mm 幻灯机
35 mm. Slide Projector

1/4英寸透明玻璃板
1/4" clear plate glass

Frame box constructed of 1"×1" wood stock

1英寸×1英寸木制盒柜

(sides reinforced with thin board panels.)

两侧用薄木板加固

Mirror
镜面

MIRROR BOX
投影

图 2-27　投影桌和投影盒

图 2-28a　最初草图

图 2-28b　放大的草图

图 2-29　临摹雷·埃文斯(Ray.Evans) 的图

图 2-30　临摹雷·埃文斯的图

图 2-31 美国俄亥俄州阿森斯市

Here / There

正面

侧面

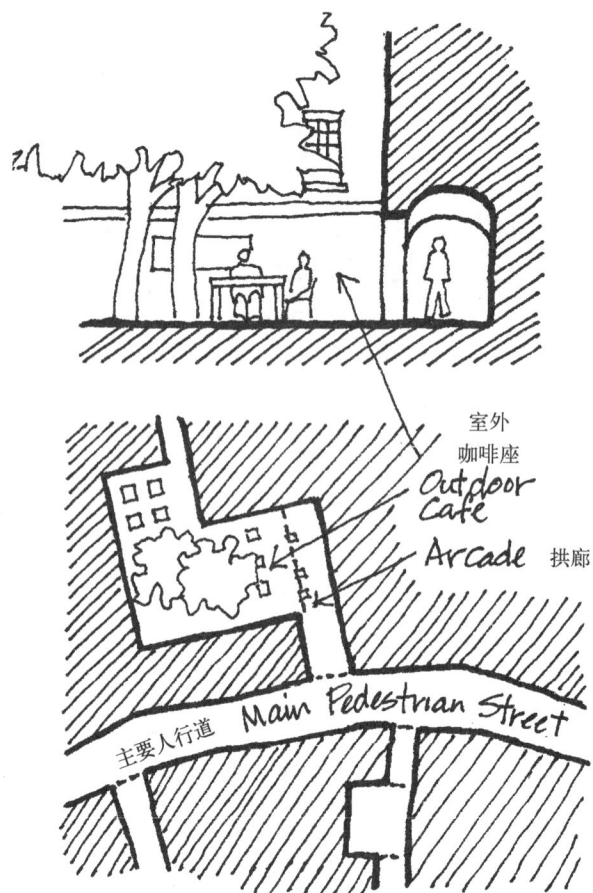

(a)

室外
咖啡座
Outdoor
Cafe

Arcade 拱廊

主要人行道 Main Pedestrian Street

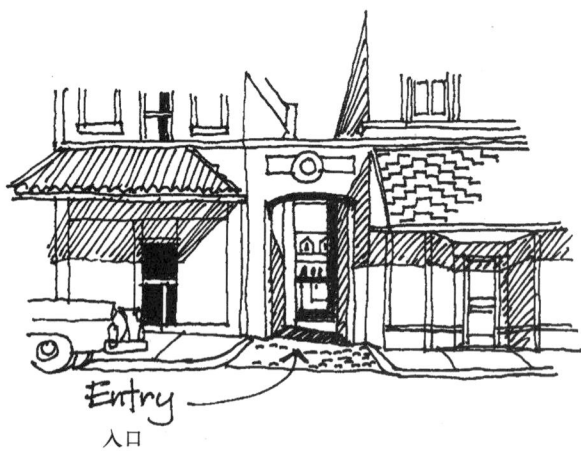

Entry

入口

图 2-32 美国俄亥俄州阿森斯市

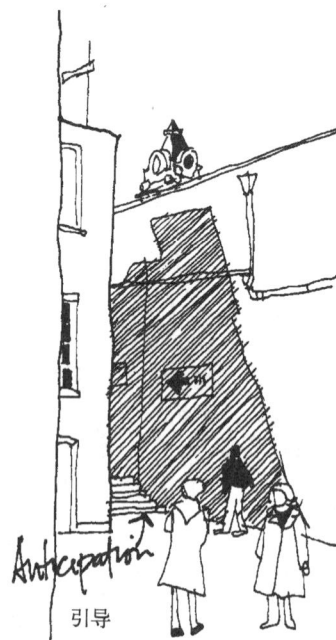

Anticipation

引导

图 2-33 美国俄亥俄州阿森斯市

图2-34　(a)(对面页),(b)(上图)　奥地利萨尔茨堡花园餐
　　　　厅平面、剖面和透视　　　　　　　　　　　(b)

感知（PERCEPTION）

　　建筑师的速写本大多有自己的独特方式。英国插图画家和城市设计顾问戈登·卡伦(GordenCullen)在应用与分析速写方面具有很大的影响。他的著作《城市景观》(Townscape)是城市环境视觉认识的精湛搜集。

　　速写清晰而有洞察力，显示出通过图解思考所能获得的收获，给人以深刻难忘的印象。应用平面、剖面和透视，速写超越了显而易见的景象，揭示了新的视觉感受。明暗色调被用来识别主要的空间构成体(在该书中，这些明暗色调大多是用工具绘制的，但是可以简便地用油脂笔或者毡尖笔以影线方式绘在速写图上)。

　　城市图像通过简练的文字标题加以分类就更有助于把视觉感性认识印入我们的记忆，文字和图解信息共同起作用。这些并非难度很高的速写是大多数设计人员力所能及的。插图表示：在小型中西部城镇速写中应用了戈登·卡伦的技巧。

　　约翰·冈德芬格认为：

　　"速写本应该成为个人记录感兴趣事物的日记，而不是一本以重量和数量来引人注目的作品汇集……当场完成……不是外出写生的理由，因为目的是作画而不是图画。我常常从未完成的图画中学到更多的东西。研究失败的原因，探讨在何处、又如何弄错了。比从一切都妥妥当当、完完整整的图画中学到的更多。当然，完成的画也在一定程度上起到同样的作用，因为我们已经在图画完成前的失误中取得了教训。因此在速写中某些缺点在无意识中被避免了。" [5]

图 2-35　美国亚拉巴马州莫比尔市水边

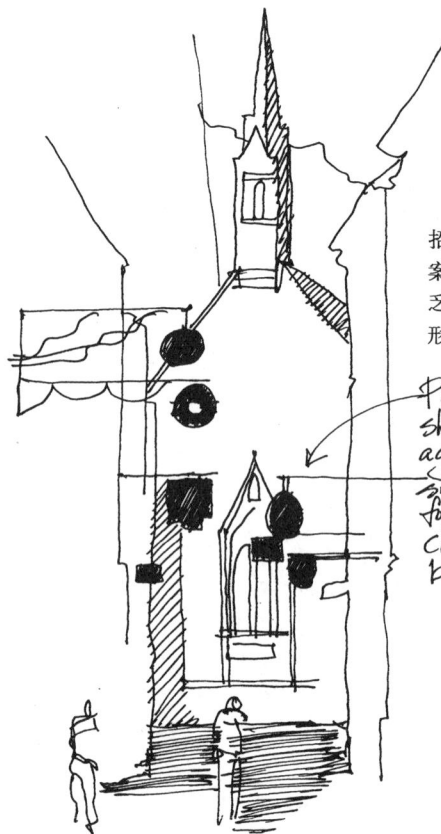

招牌上细致的图
案与背景中简单、
乏味的教堂形式
形成对比

*Play of detail
shapes of signs
against the
simple, bold
forms of the
church in the
background*

图 2-36　奥地利，萨尔茨堡

如果我们留意一个物体细致入微的特征，就会发现很多新面孔。它可能是阴影的丰富的图案和形状，也可能使人意识到元素与环境之间的特殊关系会产生出非常有趣的视觉体验。通过一张大教堂的室内速写可以发现尺度与材料的使用上令人惊叹的匠心。绘画艺术可以迅速提高你的视觉感受力。

大遮阳棚

*large
awnings*

Family of shadows

阴影

图 2-37　美国亚拉巴马州莫比尔

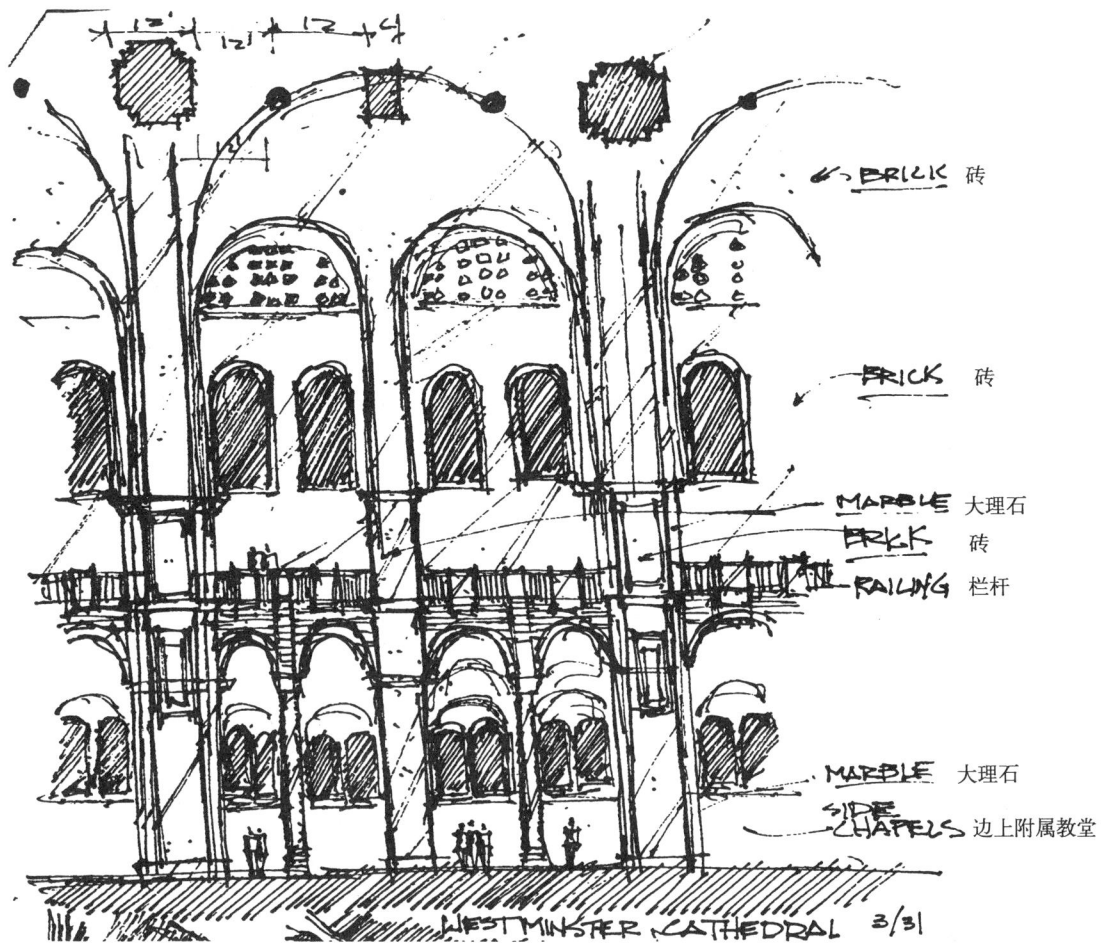

BRICK 砖

BRICK 砖

MARBLE 大理石
BRICK 砖
RAILING 栏杆

MARBLE 大理石

SIDE CHAPELS 边上附属教堂

WESTMINSTER CATHEDRAL 3/31

图 2-38　西敏寺大教堂，托德·卡尔逊(Todd' Carlson)绘

暗绿色 Dark green

Canopy of Trees 树荫

Red 红色的

砖铺地

Shaded lawn 绿地

Brick walk

图 2-39　美国俄亥俄大学广场，俄亥俄州阿森斯市

图 2-40　临摹罗兰德·威尔逊(Rowland Wilson)的卡通风
　　　　　格的草图

图 2-42　临摹索尔·斯坦伯格的画

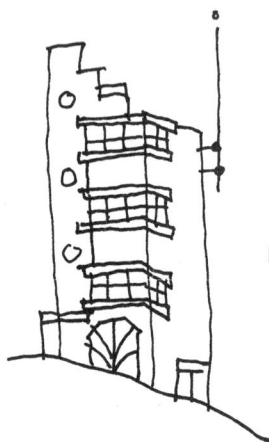

图 2-41　临摹索尔·斯坦伯格(Saul Steinberg)的画

图 2-43　临摹保罗·霍格思(Daul Hogarth)的画

分辨（DISCRIMINATION）

卡通画是速写构思的重要源泉。我特别喜爱《纽约人》和《笨拙》周刊，当然还有许多其他源泉。卡通画家用难以相信的简练画法表达令人信服的真实感。在全神贯注于完整的形体时，用简练的轮廓线显示出细部的信息。迈克尔·福克斯(Michael Folkes)阐明卡通画的原则为：

"……简洁指的是应达到尽可能清楚表现的需要……削去一切不必要的细部，突出画面的焦点。要克制自己，不在画面四角加添景物或者阴影……训练手和眼，快速画下可识别的景象……用尽可能少的线条。一个有意义的细部远远胜过丝毫不说明什么的含糊线团。画几十幅小图……直接用墨水笔画，让墨水笔成为当然的绘图工具，不要把它当作只能在详细铅笔底稿上煞费苦心地描绘的画具。"[6]

卡通画是有选择性和辨别性的；它可以帮助发掘本质的东西。

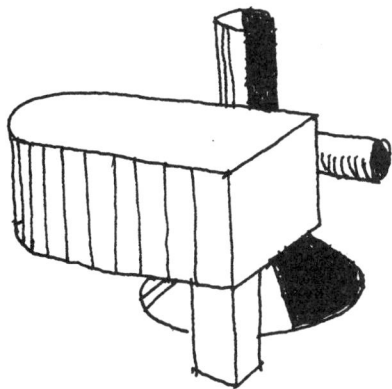

图 2-45　想像背后的画面

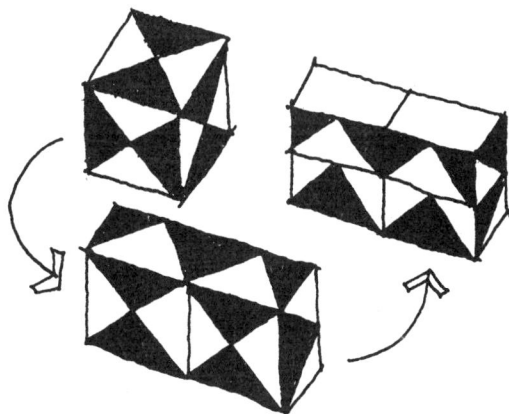

图 2-46　切割立方体游戏

想像（IMAGINATION）

为了实现把用于观察的图形转化为用于设计的图解思考，就必须发展和延伸想像力。这可以从一些简单的练习开始。

1.找一幅表达特定场所的图画、照片或画一间房子的速描，在一张大纸上画出它所描绘的景象，然后跳出原画的框框，表达只有通过你的想像才可以实现的那些景象(图 2-44)。

2.画一组物体然后面你想像从背后看到的样子(图 2-45)。

3.画一个物体，如简单的立方体，它的表面有明确的图案，设想切割并移动它，画出新产生的各种图案(图 2-46)。

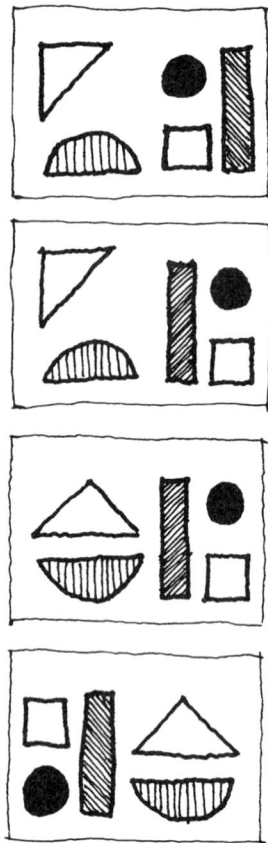

图 2-47　图形剪纸游戏

图2-48　草图游戏

半个木工中心
Half of a Carpenter
Center.

置于本身屋顶上的
Winslow 住宅
Winslow house sitting
on top of its roof.

纽约电话电报公司
总部大楼的顶部
Top of AT&T building.

图 2-49　迷惑图

视觉－智力游戏（Visual-Mental Games）

　　下面是促进手－眼－心协调一致和提高形象识别能力的一种带娱乐性的方法。玩法简单有趣。

　　1.向两个或两个以上的人显示出排列在纸板上的4、5个简单图形剪纸（图2-47）。由一个移动剪纸（不为他人所见）同时口述移动方位，其余各人按他的口头描述画出剪纸的新排列图。几回重复后，看看谁能始终正确记录各个剪纸图形的方位。这一训练掌握后，要参加者把每幅新的排列图默记在心，接着就试试谁能默写出最后的那幅排列图。游戏的第二种玩法是用一个实体代替剪纸图形。实体构造灵巧，可以展开也可以拆散。

　　2.参加者成环形落座，每人画一幅简单的速写，传给右邻。接画人拷贝后把自己的复制品再传给右邻，直到最后的一张拷贝图传到原作者为止。然后，把所有的速写按先后排列在墙面上或者桌面上。这一游戏图解地证明了个人视觉感受的差异（图2-48）。

　　3.采用以建筑物和设计为主题的迷惑图是另一形式的解谜游戏。图上提供恰当的线索，所以只要稍有启示，答案就迎刃而解了(图2-49)。

　　有许多视觉解谜游戏可以锻炼我们的视觉感受。试试本页的游戏；寻找更多的解谜画或者自己创造一些(图2-50)。图2-51从一个给定图形中可以演化出不同的建筑，它可以代表剖面，也可以代表平面。

图 2-50   谜画

Remove eight matches
so only two squares
remain.

去掉8根火柴使成2个方格

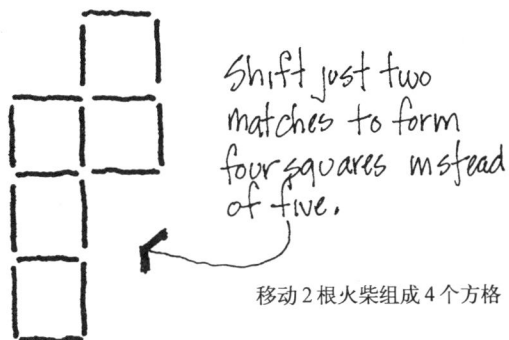

Shift just two
matches to form
four squares instead
of five.

移动2根火柴组成4个方格

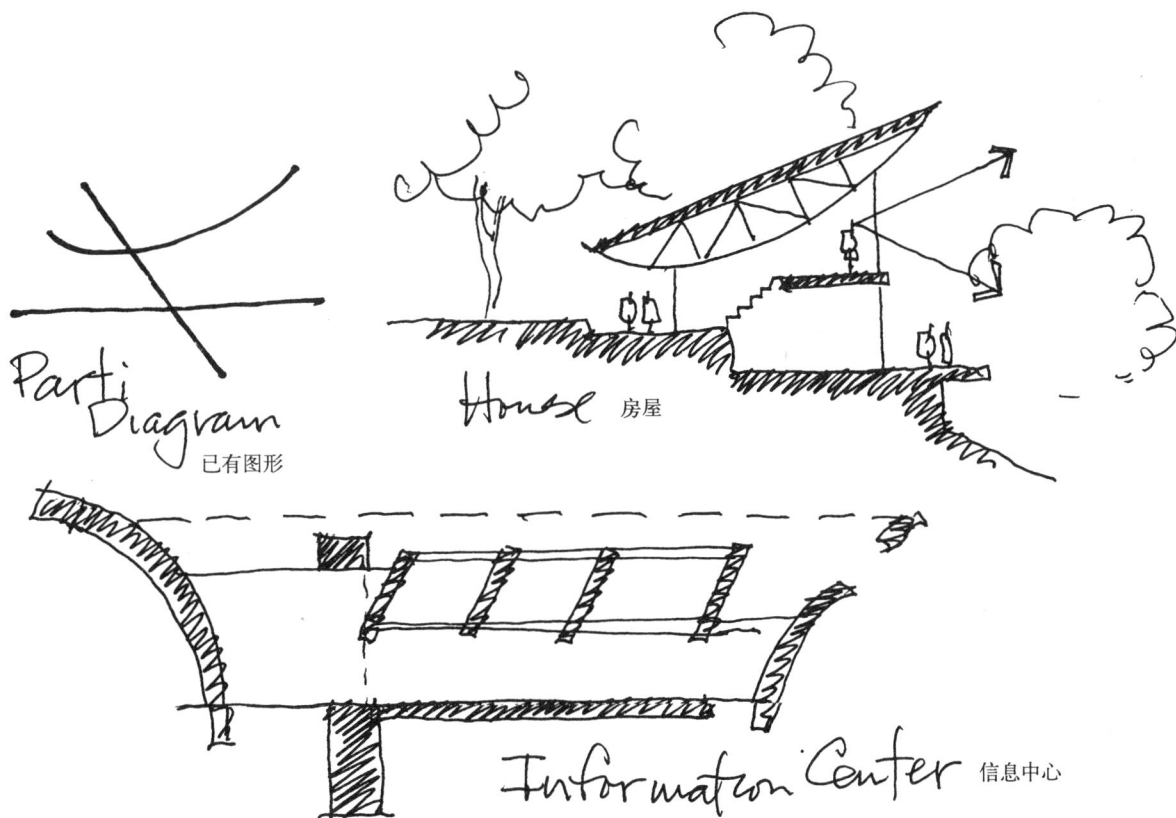

Parti
Diagram
已有图形

House   房屋

Information Center   信息中心

图 2-51   从已有图形上研究设计

图 3-1　加拿大埃德蒙顿艾伯塔大学的学生联合会大楼。Ａ・Ｊ・戴蒙德(Diamond)绘

3 惯例（Conventions）

"表现：以叙述或者描绘，想像或者形象的手段反映愿望或者感觉。含有相似……象征……样品……填补、替代……的意思。" [1]

从历史上看，表现和设计一直是紧密联系的。出自人类愿望的设计行动是为了在花费大量时间、能量和资金之前预先看到实现的可能程度和最后的结果。制作一个泥罐仅意味着简单地用双手操作直至达到所要求的结果。但是，要制造一个金罐就需要昂贵的材料，大量的准备、时间和能量。因此，一幅金罐的表现画，设计图，是在动工前必须具备的。设计成为建筑工程的重要部分不仅仅由于建筑物的尺度，以图表现想像中的建筑物不仅可以了解最后竣工的形象，并且也计划出所需的人工和材料，保证工程完成。

速写，包括设计草图的表现能力是有限的，这点应该有明确的认识。即使具有最娴熟的技巧，图画毕竟无法完全代替建筑环境的实际感受。然而，从另一方面看，作为思考工具的速写却可能超越速写实际包含的内容。表现画应该被看成是应用它来帮助作画者思考的延伸部分。鲁道夫·阿恩海姆说：

"想像的世界并不简单地把它本身如实铭记在感知器官里。相反，在看一件物体时，我们趋向它。经过空间到达物体所在的位置，相隔一定距离以便观察物体。用无形的手指触摸它们，抓住它们，细察它们的表面，勾勒出它们的轮廓，探索它们的质地。这是一种卓越的主动占有。" [2]

建筑师利用图画来观察、验证设计的程度存在很大的差异。一种解释可能是由于对各项设计的想像经验和建造经验有差异。例如，房间的平面图对建筑专业的低班级学生来说，他很可能只看到抽象的图解。可是，有经验的建筑师能够从这一平面图联想出透视的形象，而无需画出透视图。

图 3-2

图 3-3

本章将讨论我认为建筑师应该懂得的几种基本速写表现法。不打算详述基本的绘画法。因为这一题目已经有好几本优秀著作。我着重在不应用三角板、比例尺和直尺的快速表现徒手画。可借以表现空间或建筑的对象很多，表现的方法也多种多样。

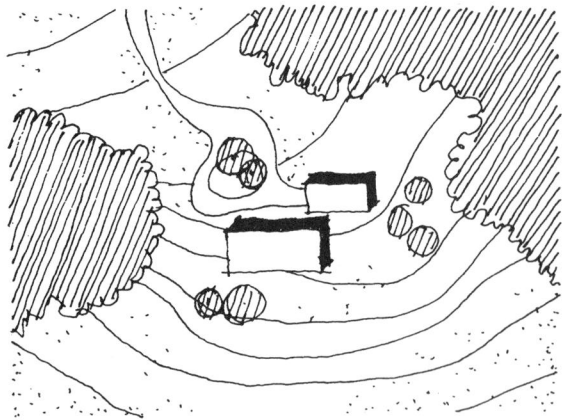

图 3-4　基地平面

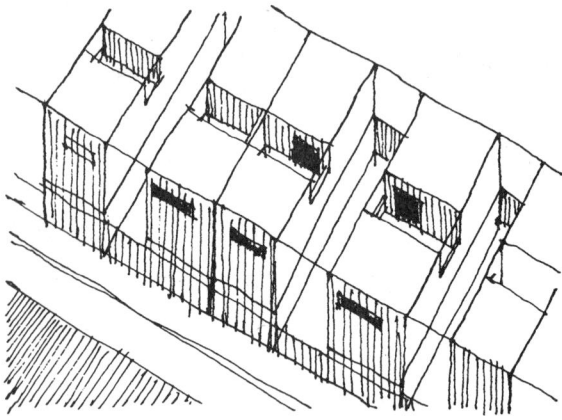

图 3-5　轴测透视

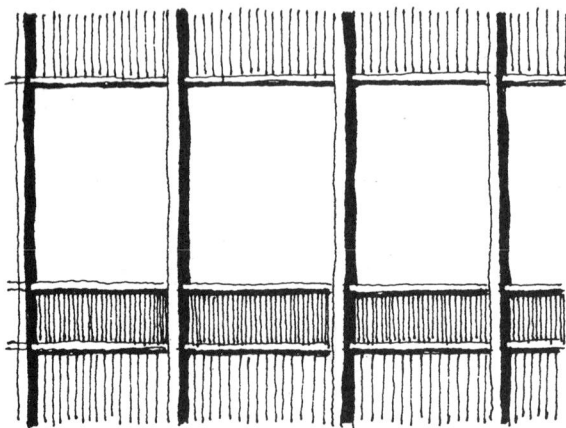

图 3-6　局部立面

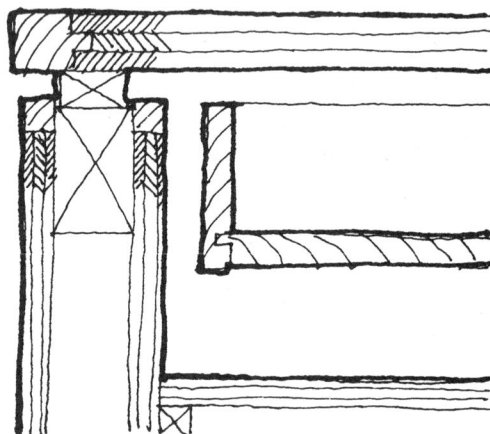

图 3-7　细部剖面

速写的主题可以从房屋及其周围景物直到一扇窗户或者一只电灯开关。我们可能对它们的外貌、作用以及安装方式感兴趣；我们可能探索其意义和特征。从具体到抽象，徒手画的形式变化众多，惯常采用的形式包括剖面、立面、透视、轴测透视、等角图和投影图。作图的手法技巧和风格也各不相同。各种类型的多种变化将在下面几章述及。

本章讨论的基本表现形式有：

1. 综合的景象——为了系统地研究设计，必须从几个视点来表现整体。

2. 具体形象——涉及最直接的感受。抽象形象将在下两章讨论。

3. 感性的焦点——尽力使观者进入徒手画所表达的感受之中。

4. 徒手草图——设计的决断应该照顾到多种选择的可能性。徒手草图的快速性能激励多做比较方案，而正正规规、线条不容怀疑的建筑图却丧失了这种机会。

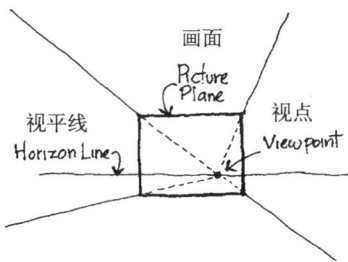

图 3-8a　定画面和视点

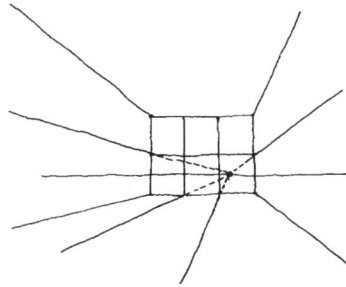

图 3-8b　分格

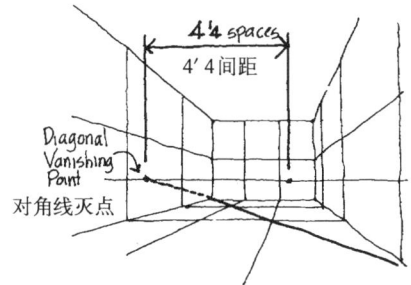

图 3-8c　画十字网格

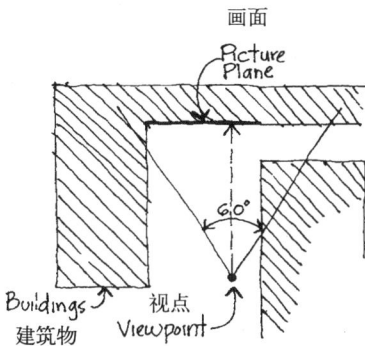

图 3-9a　定画面和视点

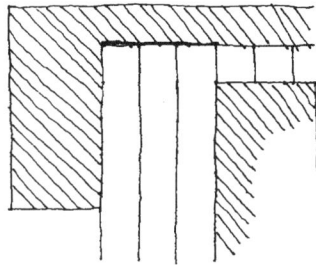

图 3-9b　分格

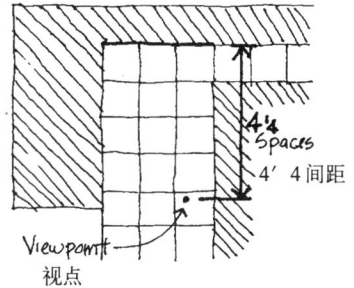

图 3-9c　画十字网格

透视（PERSPECTIVE）

透视图与平面图具有同等的地位——是多数设计教育的基础。一点透视最容易画，所以我认为是最实用的透视法。下列三步画法我个人以为效果最佳：

1.在立面和平面上标出画面。往往是以一垛墙或者某一景物作为直接可见空间的远端界限。定出可见空间的视点(V.P.)。视点通常在垂直方向离地面5.5英尺处；水平方向可定在任意点。但是画面不能越出60°视角顶锥的范围，否则透视就会扭曲失真。通过 V.P. 的水平线称做视平线。

2.在空间的地面上分格。即在平面图上画出方格，计算视点距离画面的方格数目。然后在透视图的视平线上标出对象线灭点(D.V.P.)。对角线灭点离视点距离等于视点离画面距离。从视点画纵向的地面方格线；从对角线灭点作通过画面底角的斜线。斜线与纵向地面方格线相交直至墙边，从交点作水平线得横向地面方格线。

3.画出该空间的基本构成。将地面方格延伸到墙面和平顶(如果合适的话)。把方格当作快速简便的尺度参考，加添立面和洞口以及立面的主要分隔。

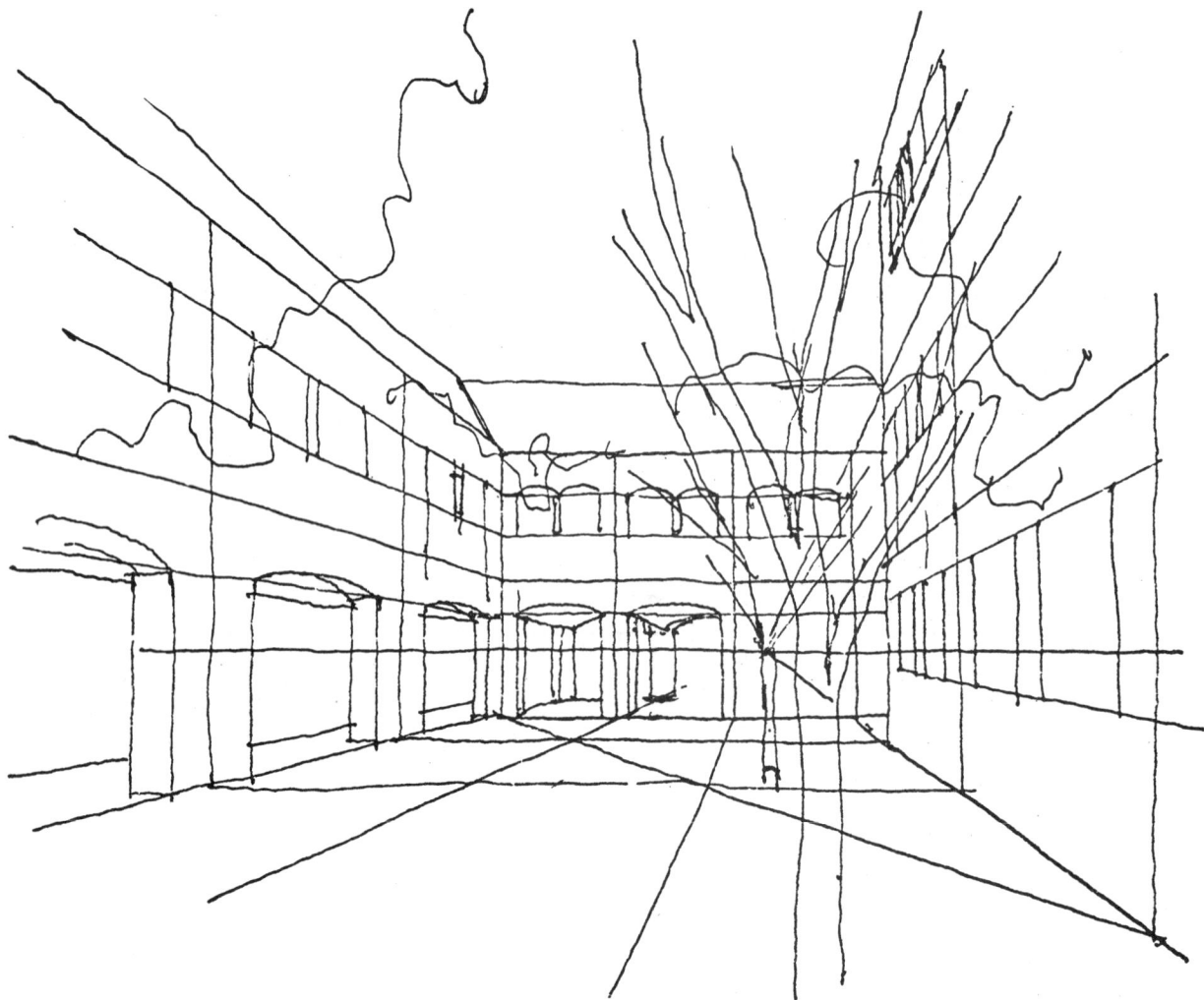

图 3-10a 分割空间

熟练的徒手直线是掌握图解思考法的重要技能，并且应通过实践加以完善。但如果你依赖直尺，技能就难以很快提高。要一开始就全神贯注于直线的起端和终端而不是线条本身。在线的起端和终端各点上一点，用笔划过二点之间，反复练习。这听起来非常幼稚，但是令人惊讶的是有许多人从来就不知道如何画好直线。

基本透视和平面轮廓勾出后，就可以加添明暗或者色调。对象或平面的实际色彩、阴面或影子会引起种种不同的明暗色调。画出这些变化中的明暗色调以显示限定空间内光线的相互作用。习惯阴影画法得先在平面图上分析后再表现到透视中。现在可以先在平面画出阴影，然后参阅方块中的阴影加添到透视图中。景物背对阳光或光源，不直接受光的面是阴面。阴面一般在色调上较影面明亮些。在速写实际房屋时，我偏爱应用平行线表现明暗色调(参见上一章的建筑物速写一节)。

最后描画细部和人物。人物很重要，可借以标出空间的尺度，并且通过速写人物引导观看者进入画面。画好人物形体的基础是：简洁、比例正确和运动感。方格有助于使平面图与透视图中的人物相互协调。要把人和物布置在真实的地位，透视速写的目的在于理解空间而不是为了掩饰设计缺陷或者欺瞒失真。

图 3-10b　画明暗和阴影

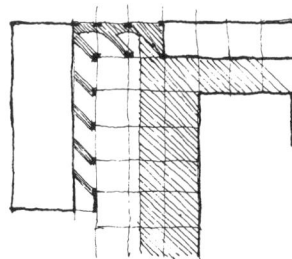

图 3-11　地面阴影

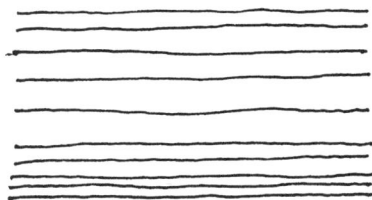

图 3-12　直线练习

图 3-13　人物练习

图 3-10c　完成细部

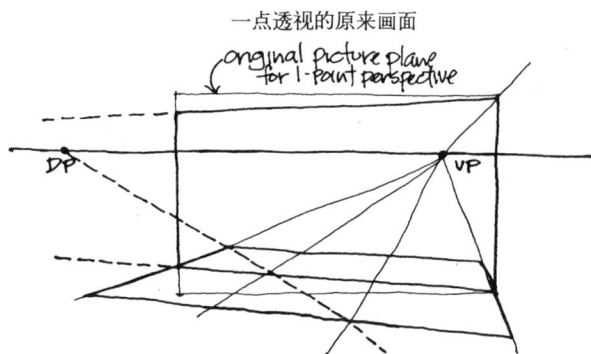

一点透视的原来画面

original picture plane for 1-point perspective

DP   VP

图 3-14   一点透视的变体

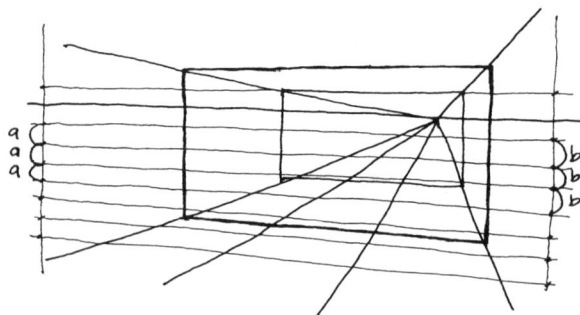

a
a
a
                        b
                        b
                        b

图 3-15   威廉·洛卡德的变化透视法

质的表现
(QUALITATIVE REPRESENTATION)

到此为止我们还没有注意过质，诸如图画的风格或者技巧。这方面的问题将在第 5 章中论述。质的表现，我意指空间的质的表现。"透视图的质比量重要。环境和物体的经验质量可以直接从透视图中看出……空间、时间、光线的连续统一体的质在透视图中可以表现和说明得远比其他传统的方法好。"[3]威廉·洛卡德(William Lockard)在他的著作《设计绘画》(Design Drawing)中对作为建筑表现画的透视图的优越性作了令人信服的论述：透视图可以显示空间内一切构成物的关系，与建成后我们将看到的实况最为相似。确实，建筑并非只有通过透视才能体验，但透视图不失为显示特定空间直接视觉感受最好的办法。

洛卡德论述"表现"的一章可能是应用透视速写来表现的最佳叙述。他以图解阐明了一种相似于一点透视的透视画。在画面以外增加一个虚设的第二透视点(见插图)。一点透视中的视平线在此微微向虚设的第二透视点倾斜。画面的顶线和底线也稍有倾斜，形成新的平面，使一点透视转化。通过画一条新对角线，得到新的对角线灭点。这一透视法同样可以应用方格来帮助布置空间物体。

要表现想像空间的质，就该懂得一些关于空间的质的问题。虽属老生常谈，但却常常被忽略。作为建筑师我们得找出是什么赋予空间以特定的性格：种种不同的光线、色彩、质感、形式、体型的可能性以及这些因素的组合。坚持不断地应用速写-笔记本是学习空间的质的可靠方法。当空间的质的知识应用到表现透视画时，必须记得是把空间的三向度转化到二向度的纸面上，要求表示出赋予空间以质的物体的深度与间距的效果。随着深度的增加，光线的色调层次也逐步降级；细部不那么清晰了；质感和色彩柔和了；轮廓和边缘不明确了，深度也可以通过物体或外形的重叠来表现。

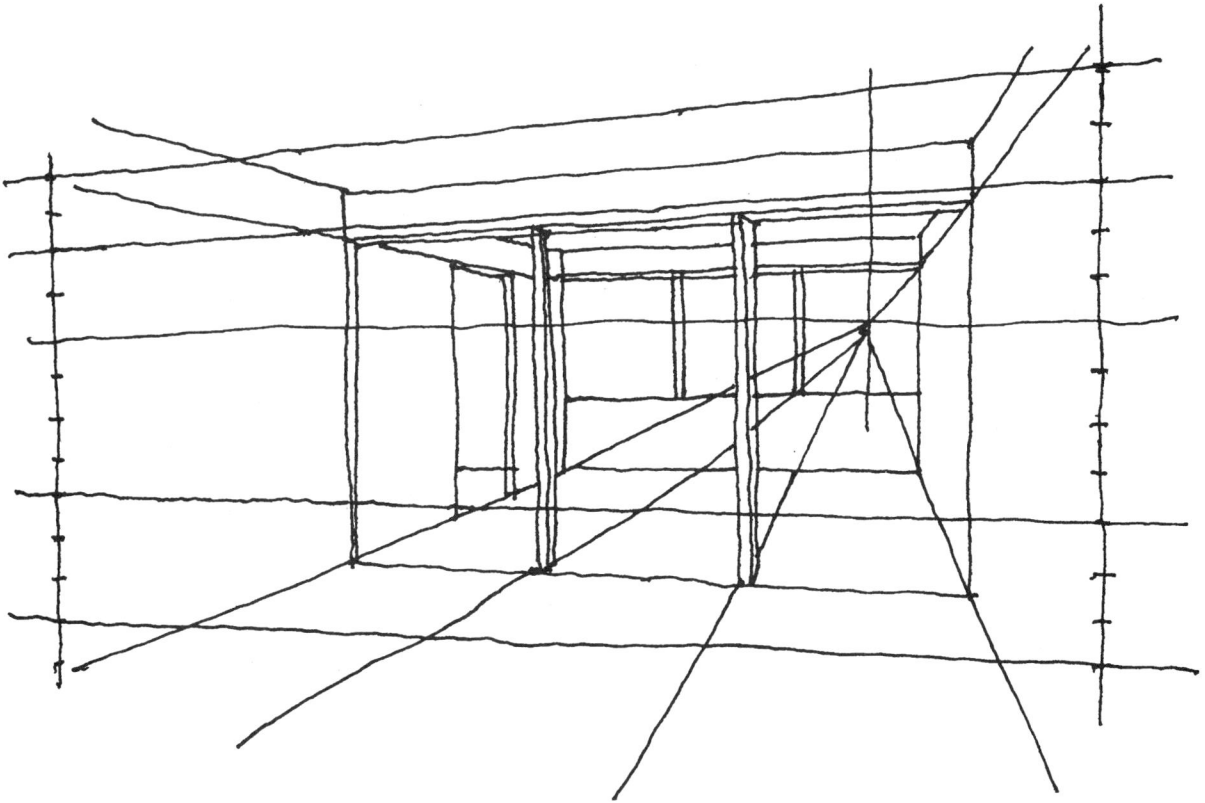

图 3-16a　按洛卡德方法绘制的透视草图

图 3-16b　完成的透视图

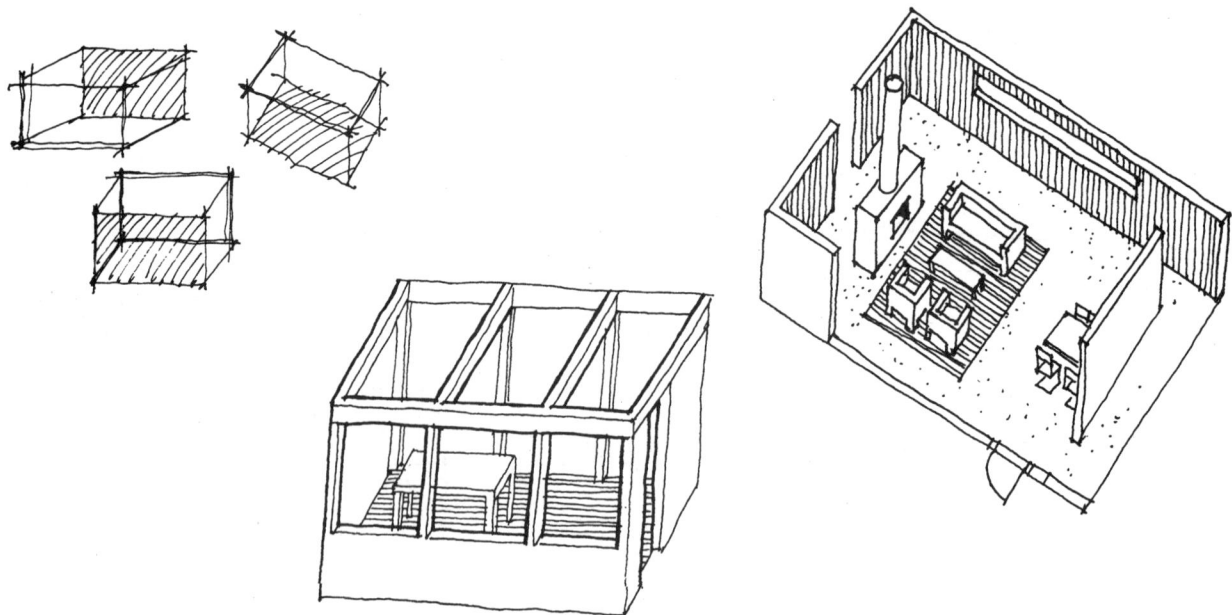

图 3-17　平行投影

平行投影 （PARALLEL PROJECTIONS）

　　广泛应用的轴测图是透视图、平面图和剖面图的重要替代物。轴测图简直就是平面或剖面的投影图。平面或剖面空间中的平行线在轴测图中同样以平行线表示。轴测图技巧是中国画的传统画法。观察者不是从一个定点来观看景物的，而处身于一切景物的正面。轴测图的优点是：表现了三向度空间又保持平面和剖面的"真实"尺度。

　　既然三向度以同一尺度来表示，这一特征使轴测图便于绘制。轴测图中，从平面或剖面、向前或向后的投影线习惯上按30°、45°或60°角倾斜。但是在速写中，确切的角度倒无关重要。

Section Cut Line 剖面线

View or Vanishing Point (VP) 视点或灭点

图 3-18　剖面

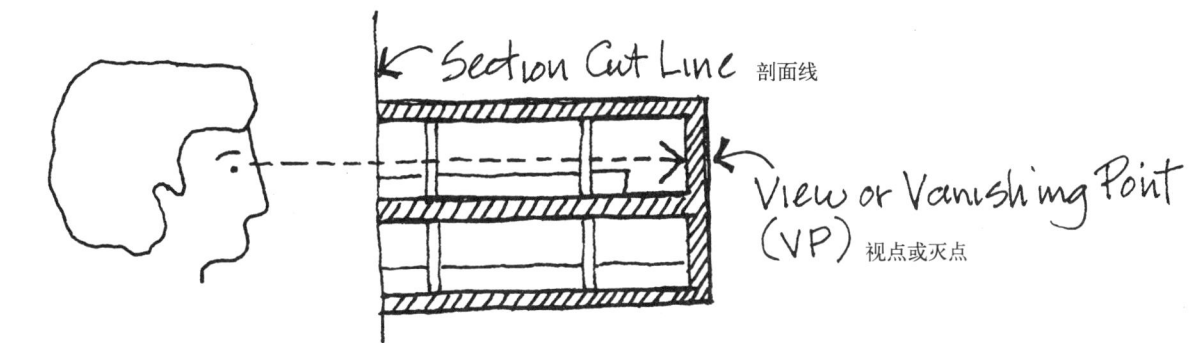

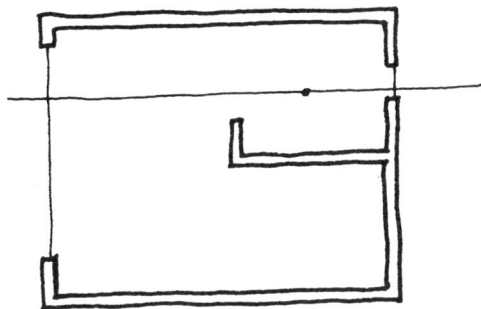

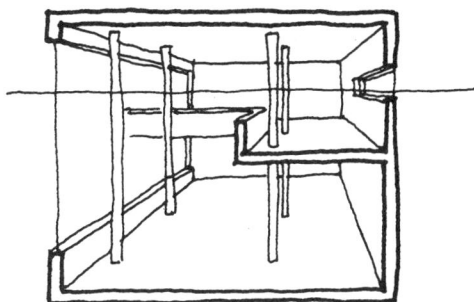

剖面（VERTICAL SECTION）

　　空间的垂直切面称为剖面。平图草图的各要点除投影外都可应用到剖面草图中。在剖面中，可以应用一点透视来表示空间的深度。设想你正在注视某一空间的剖面模型，你直接注视模型之点就是视点(V.P.)所在。视点是用来画定剖面后部的透视投线。

　　人物对剖面草图也很重要。建筑师的设计速写大都按常人视线高度作画，这样比较容易产生身临其境的想像和从该空间的特定点观察的感觉。加添阴影的目的在于表示该空间内部的光影效果。

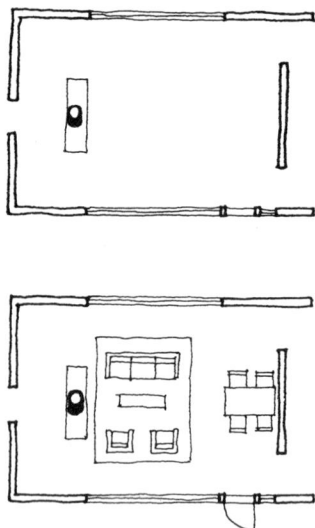

图 3-19　平面

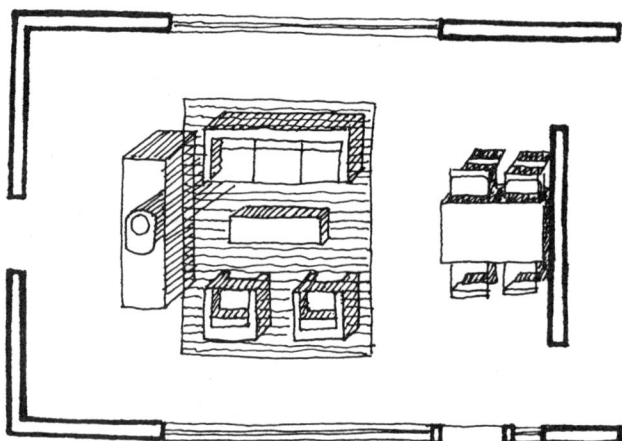

平面（PLAN SECTION）

　　抽象的平面图，如图 3-19 所示，在设计的初步构思阶段有多种作用，这些将在下一章深入讨论。但是，许多建筑专业学生错误地企图将这类平面图当作空间组成的具体抉择。所设计的空间的平面草图必须表示出何处封闭，何处开敞，包括长度、宽度、高度、形式和细部。平面图其实是整个空间的水平向断面或者剖面。被剖切体如墙、柱之类用粗线表示；切面以下的可见物体用细线表示；平顶、天窗之类由于在切面以上是不可见物体，必要时可用粗点线表示。

　　表现平面图画法的第一步，用粗线画墙身轮廓，清楚地表示出墙身开口；第二步，加添门、窗、家具和其他细部；第三步，画阴影，以显示各个平面和物体的相对高度。一般习惯，投影线按 45°

画，向右上方。阴影线长度按需要而定，表示出家具、墙身等等的相对高度。最后画上色彩、质感或花纹，进一步地表现空间的特性。

其他表现画法
(OTHER REPRESENTATIONS)

　　以透视图、平面图、剖面图和轴测图的常规画法为基础的多种多样的速写和草图画法展示在下页上。通过速写的方法我们可以展开、后顾、分离、重建或者使实物透明——观察其相互排列和构成。这些不过是可能扩大的表达方法的一部分。在运用速写使设计具体时，我们应该始终准备创造新的工具以供使用。

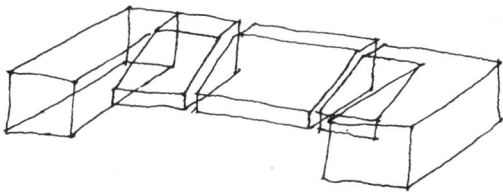

图 3-20　透明速写

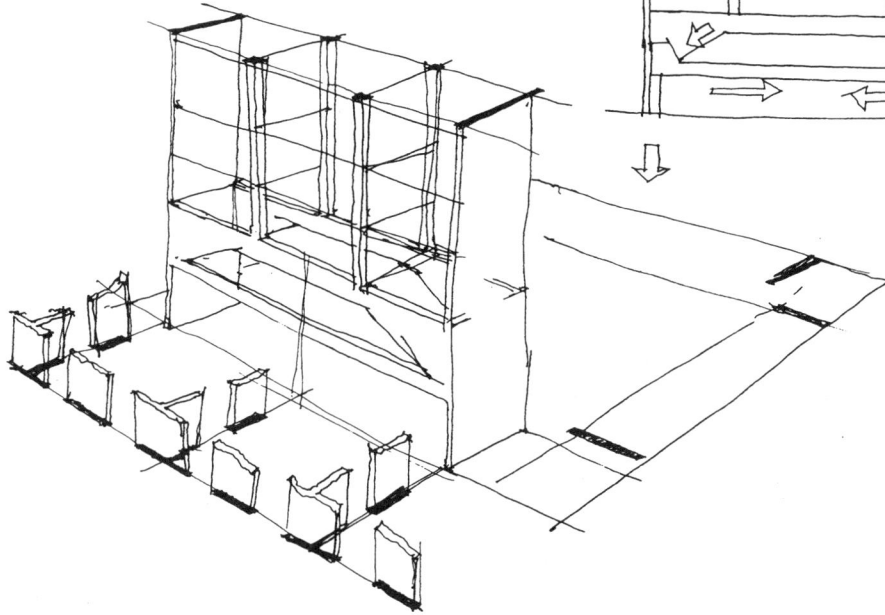

图 3-21　波士顿市政厅结构体系图解。托马斯·特鲁阿克斯
(Thomas Truax)绘，建筑师：卡尔曼·麦金内尔
和诺尔斯(Kallman,McKinnell and Knowles)

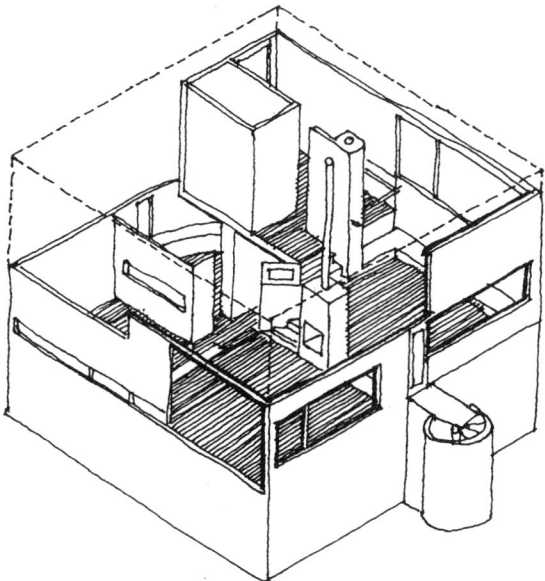

图 3-22　西蒙住宅切割透视。建筑师：芭芭拉和朱利安·内
斯基(Barbara and Julian Neski)

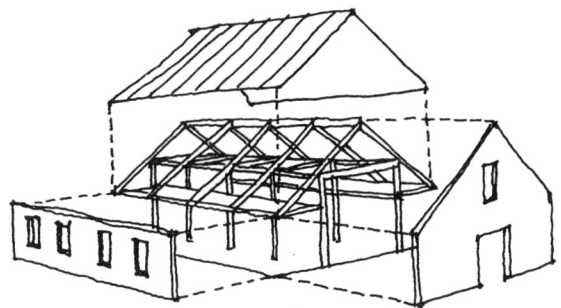

图 3-23　谷仓内剖透视

其他表现画法　•　**49**

图3-24　波士顿市政服务中心。赫尔穆特·雅各比绘，建筑师：保罗·鲁道夫(Paul Rudolph)事务所

速写技巧（SKETCH TECHNIQUE）

　　建筑师大都各有各的速写形式，能迅速表现结构、明暗色调和细部。力求事半功倍。享有国际声誉的建筑表现画家赫尔穆特·雅各比(Helmut Jacoby)的画法具有效果斐然的技巧。[4]他观察敏捷，寥寥几笔就勾画出一幅透视图，空间限定明确、清澈。请注意他是如何运用紧密和松散斜线区分出表面界限以及快速表现人物、树木、质感和其他细部的方法。速写的基本构成往往是十分简单的空白面，以此限定空间和物体。雅各比非常熟悉色调的变化以及由周围树木和房屋引起的阴和影的效果。

　　迈克尔·格布哈特(Michael Gebhardt)的速写则强调明暗色调和质感，以对比限定空间甚于线条。他采用环圈状笔触组织画面，突出主题，取得统一。在建立你自己的画风时要仔细揣摩你所赞赏的他人作品。没有必要从随意乱抹开始，同时牢记心头：速写的目标是速度和简便。

图3-25　福特基金会总部。赫尔穆特·雅各比绘，建筑师：丁克卢及罗奇(Dinkerloo and Roche)

图 3-26 不看纸面作成的画，线条流畅，表现自然。布莱恩·李(Brian Lee)绘

图 3-27 约翰斯－曼维尔(Johns-Manville)世界总部。迈克尔·F·格布哈特(Michael F.Gebhardt)绘，建筑师：协和事务所

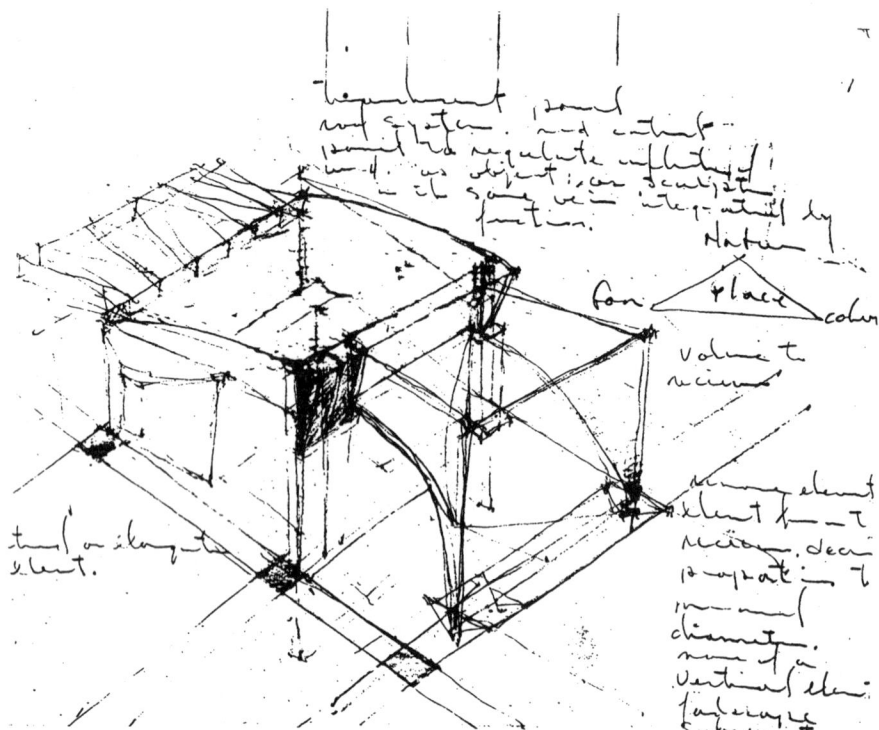

图 3-28　布雷特·多德(Bret Dodd)绘

设计在很大程度上依赖表现。为了避免往后的失望，设计师需要知道自己抉择的确实效果。学生照例会说，他要等到有所决定后再动手画。事实上，这是迟滞不进的办法，因为在动手画之前，他不可能决定什么。十之八九的犹豫不决出自缺乏依据。再说决定包含有选择的意思。要认识到解决问题可以有多种可能性，决不能有了一个好主意就拍板决定了，经过多种方案的比较，才知道是否选择了最佳方案。图解思考手段加强了丰富思考的速写和丰富速写的思考，不断地相互赋予活力。对设计新手，这些要点不能不加倍强调。既然设计无法排除紧张而多种多样的表现画或模型制作工作，惟一的选择是，要么现在就成为有资格的图解画家，使自己的专业生涯轻松顺手；要么与之相反。

至此，我想提起大家警惕的是：速写和思考必须始终为进一步发展打开大门。作画的墨守陈规导致思考的墨守陈规。正如京德尔·芬格所述：

"图画未完成前我绝不知道它的结果，要是你竟然知道了——那就是四平八稳。而四平八稳是不经过作画验证也可以取得的。采用一定的方式和形式你将能控制所遇到的任何主题或者情况。一旦你取得了控制，学习也就完成了。作画前的焦虑和切望心情对最终结果是重要的。"[5]

已经能够从作画中得到险境和激情的建筑师随时可以证明这一帮手对他们设计思考的卓越作用。

最后，我还要着重提出对表现画的两点个人意见。徒手画技能对有效地表现建筑设计是必要的。建筑师必须能够快速地、翻来覆去地设想、思考。要做到这点就要求快捷速写所提供的流畅图解。其次，要注意速写必须忠实地表现设计意图，不可仅仅为了改善画面而添加景物，变化应该是设计意图的变化。科比·洛卡德说：

"记注，对被采纳设计方案来说，最佳、最直截了当和最真诚的说服力应该是设计本身。一切有成效的推荐应该以有力而忠实地表现设计为基础。"[6]

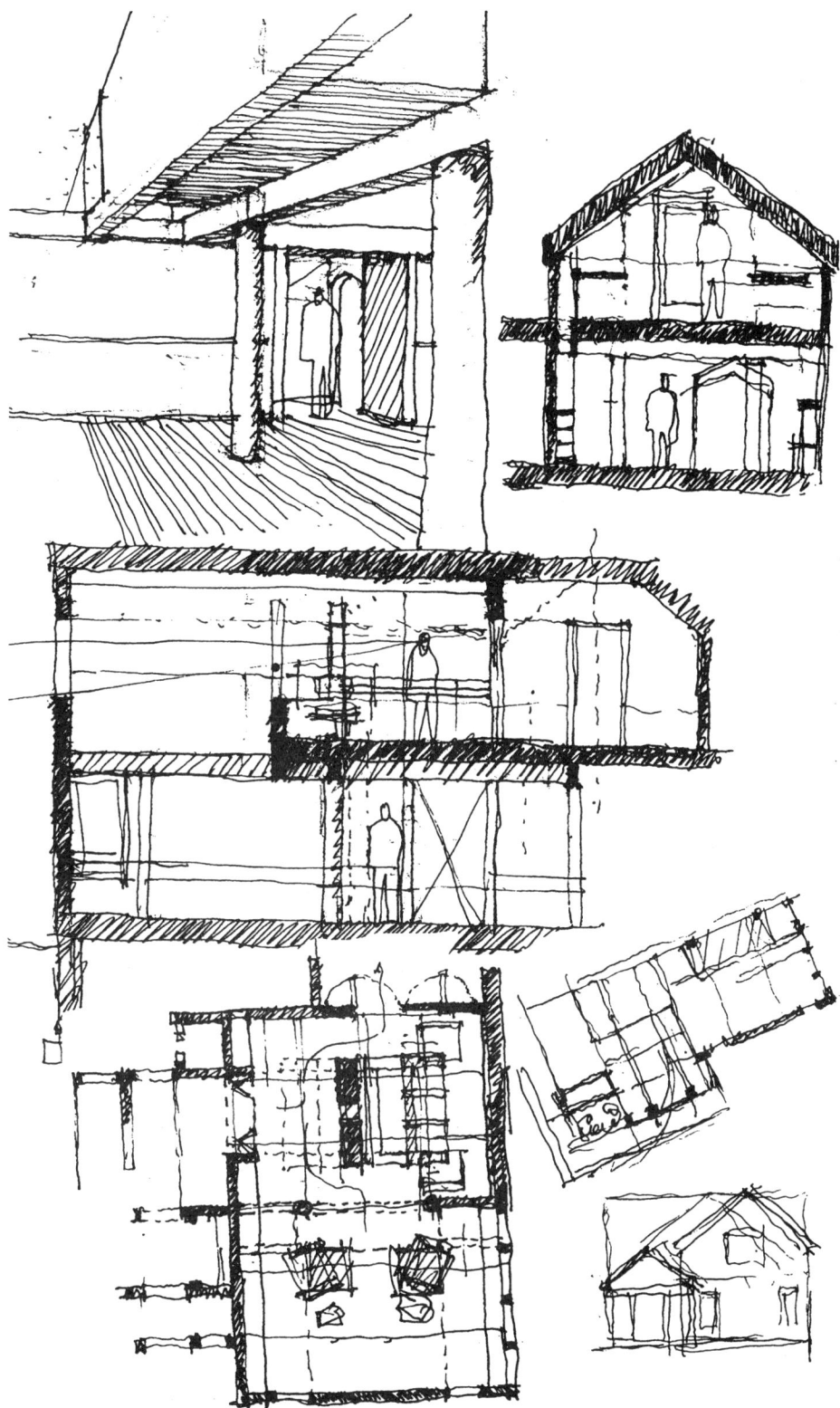

图 3-29　设计深化草图

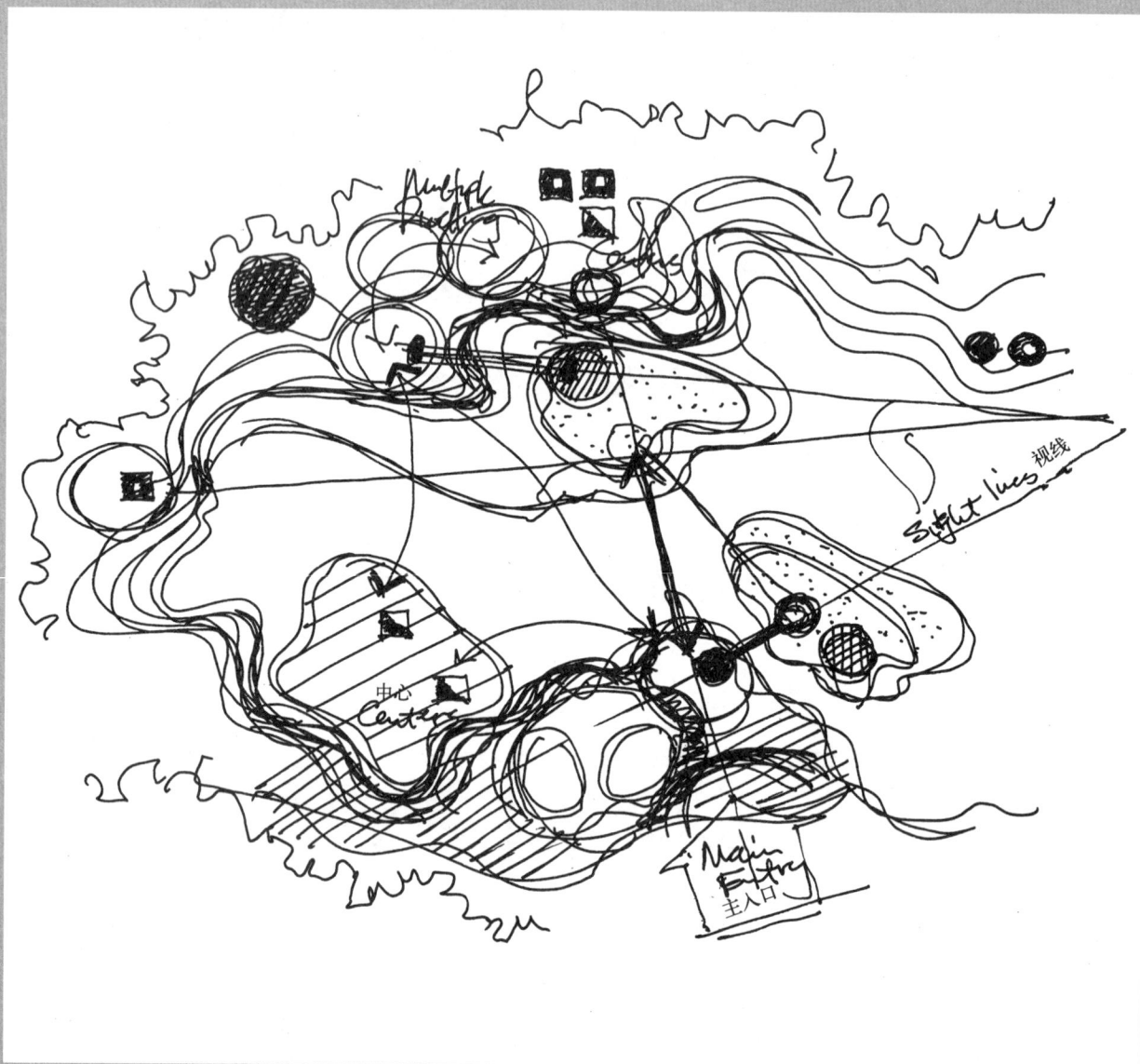

图 4-1　场地研究

4 抽象（Abstraction）

"设计进程可以看成是从含糊通向明确的一系列变化,其中相继的阶段往往以某种图解形式记录下来。在设计的最后阶段,设计师采用类如画法几何的严格图解语言。但是这种表现形式并不适用于开始各阶段。那时,设计师采用快捷的草图和图解……由于在该阶段高度抽象的思维必须用可能有多种解释的、较随意的图解语言来表达。因此多年来一直沿用至今——这是一种私人语言,除了设计师本人谁也无法完全理解……当然,所需处理的高度抽象信息也并非不能采用明确限定的图解语言。那种能够正确记录任何程度的抽象信息的语言,正是设计师之间相互交流和合作的图解语言。"[1]

——朱安·帕布罗·邦塔

我本人对图解语言的看法出自在设计室和研究室与学生共同工作的经验以及在设计进程中对如何交流这个问题的探索。在此提及是因为我确信上述经验证明"有明确意义的图解语言"对设计思考和设计师之间的交流都极其重要。

罗伯特·麦金指出,"由一套规律构成的语言,其符号可表达较广泛的意义。"[2]文字语言和图解语言之间的区别既在于所用的符号,又在于符号的使用方式。文字语言符号在很大程度上受词汇所约束,而图解语言却包括图像、标记、数字和词汇。更有意义的是:文字语言是连续的,有开端、中段、结尾;而图解语言是同时的。全部符号与其相互关系被同时加以考虑。当描述兼有同时性和复杂错综关系的问题时就显示出图解语言的独特效能。

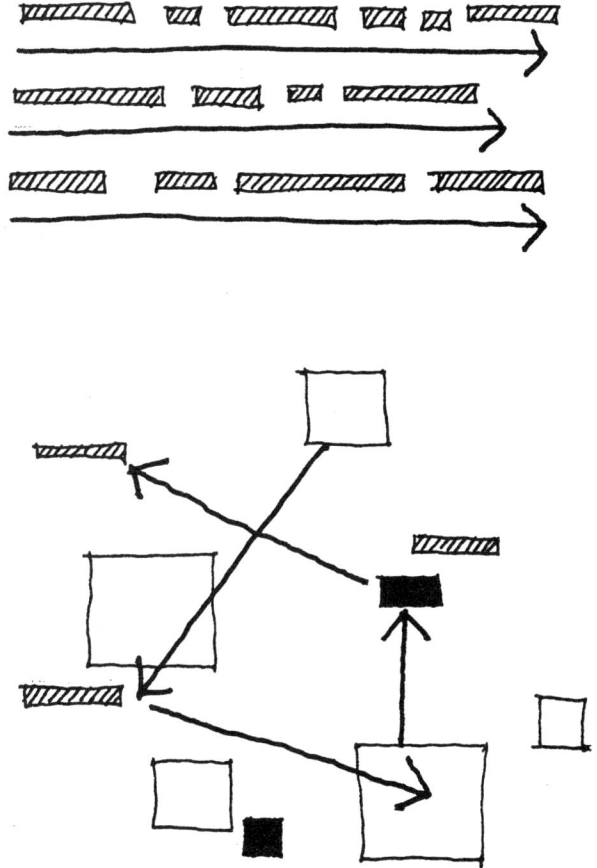

图 4-2

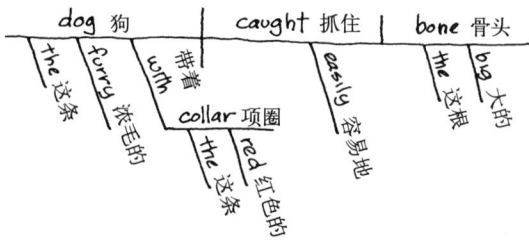

图 4-3a　句子分析

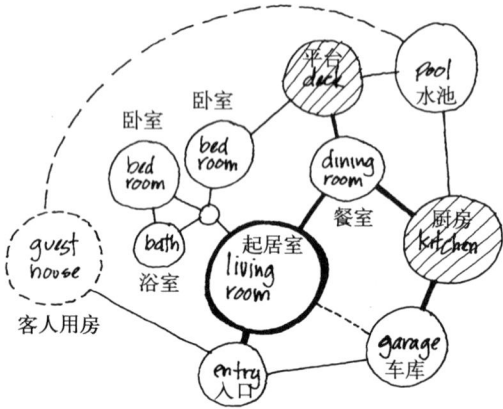

图 4-3b　图解分析

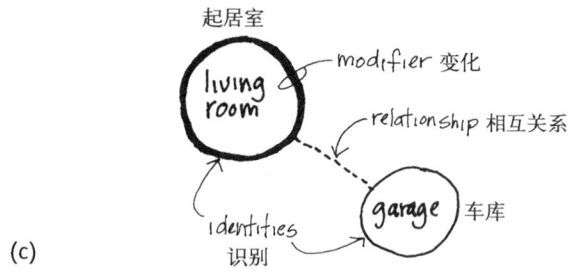

(c)

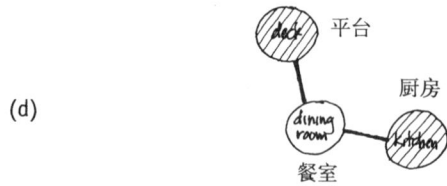

(d)

(e)

图 4-3c、d、e　图解"句子"

语法（GRAMMAR）

比起那些口头语言来，这里所述的图解语言具有语法规则。图 4-3a 的例句表示了三个基本部分：名词、动词和修饰词，如形容词、副词和短语等。名词代表本体，动词在名词之间建立联系，修饰词描述本体及本体关系的性质与程度。例图 4-3b 中，本体用圆圈表示，关系用线表示，修饰词用变化的圆圈及线来表示（粗线表示更重要的关系，阴影表示本体的差别）。例句中动词表示了主语对宾语作用的关系，狗抓到了骨头。例图中的线则是双向的，它既说明了起居室与厨房相连，反过来也说明了厨房与起居室相连。

这样，例图就包含了很多句子。

1. 本身很重要的起居室、与车库联系较少（图 4-3c）。
2. 餐厅一定要与厨房、平台等特定空间相联系（图 4-3d）。
3. 将来的客房要和入口联系方便，并且直通游泳池（图 4-3e）。

"图解句子"还有其他的作图方法，图 4-4a、b、c 为三种可供选择的形式。

1. 位置——本体之间的关系采用暗示网格表示，位置的程序往往可使图解易于理解（图 4-4a）。
2. 相邻——本体之间关系的主次和疏密以彼此间的距离表示。距离的增大暗示不存在关系。这一图解形式比位置法具有较多的灵活性（图 4-4b）。
3. 类同——以色彩或者形体之类的共同特征进行分组，使本体成组群（图 4-4c）。

上述三种方法也可通过组合形成其他的语法变体（图 4-4d）。但是应该注意保持一致性。要使信息交流清晰易懂，图解规律就应该一目了然。"人的智力，无论是儿童还是成人，对需处理信息的数量都有一定的局限性——记忆幅度同时可容纳6个或7个没有关系的项目。超过此数就会负载过重，引起迷惑、遗忘。"[3] 在图解分析中应用基本语法规律的目的之一即是减少需同时处理的不同信息数量以避免迷惑。

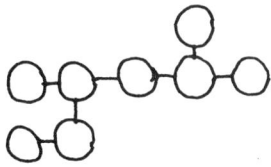

图 4-4a　位置法的图解"句子"

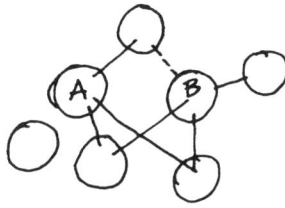

图 4-4b　相邻法

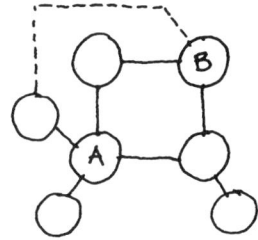

图 4-4c　同类法

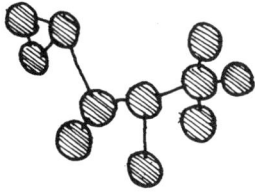

图 4-4d　综合法

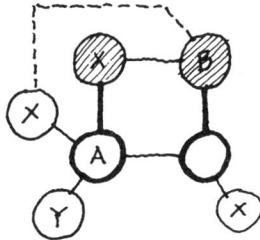

图4-5a　基本体与相互关系

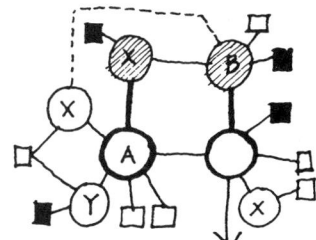

图 4-5b　简化至最简结构

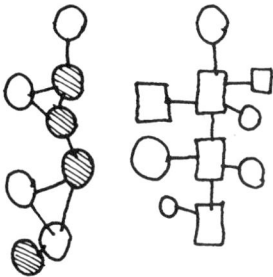

图 4-5c　第二层次信息

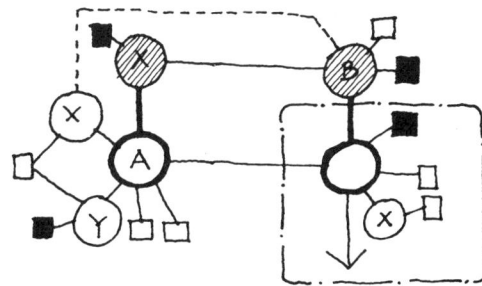

图4-5d　分解过程

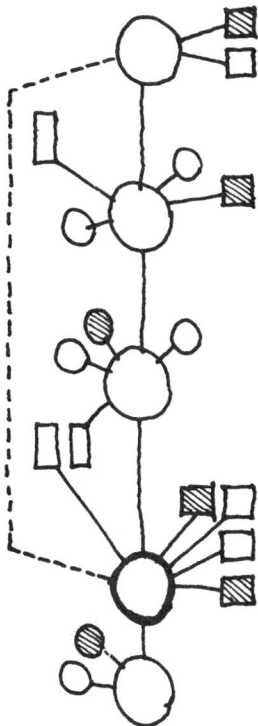

图 4-5e　分组

　　图解交流最有用的特性之一是信息可以多层次地同时传递和接受。对此，艺术家早已认识到了。成功的绘画往往以其构图、细部描绘以及用笔手法等等层次而具有感染力。而这些交流层次对图解框图是很可利用的。绘制框图(图 4-5)的基本过程如下：

1. 在用简略的框图中表示各基本体及其相互关系。
2. 应该图解语法的规律来简化框图至最简结构。
3. 应用明暗色调或者粗线修正框图，表达第二层次的信息。
4. 在基本框图上加添其他信息层，如贴上标签的方法。
5. 如果框图变得过于复杂，可先分解，然后再组合成群体或者在同类基本体外围加上界框。

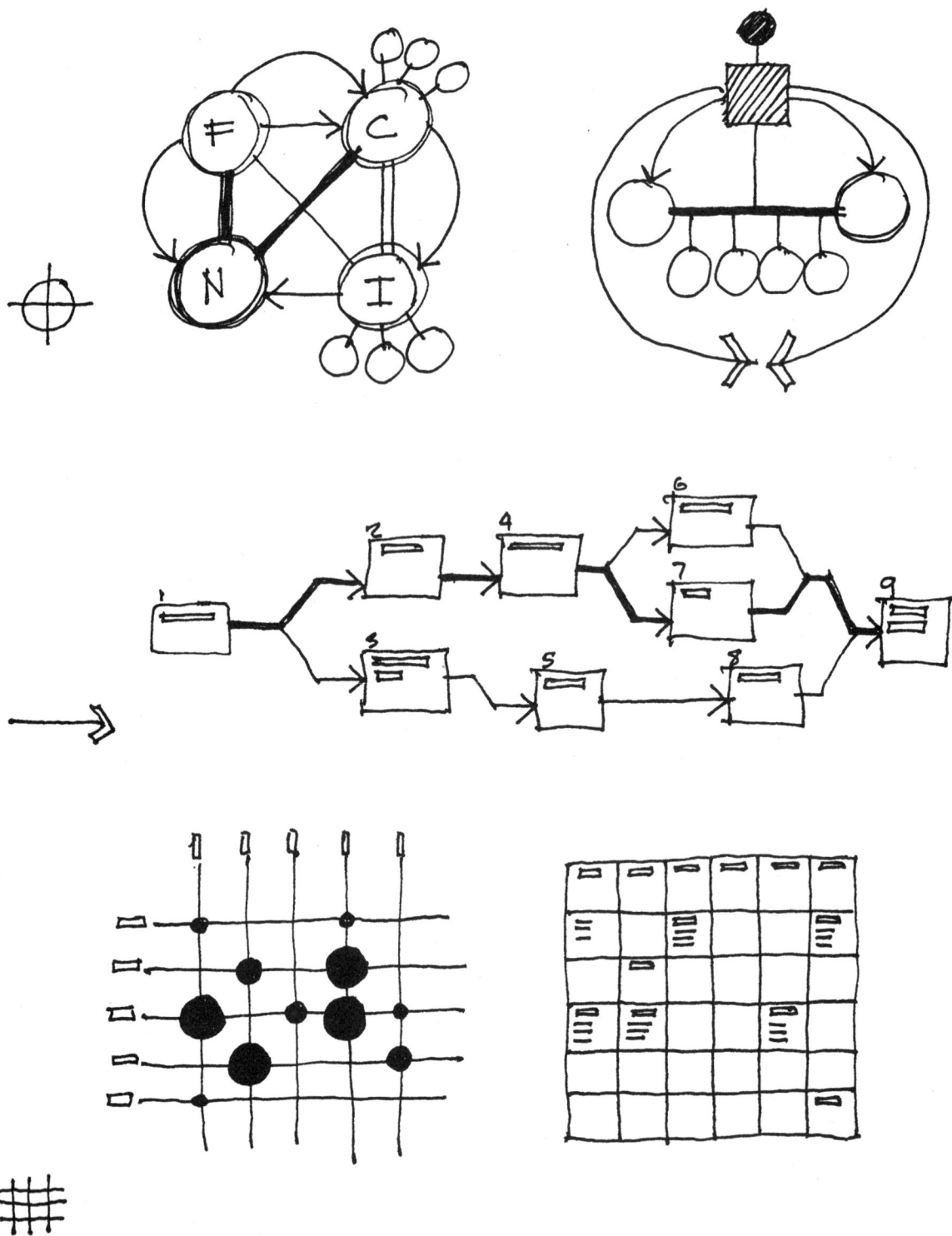

图 4-6 图解语法，惯例

替补的语法（Alternate Grammars）

到目前为止我们讨论的基本语法就是所谓的"气泡图"。它可能是基础最广泛的多用途的语法。另外也有一些惯例可以作为语法规则来联系图形

元素，使它们可以交流。其中两个主要语法是网络图和矩阵。网络图语法的基础是时间和顺序。虽然我们通常认为顺序是由左至右或由上到下，但箭头更能明确地表达顺序。最为人所熟知的网络图是描述工作及项目安排的，但同样可以用来做图

解符号。矩阵图引入了其他类型的语法,它是按行与列指定特征,在行与列之间用图形符号表达元素之间的关系。

词汇(VOCABULARY)

为了便于人类的交流,任何一种语言中词汇和符号的含义必须是连贯和共用的,这套连贯的工具称为词汇表。掌握基本的词汇只需孩提时代的活动即可,掌握语法就需要正规教育,而掌握文学则需要长时间的教育。普及教育中一般不要求学习图形语言,它更多是在设计和艺术课程中出现,但也有一些面向大众的图解"语言",其中就有国际公路标识、交通图例、音符和数学符号。

图形语言需建立在牢牢依靠熟悉的东西和经历的组织上。这种组织可以是命名图形类别,也可以是用易识别的符号抽象地表示熟悉的物体。

本体(Identities)

以符号表示本体的方法为数众多。图4-7所示的水平排列的图例即为较常用的符号。不同组群的本体由对比法加以区别。除单独的符号外,通常符号都在时时变化但每组的符号数目应有限制,因为多数人不可能在一幅框图中区分5个或6个以上的不同符号。基本符号可以采用加添数字、文字或其他符号的办法来补充或者代替。通过审慎地组合不同组群的符号可使一幅框图既具有多层信息又能保证其清晰性。

有时用点和虚线等方式可以较好地表达带有试探性质的本体。后几章将进一步阐明为什么需要这种不那么明确的图解词汇。

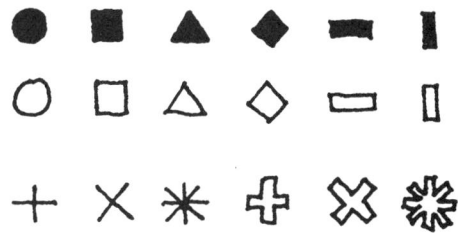

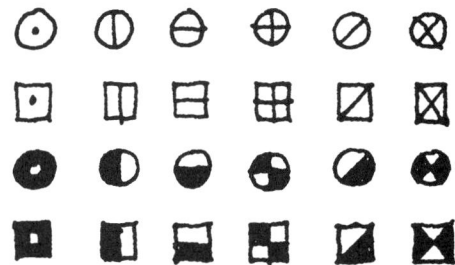

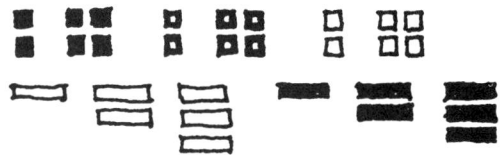

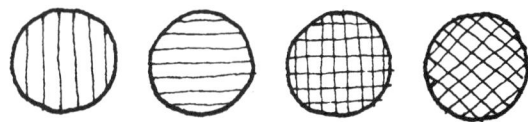

图 4-7　常用图形符号

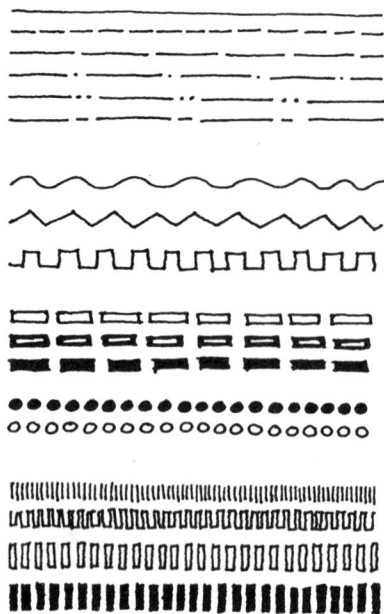

图 4-8

相互关系（Ralationships）

与本体相同，不同的关系可由多种类型的线条表示。这种线条也可以用来限定组群本体或者作为分割一个框图或表达特殊关系的手段。

箭头是指示关系的专用符号。作为表示运动的箭头，具有一种强制的特性。阿恩海姆认为："……环境中的任何运动都会吸引注意，因为运动意味着条件的变化，就可能引起反应。"[4]带线条的箭头指示单向关系，事物的顺序或者一个过程。重叠的箭头则可表示框图中的重要部分或者显示依赖关系和补充信息的馈入。

修饰（Modifiers）

各本体和相互关系均按等级体系修饰。各部分的意义和各部分之间相互关系的强度也按这种方式表达。等级可用线条的粗细、多重线条或者短线条与其空隙的相应长度来显示(图 4-9a)；明暗的强弱和局部的添加也是常用的方法(图 4-9b)。

修饰也能表达强调，主要通过尺度、明暗度、轮廓和细部的对比。强调表示特殊的本体或者特殊的关系；分离相互交织的框图或者在某一过程中标出特殊点或特殊阶段(图 4-9c)。

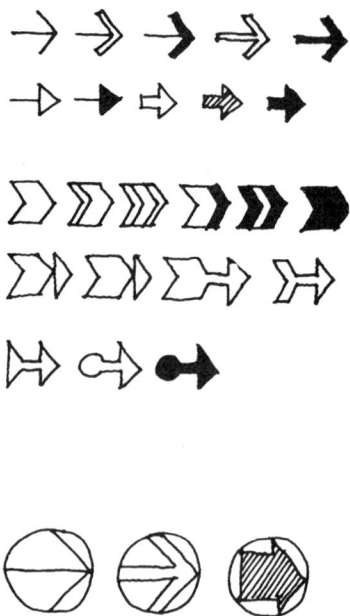

图 4-9a   尺度的变化

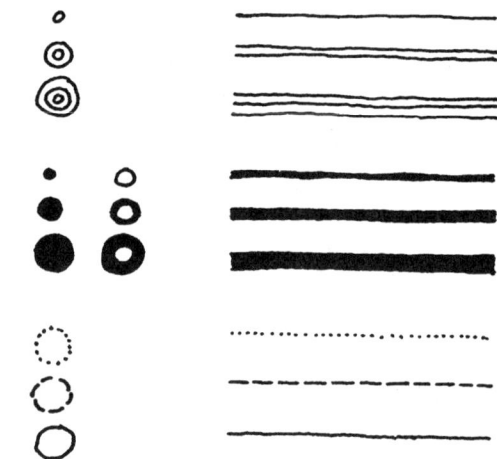

图 4-9b   标出需强调之处

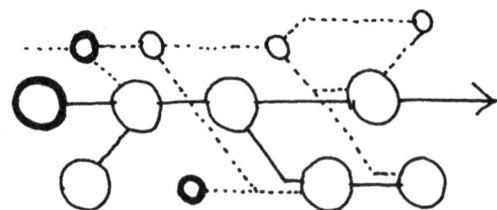

图 4-9c   色调的变化

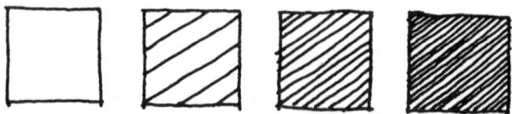

equal to 等于	larger than 大于	plus 正
identically equal to 全等	smaller than 小于	plus-or-minus 正负
not equal to 不等	larger than or equal to 大于或等于	or 或者
approximately equal to 约等于	smaller than or equal to 小于或等于	therefore 所以
proportional to 成比例	corresponds to 符合	and so on 等等

图 4-10　数学语言符号

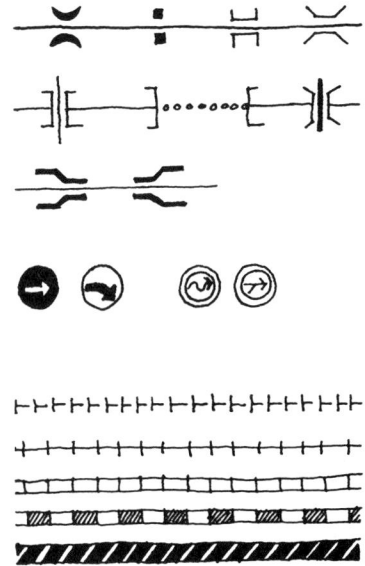

图 4-11　来自制图学的图解语言元素

其他图解词汇（Other Graphic Vocabulary）

　　速记符号是按某些原则而发展的，便于快速交流信息。这类符号大都具有充分普遍的可识性，因此也可应用于图解思考。其中最实用的符号出自数学、体系分析、工程和制图学科。请参阅以下数页。

　　实践的探索和交流体系的分析促进对设计进程的研究，而进程的研究又反过来促进进程处理的许多应用方法。随着对较复杂进程的研究而发展起来的图解语言，其目的在于正确无误地描述进程（图4-12a）。以少数符号和一套应用规则为基础，错综复杂的进程就有可能用图解语言简便地阐明。图示符号在描述与建筑有关过程时是很有用的。如设计方案、施工组织、工程功能等等（图 4-12b）。

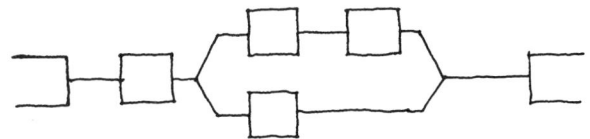

图 4-12a　进程的图解

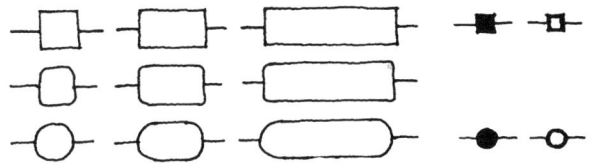

Basic Elements
基本图形
The beginning and end of a sequence.
连续体的开端和终端

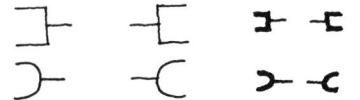

Decision: Yes or No
决定：是或非

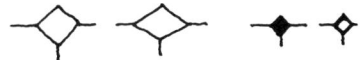

其他各种各样的形式
Miscellaneous forms:

图 4-12b　进程的符号

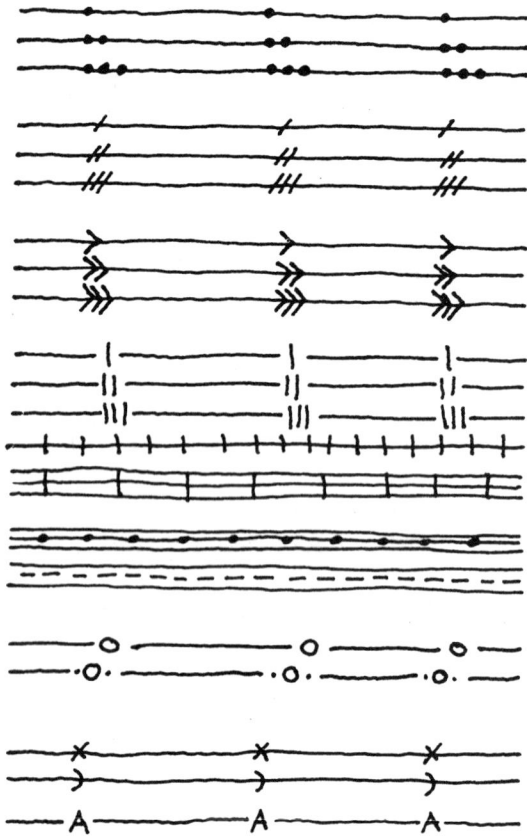

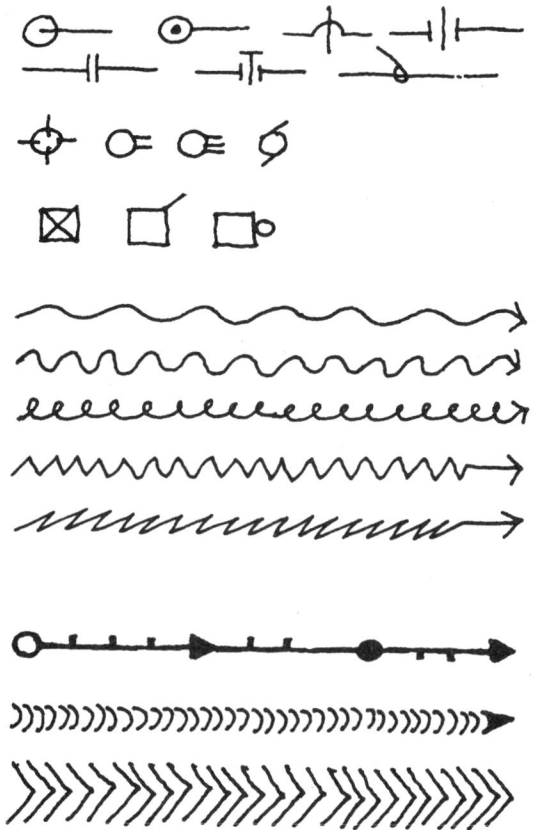

图 4-13　建筑业其他领域的图解语言图形

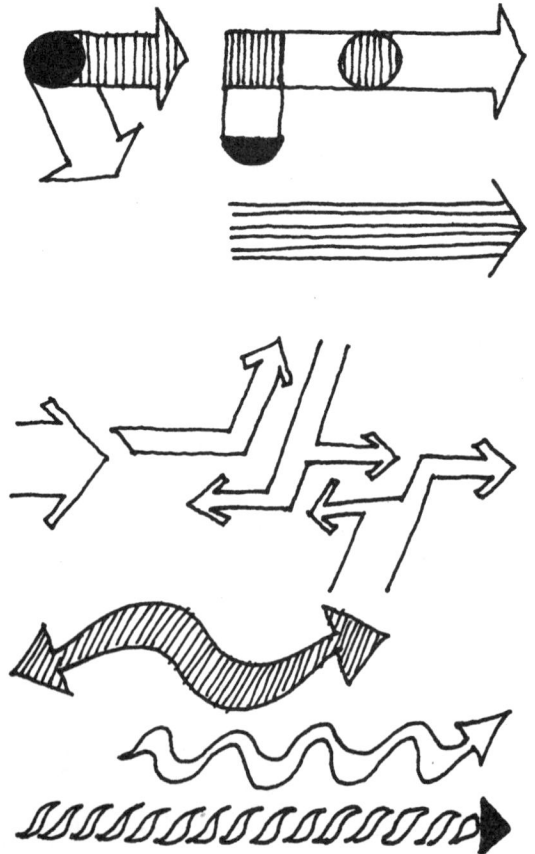

图 4-13 为应用于电气、机械和交通工程的符号。它们更进一步扩展了我们的图解语汇。图 4-14 为系统绘图法的图示符号。

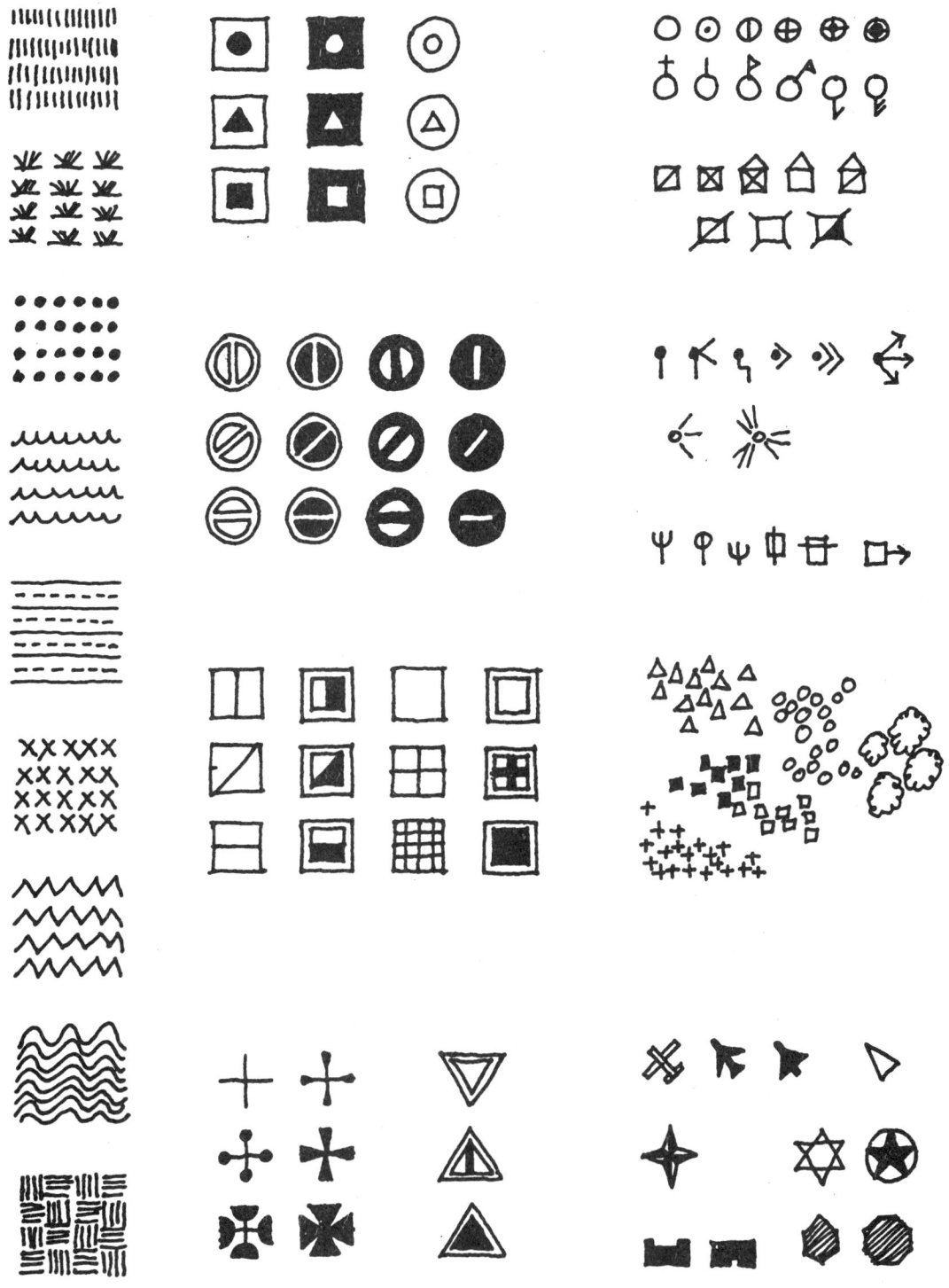

图 4—14

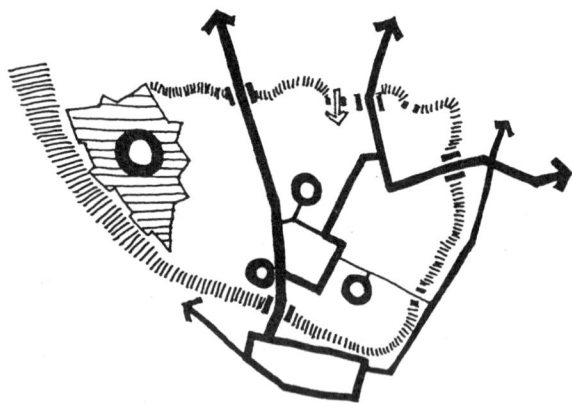

图 4-15　城市意象分析。库别克(Quebec)绘

图 4-16　邻里分析

应用图解语言（Applying Graphic Language）

　　当图解语言应用在不同的交流和思考领域时，它们可以表达广泛的含义。每个有效的使用都要依靠清晰的语法和连贯的使用。为了扩展图解的应用，请参考我的《图解问题简答》（第二版)一书。

　　"构筑物图形若不加上细部就不易记住……细部材料只有采用简洁的表现方法才便于保存在记忆中。"[5]前几页的图解"语汇"之所以被选用，因为这些符号都具有简单、实用的特性、受到普遍接受。既然图解语汇将继续扩大图解信息交流，我们就必须采用普遍易懂的符号、清晰的语法结构来作为有效语汇的脉络。明显的结论是我们必须成为图解的"学者"。因此需要熟悉一系列的图解语言。"思考者如掌握大量图解语言不仅可以较完美地表达自己的思想，也可以通过从一种图解语言转向另一种图解语言来调整思考中心……实际上就是运用图解语言来扩大思维领域。"[6]由此可见，充分应用本书列举的资料极为重要。交流和思考具有相互交织的意义。我们应该着重于两者如何相互促进，而不在于探究哪个更重要。

　　罗伯特·麦金指出图解语言也存在易犯的错误:

1.缺乏技巧或者选择不适当的语言就会使萌芽状态的新设想夭折。
2.错误地把图解形象当作现实。

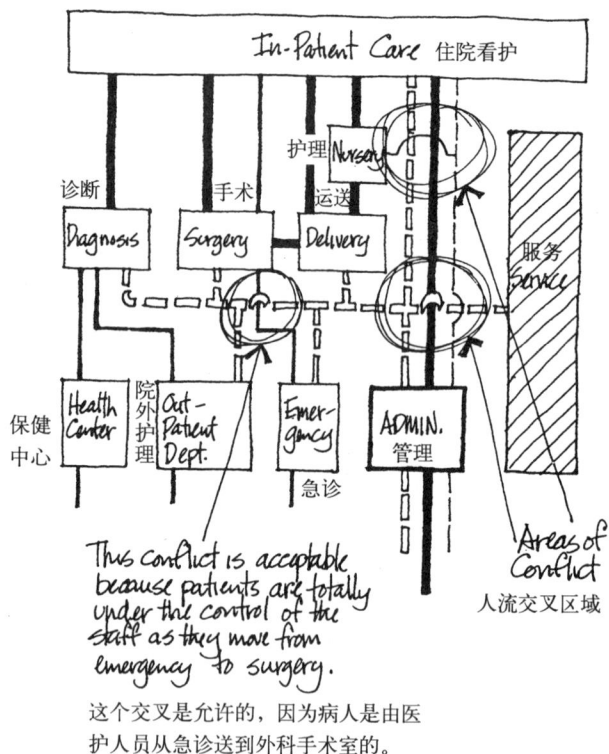

这个交叉是允许的，因为病人是由医护人员从急诊送到外科手术室的。

图 4-17　医院流线分析

3.虚假、美化某个设计设想。
4.掩盖应该显露的东西。
5.习惯于应用较少的语言使某种类型的智慧运用被取消了。

图 4-18　流线选择

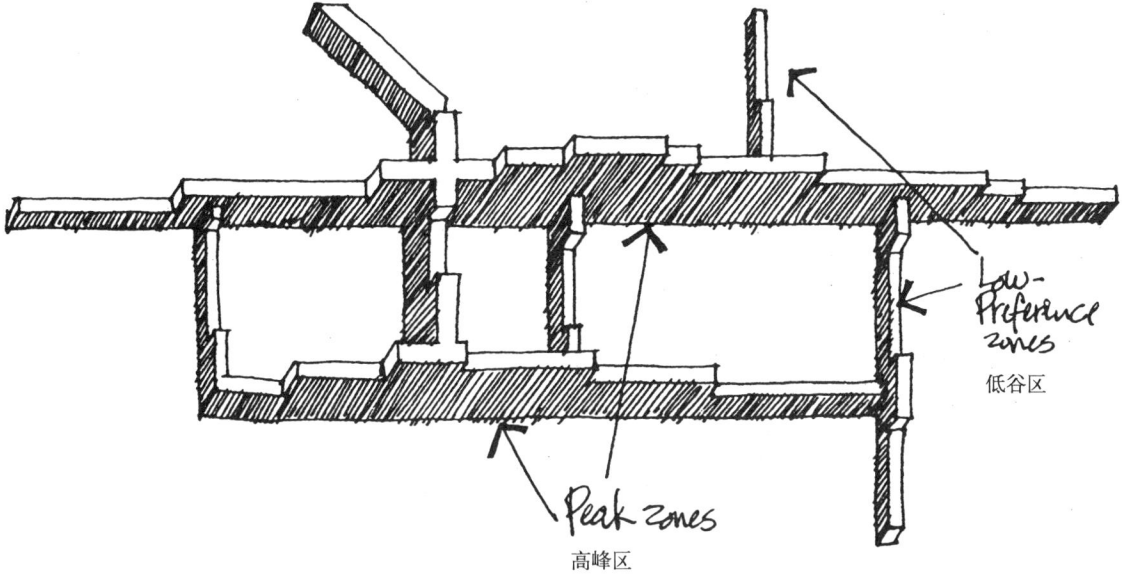

Low-Preference zones
低谷区

Peak zones
高峰区

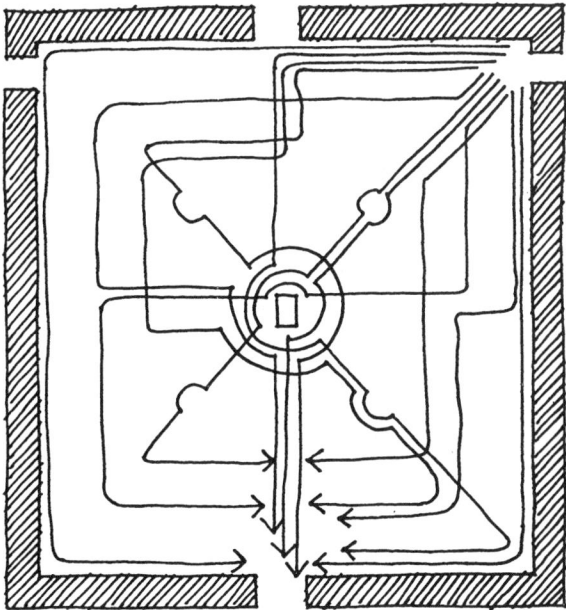

图 4-19　步行交通强度

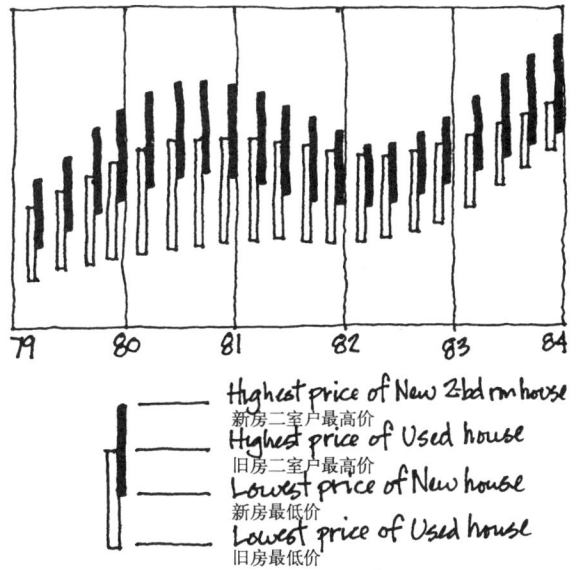

Highest price of New 2 bd rm house
新房二室户最高价
Highest price of Used house
旧房二室户最高价
Lowest price of New house
新房最低价
Lowest price of Used house
旧房最低价

图 4-20　房价分析

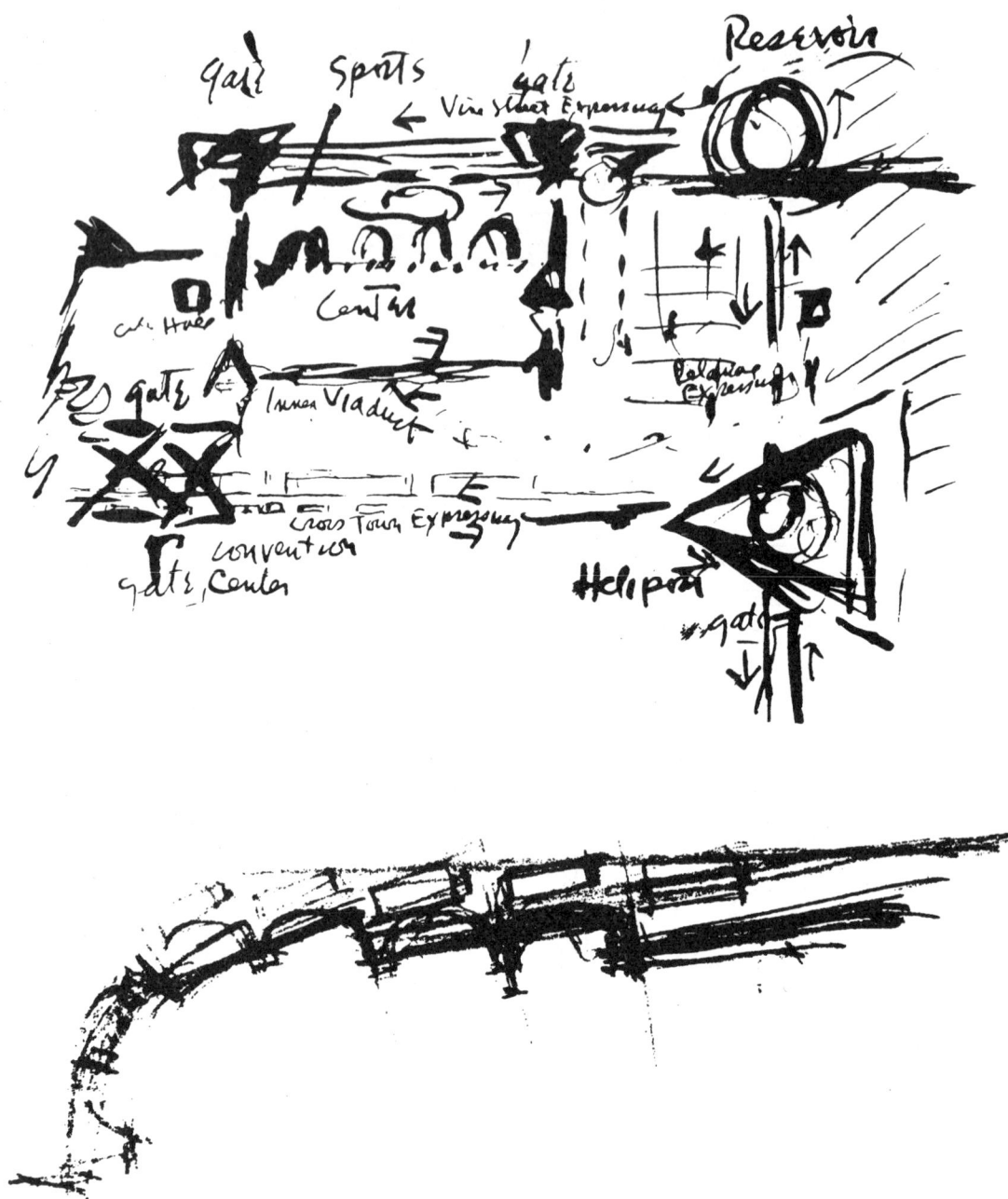

图 5-1 （上图)美国费城中心的构思草图。路易斯·康绘
图 5-2 （下图)美国布法罗滨水区再开发方案。戴维·斯蒂格利兹绘

5 表达（Expression）

期望从第二层次交流中获得效益并在表现上有自己风格的设计师应该意识到为此目的所要求的技能质量。本章将介绍一些可以从中有所发现的速写图例。虽然一幅速写的特点不止一个，但我已尽全力按照画面最富有意义的特点来组织编排。

这一章的焦点在于建筑师和设计师用自己的绘图手段来传达的观点和优点。显然，通过图画往往能对作者产生一定的看法。绘图的细致、谨慎，反映思考的细致、谨慎。就本人经验而言，业主、顾问、承包商以及其他与建筑师共同工作的人员都深受他的绘图的影响。这些图为建筑作品创造了气氛。图画正是向人们阐明自己设想的一种方法，又是探求自己设想的一个线索。

个性（IDENTITY）

本章节前两页的插图以强烈的个性，引人入胜，值得仔细观察。画面是如何表达此一特性的？虽然风格和高度对比在此都很重要，但是速写的流畅笔法表达了作者的热诚感情和信念。令人似乎感觉到建筑师的手正在纸面挥动。

统一（CONSISTENCY）

有时，人们将拘谨、生硬或者简朴、严峻的图画与其绘画戒律联系起来。但是，如你所见，质量实际上并不会成为表现的限制。这些图面普遍都有其内在的一致性，可以与汽车设计的互有差异，各具特征相比较。波尔舍牌和林肯大陆牌的汽车一眼就可识别。然而，两者都表现出高质量和高技艺。设计师既给予每种车其基本的概念，那么就得给这类车子的各局部具有一种属于该基本概念的感觉，只属于这类车，不属于任何其他汽车的感觉。

图 5-3　埃德温·F·哈里斯(Edwin F Harris)，小阿西西
(Jr.Assisi) 绘

图 5-4　圣科斯坦扎教堂。西奥多·J·穆绍(Theodore J.Musho) 绘

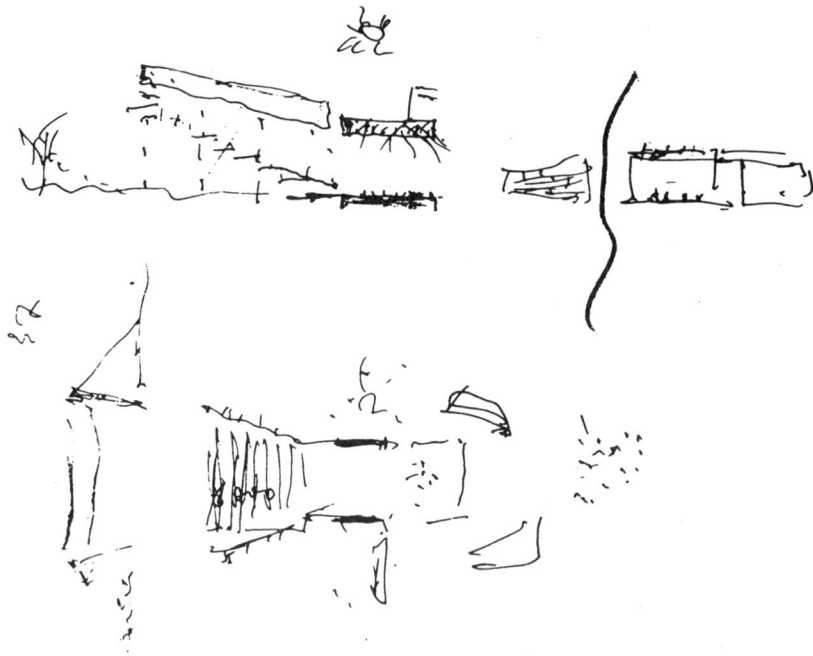

图 5-5　巴格达体育馆。勒·柯布西耶绘

风格与选择 (STYLE AND SELECTIVITY)

　　随着事业的兴旺，建筑师往往在自己的表现画中形成某种独特的"商标"。速写草图的风格可以看做是设计者个性的反映：不明确的含糊线条可表示为新想法留有余地的愿望，而谨慎的直线条则表示设计者对谨慎的偏爱和抉择的速断。

　　建筑师对设计草图中取和舍的始终如一的选择也是形成风格的因素。他的选择往往反映了在大多数设计中他认为重要的设计概念。

图 5-6　卡帕内马(Capanema)住宅。奥斯卡·尼迈耶(Oscar Niemeyer)绘

图 5-7　城郊基督教青年会。吉姆·安德森(Jim Anderson) 绘景观建筑师：西兰德普拉斯公司

图 5-8　欢爱广场及迭落瀑布，俄勒冈州波特兰市。劳伦斯· 哈尔普林绘

图 5-9 埃德温·F·哈里斯和小皮桑(Jr.Pisan) 小组绘

能量和活力 (ENERGY AND VITALITY)

如本页图例所示的速写，强调了在纸面表达形象的强烈感情。设计和建造一幢房屋，尤其对业主来说是件费劲劳神的事务。我们知道，建筑师可以通过信念和乐观来说服业主。生动有活力的速写能大大加强对业主或者其他合作者的说服力。

创造与清新
(CREATIVITY AND REFRESHMENT)

如果我们接受下列前提，建筑师的解决问题都是创造性的，并为新方法看待环境敞开大门，那么建筑画中的创造特征就应该是明显易见的了。人们尽力以有根据和合理性作为抉择的基础,但是根据有时并不全面,设计往往带有一定程度的冒险。而冒险是以希望为基础的。那希望,部分是由建筑师以速写表达自己想法的方法来传达的。

图 5-10 杰拉尔德·埃克斯莱恩绘

图 5-11　波士顿南车站。托马斯·拉尔森绘

图 5-13　波士顿市政厅竞赛方案中的市会议厅透视。罗马尔多·朱尔戈拉绘

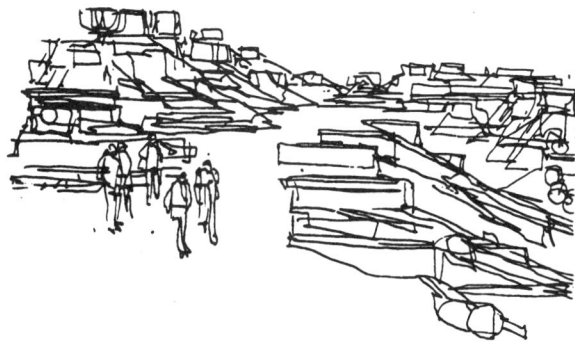

图 5-12　杰拉德·埃克斯莱恩绘

图 5-14　哈佛士兵园地霍克 (Hockey) 会议厅。迈克尔·格布哈特绘

方向与目标 (DIRECTION AND FOCUS)

　　一组具有创作才能的人从事一项设计任务，应对他们所致力的总方向和参数有所了解；同时，为了对设计的成功做出充分的贡献，必须给予创作

的自由感和灵活性。有些建筑师能够在最初的构思速写中就符合这类要求。汤姆·拉尔森 (Tom Larson) 自己解说道："这些画还不是有意识的'建筑'。我正要切除无用的空间，开始理解方案的有机空间。这些都仅只是快速画成的草画。"

图 5-15 格兰德堡住宅。托马斯·拉尔森绘

图 5-16 欢爱广场及迭落瀑布，俄勒冈州波特兰市。劳伦斯·哈尔普林绘

图 5-17　霍利奥山(Mount Holyoke)学院学生宿舍。休·斯塔宾斯(Hugh Stubbins)绘

图 5-18　帕达克住宅研究

图 5-19　特雷·霍特(Terre Hqute)城市开发行动计划中的步行区规划。景观建筑师：西兰德普拉斯公司，吉姆·安德森绘

特征与基调（CHARACTER AND MOOD）

　　就多数建筑师来说，设计最困难的问题之一是表现。"抓住"空间或者某个对象意欲取得的特征。在此，再次提醒读者，速写的画法对此大有帮助。在这两页中，收集了以速写方式进行交流的、基调各异的图例。画面的表现技巧与前几页中的插图相同，既反映了观察的才能又有表现徒手画的技巧。思考支持了速写，速写又反映了经验。

图 5-20　希腊美斯特拉的拜占庭教堂。丽莎·考伯尔绘

图 5-21　开罗艾哈迈德·伊本·土伦(Ahmed Ibn Toulon)
清真寺。帕特里克·D·纳尔绘

经济（ECONOMY）

　　借助语汇的交流，我们赞赏那些可以找到恰当的手段去表达体验的本质的人，这几页的草图由建筑专业的学生绘制，他们在郊野的旅行中被景色所感染，就花了很多时间绘画并因此提高了专业眼光。

图 5-22　希腊美斯特拉的城门。丽莎·考伯尔绘

图 5-23 希腊美斯特拉(Mystra)的城门。丽莎·考伯尔绘

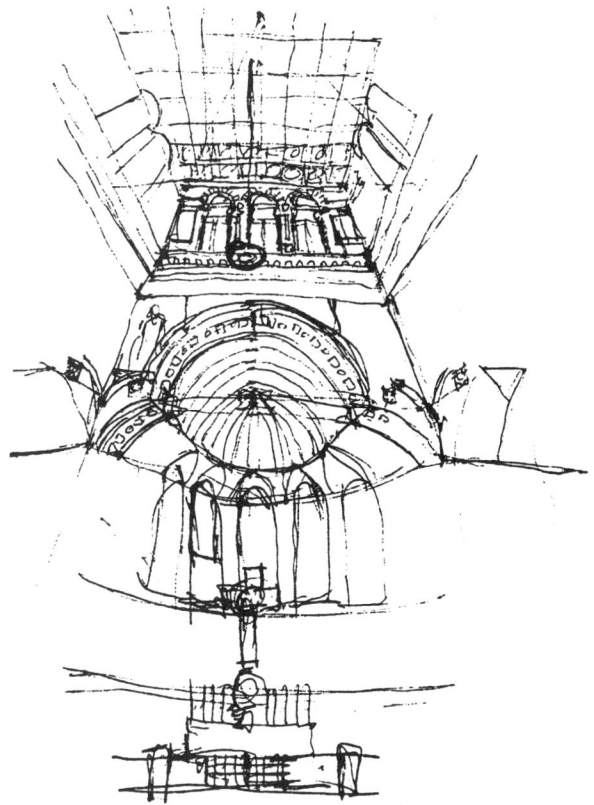

图 5-24 波士顿三一教堂(Trinity Church)。詹姆斯·沃尔斯(James Walls)绘

图 5-25 意大利锡耶纳。托马斯·A·奇斯曼(Thomas A.Cheesman) 绘

图 5-26 开罗的路边饭馆。帕特里克·D·纳尔绘

图 5-27 埃及卢克索神庙。帕特里克·D·纳尔绘

美学法则（AESTHETIC ORDER）

无论在建筑设计或是在绘画当中，大多数人都很看重能形成整体感或综合感的成分。环境的整体感是通过美学原则、特定形状、图案和细部获得的，而组成环境中的每一个元素都要起作用。通过草图我们可以提高美学意识，我们自己绘画时也就具有了相似的美学法则。

图 5-28　布拉格。巴里·鲁塞尔(Barry Russell)绘

图 5-29　克里特岛的克诺索斯神庙。丽莎·考伯尔绘

APPLIED SKILLS
应 用 技 能

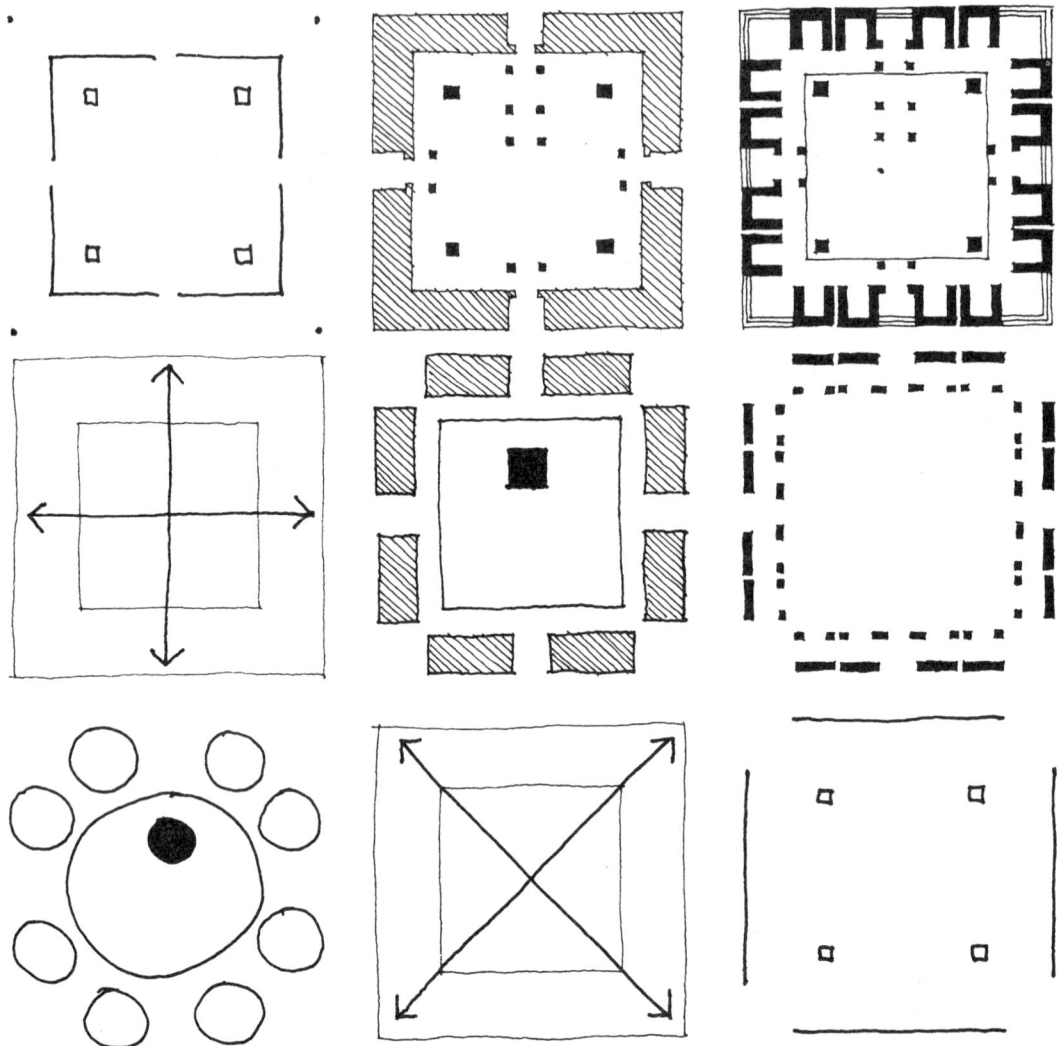

图 6-1 耶路撒冷何伐犹太教堂(Hurva Synagogue)方案构思图。建筑师：路易斯·康

6 分析（Analysis）

戈登·贝斯特认为对设计问题的分析是设计过程的起点。"实际的设计问题千变万化，多种多样，且各具特征，五花八门。多到几乎难以描述，但可以弄懂它们。尽管如此，开业设计师要是打算与这门学科打交道那就必须弄懂它。"[1] 建筑师得善于简化问题，提炼出本质的要素。揭示整个体系的内在结构或者形式是抽象化的过程。而图解信息交流正是最适合于这种抽象任务。抽象速写同时表现的各种景象使整个结构物的体系呈现在眼前。

对体系的讨论和分析有助于理解抽象速写的功能。设计中的问题一般是由于功能解决不良或者体系遭受破坏所引起。要是在严冬的早晨无法发动汽车，原因可能是油管冻结了、发动机功能不良、喷嘴锈蚀、分配器、电池出毛病，甚至可能是油箱空了。汽车是众多部件组成的体系，全部构件必须协调工作，引擎才能发动。其实除了上述的汽车部件毛病外，还包括日常维修、部件出厂检验质量、加油站贮油罐的防潮性能以及是否定期检查油表等因素。所以为了解决汽车发动不了的问题，就必须理解汽车是一个组合而成的体系。要是分配器没有毛病，那么对分配器的任何检验都无济于事。

在设计中，对整个体系的这一理解就关系到整体与局部有机关系的分析法。杰弗里·布鲁德本特提出：

"……要分析，整体必须分解……如果选择了错误的分解方法，整体就会受到破坏，而正确的分解方法却可使结构物保持完整。翁焦尔(Angyal)认为有4种分解整体的方法，如同分解植物、动物或者某些无机物一样。可以随意割裂，从而产生一堆无联系的部件；可以按照预先确定的原则来分割，而不考虑其内在的结构，这种分割代表合理的探索；显示可辨别的特性，诸如尺度、形式、色彩、连贯性等等，它代表了以经验为根据的一种探索；也可以按其结构的连接方式来分割整体。"[2]

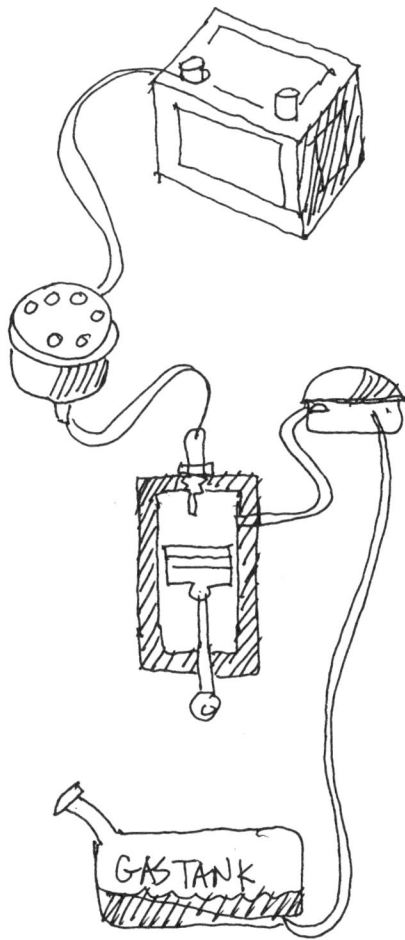

图 6-2　汽车系统图

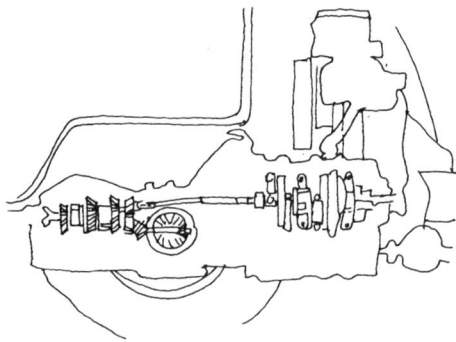

图 6-3a 提炼法

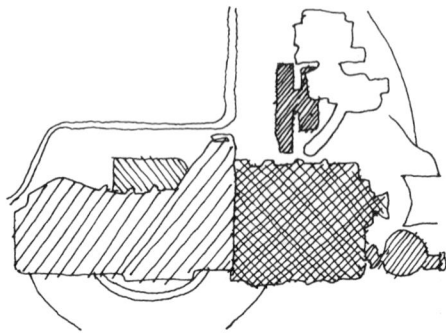

图 6-3b 简化法

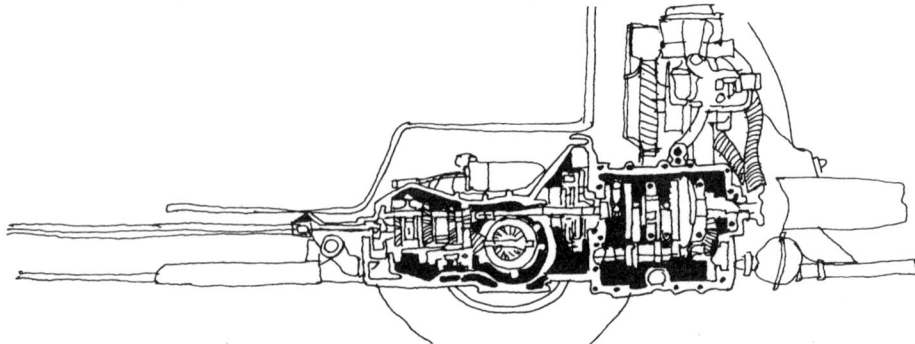

图 6-3c 精选法

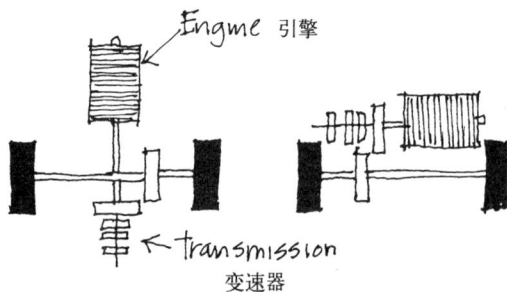

图 6-3d 比较法

抽象速写可以阐明体系的结构连接方式。下页的几种方法，仍以汽车为例。

1. 提炼法——从图中删去对分析该体系关键结构无关紧要的一切东西，突出电力系统。
2. 简化法——以较少的符号代表各部件组，使之易于被大多数人看懂，以便改进。随着概括的提高，简化可有好几个层次。图例所表示的仅只是汽车的主要体系(电子、机械、燃料等等)。
3. 精选法——通过对比或者强调某一部分，可在本体系关系中引起特殊的关注。分配器在电气体系的地位被加强了。
4. 比较法——以同一图解语言处理不同的体系比之于以其表面特征来处理更有利于结构的比较。

在设计或者解决问题中，成果、过程、信念或者其他规律都需要从具体到极为抽象的好几种表达方式。麦金说："……在运用时往往要求图像，即抽象和图式的图像。但这并非说抽象图像比具体图像更重要；而是说抽象和具体图像都是应该重视的。灵活的视觉思考者在此两者之间欣然地来回游荡"[3]他认为，"既能运用图解语言同时又熟练其可变性是学会用图解语言使思考与表达从抽象转化为具体，然后再返回来的办法。"[4]

图 6-4　赛于奈察洛市政中心的入口透视。建筑师：阿尔瓦·阿尔托

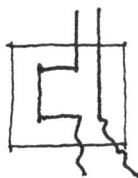

抽象和经验
(ABSTRACTION AND EXPERIENCE)

　　抽象图在设计中的作用与设计师所掌握抽象化的经验有直接的关系。对于有经验的设计师来说，简单的抽象符号可以代表形式与空间中非常复杂的概念。如果没有这种能力和背景，抽象化的作用就非常有限了。上面阿尔托设计的市政中心的示意图、平面图与透视图放在一起时就呈现了许多层面的意义。提高图解思考和设计技巧需要连接不断地去体验很多因为使用了表现性和抽象性的草图而得到提高的环境。

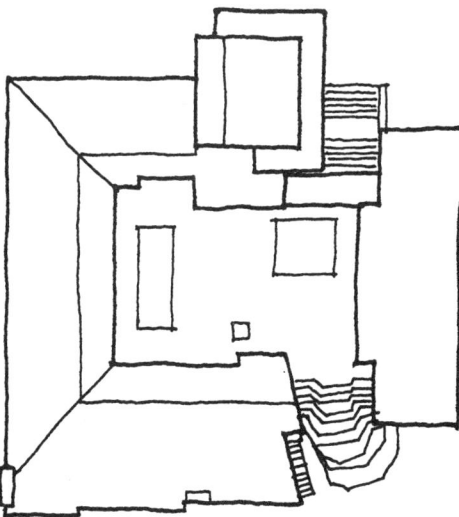

图 6-5　中心的图解概念和平面

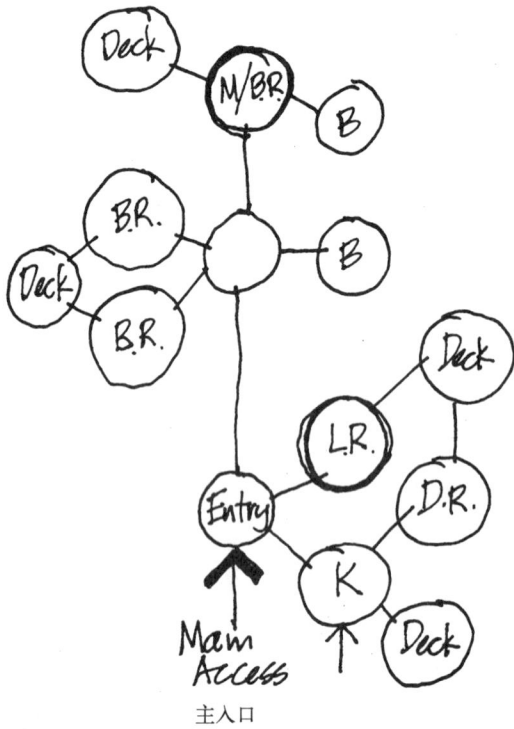

图 6-6a　功能间的基本关系

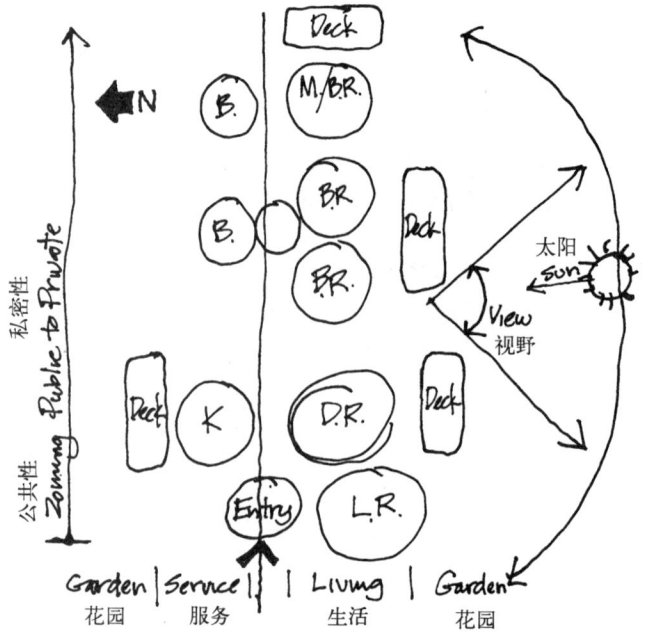

图 6-6b　位置和方向

从构思到方案设计
(TRANSFORMATION FROM PROGRAM
TO SCHEMATIC DESIGN)

　　图解语言的讨论至此结束。现在回到整个设计过程中"按其确实的抽象程度"处理信息的要求。图例所示为住宅设计从构思到方案设计各阶段的逐步具体化。(方案设计完成到房屋建成，其间还有一系列的图纸，包括初步设计、扩大设计、结构计算和施工图。这方面的图纸和文字本书均未收录，因为这类设计图早已见于书刊，且有多种形式，包括专著、期刊和建筑设计公司的图纸、文件。)

　　第一幅框图为住宅设计的抽象图。各项功能要求和功能间的相互关系均在图中标明。并且标出各功能与其相互关系的等级。主要入口清晰醒目，各"圆圈"都无方位，因为关系图并不包括这类信息。只要功能间的关系不变，圆圈可以移向不同位置并不会改变图面的基本信息。第二幅框图则表示出位置和气候信息。确定各功能的朝向和位置，并且考虑了自然光和热、景象入口及各功能的分区。第三幅图解反映出适应功能要求的空间尺度和形式。在这幅图中考虑了功能要求和设计网络。第四幅图解着手确定结构、构造和围护物。图纸附有充分而正规的说明，从此进入了方案设计阶段。

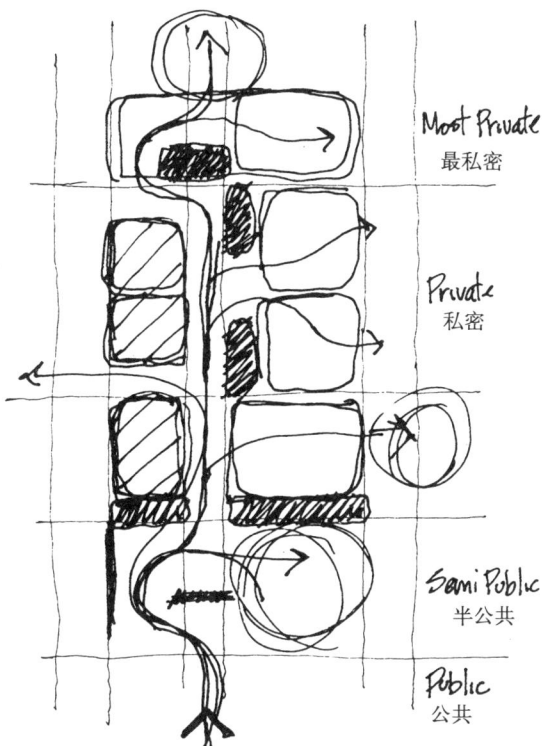

图 6-6c 空间的尺度和形式

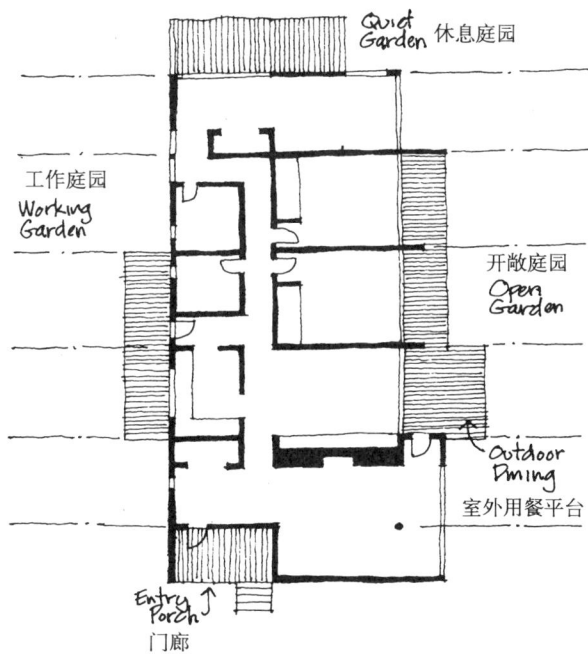

图 6-6d 墙与结构

从工程计划到方案设计仅只是所需经过的众多途径之一。由于理解了设计每一阶段的框图和图解所包含的内容，就可保证各种见解、观点始终是可变的，而不致过早地受某一形式所禁锢。

多数设计师都同意设计过程不是"条理分明"的过程，换句话说，不是自动的、按部就班的、定向的、有条理的或者合乎推理的过程。我们可能会同意设计的过程是高度个人性的，谨慎的同时又是整体的；有时非常清晰，有时却相当含糊；有时快捷、得心应手；有时迟滞，苦恼得揪心；往往既令人兴奋又叫人烦恼。一句话，设计是充满人性的创作而不是机械的产品。这就是为什么如此多的人们这样热情地与设计难分难解。

图画是设计师用以阐明设计质量的视觉语言。在往后数章中，我试图通过不止一种的图解思考来说明设计过程的可变性和个人性。因此我宁可谨慎、郑重地介绍图画的应用：揭示世界的广阔和丰富，为我们全体选择各自喜爱的、乐于采用的图解思考的方法和形式敞开机遇的大门。

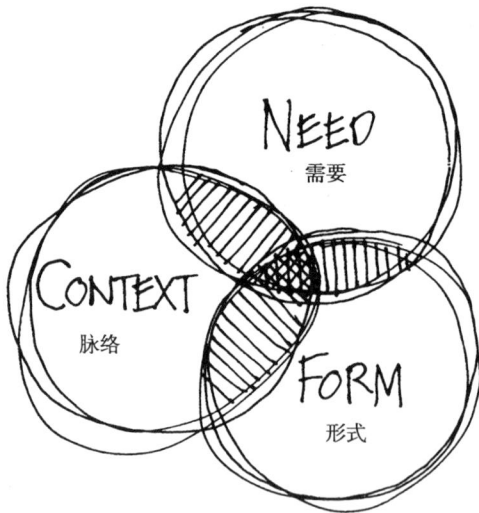

图 6-7a 设计问题的结构

1. 需要／脉络——虽然厂房依旧符合印刷商的需要，但是资产价值和税率突飞猛涨。
2. 需要／形式——业务超过厂房能量或者厂房破旧无法胜任生产需要。
3. 形式／脉络——地区规划政策的变化使单层厂房不再成为可靠、有利可图的投资。

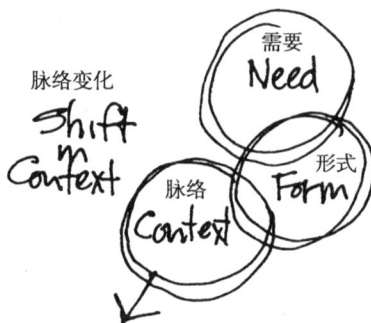

图 6-7b 需要与脉络不符

应用在建筑设计上的抽象化 (ABSTRACTION APPLIED TO ARCHITECTURE DESIGN)

对建筑设计问题的构成有所认识将有助于在建筑设计中应用图解抽象这一工具。霍斯特·里特尔(Horst Rittel)指出，典型设计问题的三种可变体：

1. *表现可变体* 表现设计对象所要求的特征，并以此来评价对象("造价"，"美学感受力"，"全面的质量"以及外观等等)。
2. *设计可变体* 设计师拥有的可能性。他的选择范围，设计上的可变体("顶棚高度"，"门扇把手形式"，"供热类型"之类)。
3. *脉络可变体* 这是影响设计对象而不受设计师控制的因素("地价"、"地震级别"，"饮食习惯"诸如此类)。[5]

在一个环境中这三项可变体之间如有不协调之处就会发生问题。如6-7图解所示，当需要、脉络和形式之间存在满意的相互关系时，设计问题就解决了。试以一所小型印刷公司为例。原先的需要是在小城镇商业区环境中承接印刷业务。其形式是小型的单层房屋。此后由于各种类型的变化所造成的不协调，产生了新问题：

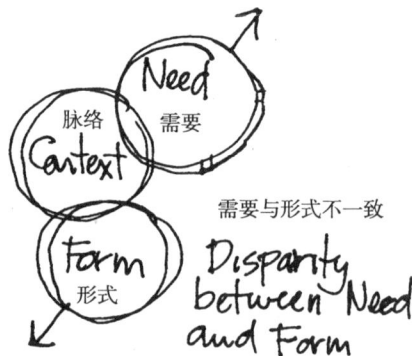

图 6-7c 需要与形式不符

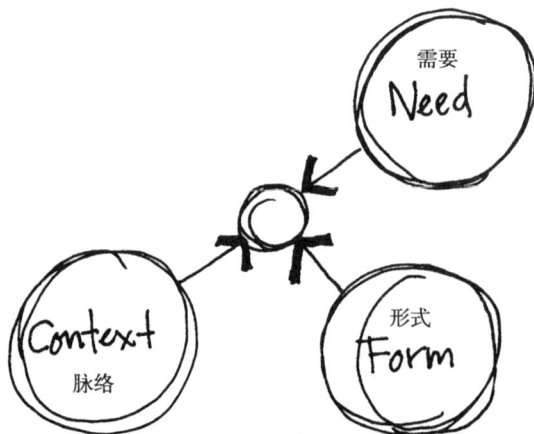

图 6-8 解决设计问题的源泉

86 · 分析

Need: 需要:
　　Space Requirements 空间要求
　　Relationships 关系
　　Priorities 主次
　　Processes 进程
　　Objectives 目的
　　Maintenance 保养
　　Access 入口
　　Equipment 设备
　　Environment 环境

Context: 脉络:
　　Site 基地
　　Zoning 分区
　　Services 服务
　　Macro Climate 大气候
　　Micro Climate 小气候
　　Adjacent Buildings 邻近建筑物
　　Geological Factors 地质条件
　　Vehicular Access 车辆入口

Form: 形式:
　　Zoning 分区
　　Circulation 交通
　　Structure 结构
　　Enclosure 围护
　　Construction Type 构造类型
　　Construction Process 建造过程
　　Energy 能源
　　Climate Control 气候控制
　　Image 形象

图 6-9　由主要设计组织设计项目信息

　　上述可变体的任何一项或者其联合体的变化都会引起设计上的问题。而问题的解决又可能依赖于任何一项可变体或其联合体的再变化。设计上的解决办法与完成设计的房屋并非同义词，设计图是需要、脉络和形式之间新平衡的具体化。设计解决方法的成功与否是以符合这三个可变体来衡量的。对需要、脉络和形式加以分类，也有利于为组织设计项目的信息提供方便的结构。设计应该关注结果、主次，或者如图所示，在三项可变体的标题下判断优劣。这样就能促进设计问题的平衡观点和对设计可供选择方案的更全面评价。(评价准则的应用将在第9章中讨论。)本章的内容为从需要、脉络和形式来处理建筑师设计问题的抽象化图解。

Breakdown of Areas →
分解用地

(a)

E | K | LR | BR | BR | B | LR | BR | BR | B

Summary of Areas →
总面积

(b)

Owner
屋主

Decks
平台

Guest House
客人房

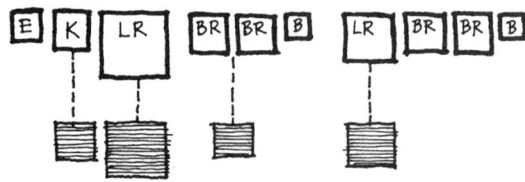

图 6-10   图解面积要求分解用地(a)，总面积(b)

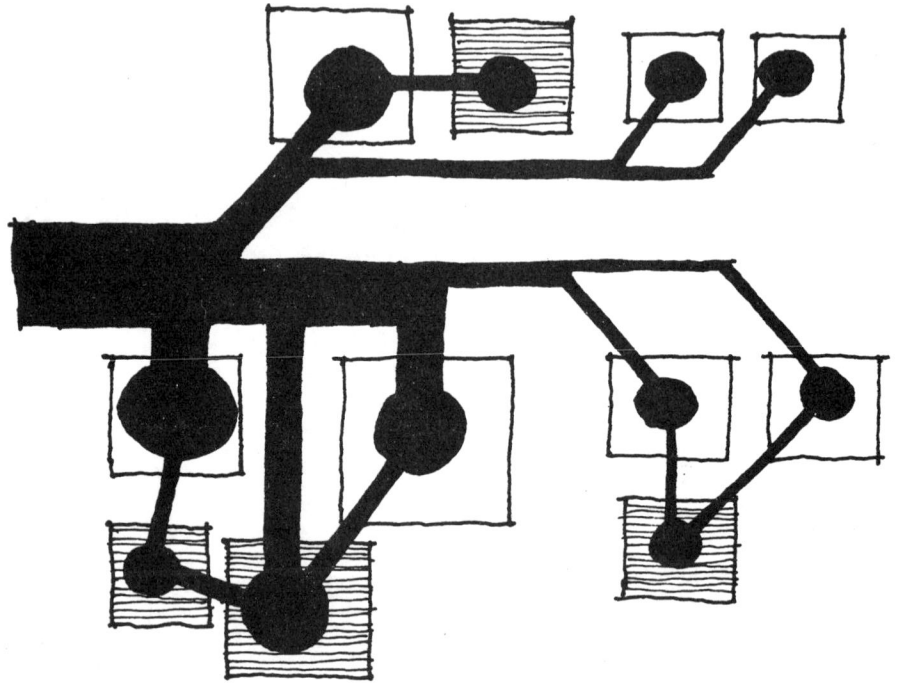

图 6-11   活动频繁程度

需要（NEED）

建筑任务书或者简略说明通常包含了业主所要求的主要信息。一般规模的任务书，如文教或公共建筑，也可能相当复杂。虽然本书所举的例子，一幢4间卧室的假期住宅，并不很复杂，但依旧应该采用框图画出用房的基本类别，以此分析功能要求。

首先，充分掌握任务书中可以计算数量的内容。应用方块表示不同功能所需要的面积。尺度的

相互关系即刻就呈现了(图 6-10a)。基本面积的概括(图6-10b)有助于考虑某些基本区的选择和可用区的相互关系。另一数量关系的图解(图6-11)也很有实用意义，它显示活动和使用的频繁程度。各项功能的强度以相应的黑圈尺度表示。而各功能间的交通量以不同粗细的连接线条表示，活动强度的细节考虑在此通常删略。但是，设计师根据经验的直觉和粗略分析应该足以使分析图具有实用价值。

88 • 分析

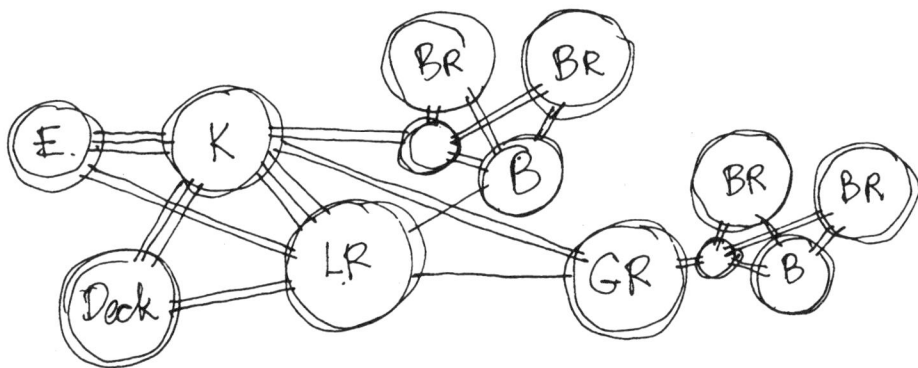

图 6-12　功能关系的图解

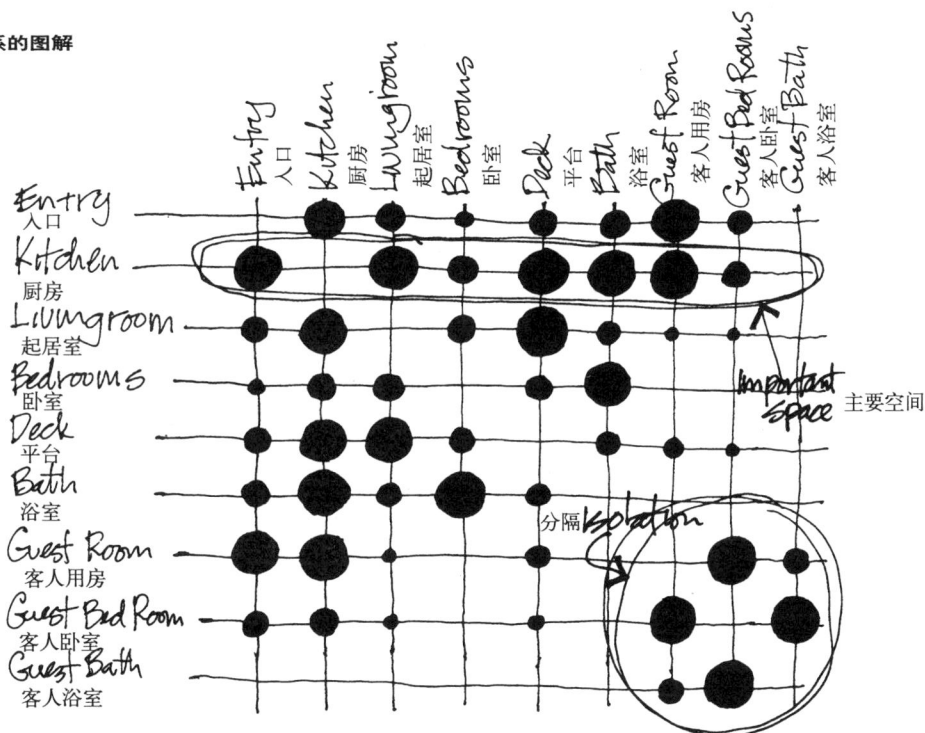

图 6-13　功能关系的矩阵图式

关系（Relationships）

　　用"圆圈"绘制的分析图(框图)早已是建筑师的熟悉工具。可借以抽象建筑任务书的要点,概括必须包含的各项活动和活动所要求的相互关系。

　　如在前章所述,圆圈图解(框图)使设计师易于从任务书转向设计。只要遵循图解语言的基本规律,这类框图就能适应思路的无穷变化。

　　另一类型的关系图解(框图)为矩阵图式。在成正交的轴线上排列任务书所要求的全部功能。分类表示出每一功能与其他功能间的相互关系。矩阵图式的优点在于图面整齐、清晰、一目了然。图6-13表明厨房对家庭人员和客人来说是各相互关系的关键之点;睡眠区应该彼此隔离,并与住宅其他区分开;客人区的通道宜予控制。确实,对住宅来说,往往凭直觉就能做出观察意见,但是在较复杂的建筑物中,矩阵图式就可用来调整思路,激发对分隔或流通的新见解。此外,矩阵图式还在设计师考虑建筑脉络和形式时以简洁的图式加强了设计师的记忆。

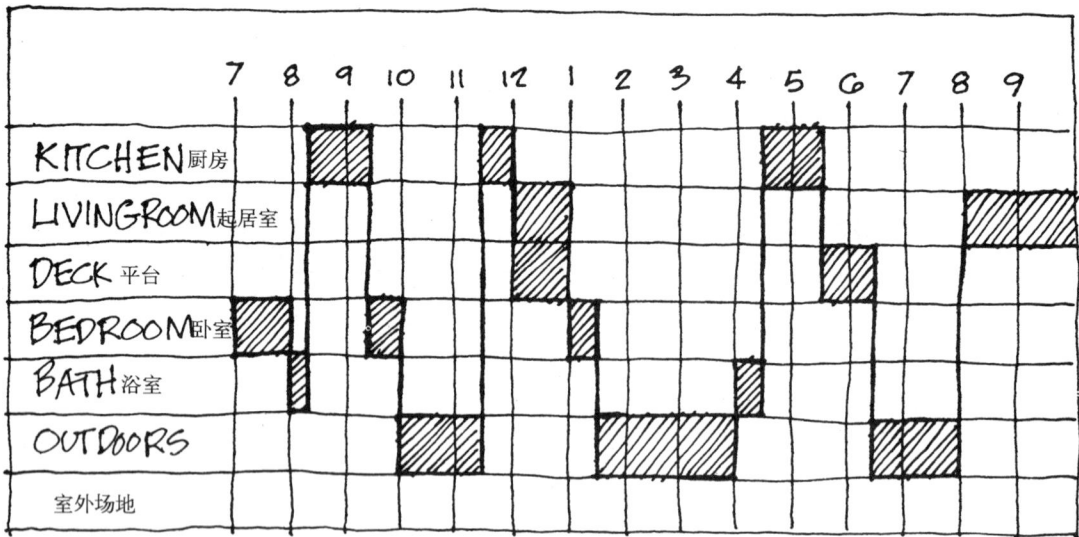

图 6-14a　空间利用表

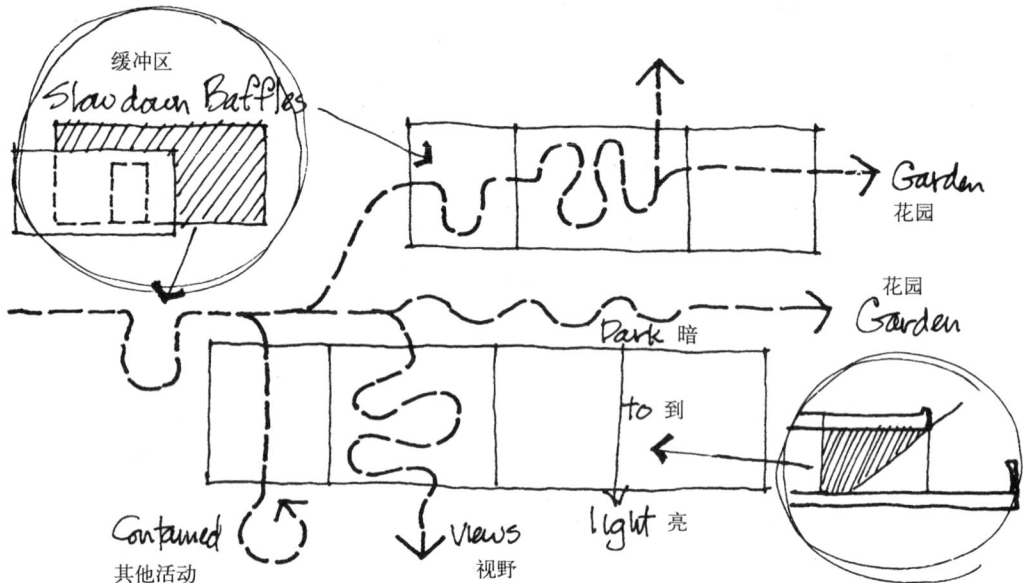

图 6-14b　活动图

人的活动（Physical Behavior）

　　我们可能认为住宅使用者的要求都是十分相似的(据新村开发设计调查资料)，其实家家户户都不相同。认识这点，对一个家庭是否居住得舒适有很大影响。图6-14a的空间、时间表以图解的方式表示出住宅各部分的使用情况。由家庭各个成员填写具有典型性的一天活动表，其结果或许会令人惊讶。从而促使业主从新的角度来看待住宅，也可能牵涉到设计主次关系、空间朝向和能源手段。

　　流线是建筑设计需要考虑的固有功能之一。从体验得知住宅对人的影响产生于人们在其各空间的活动之中，称为运动体验。这是动的体验，与在空间静坐和站立不同。有的建筑师认为在图解形式中显示运动要求对设计很有帮助。运动图表的简化形式可采用符号来代表不同的体验，也可以在图表中加入关键性的透视速写，协助建立刻意追求的感觉。再重复一下。这类图表有助于业主和设计师对有关设计问题的讨论和思考。

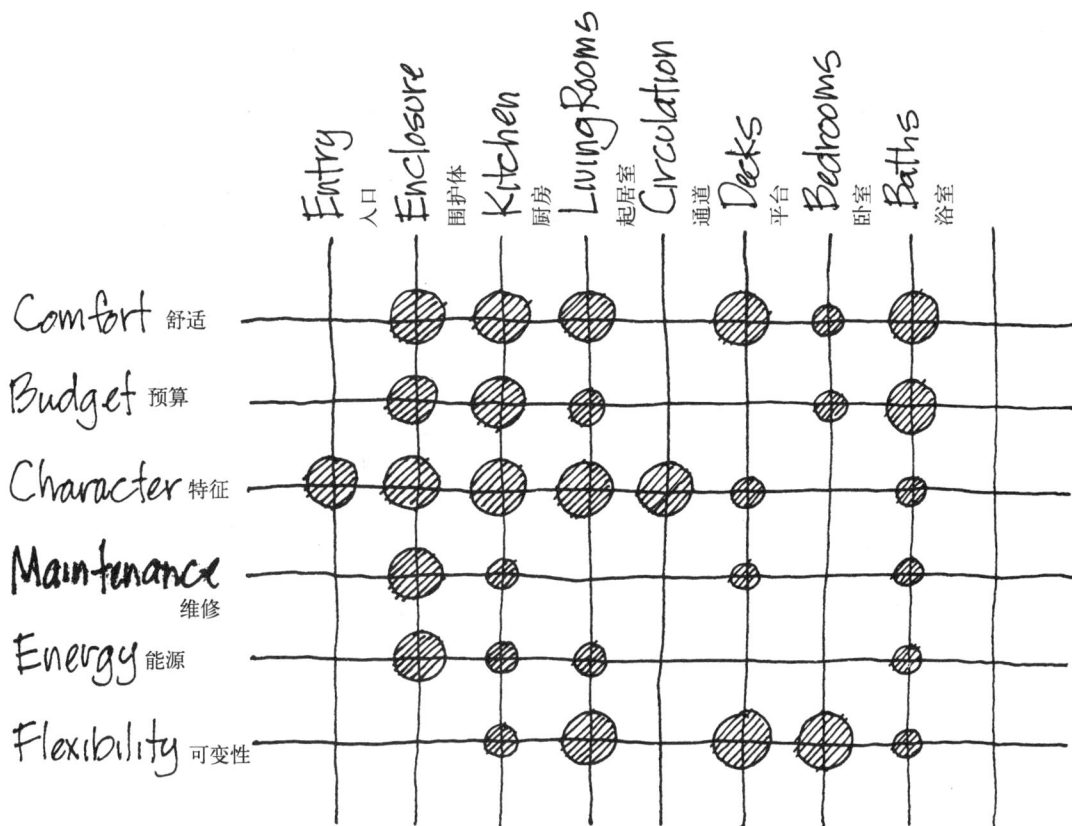

图 6-15a 设计要点与空间关系的矩阵图式

设计的优先问题（Design Priorities）

　　要建造一座成功的住宅，建筑师必须帮助业主选择优先因素。因为业主所求往往超越经济的可能性。并且若轻若重，若缓若急对大多数人依旧是个模糊的概念，直到看到附有造价的住宅设计图纸。于是开始就削减，东改西拆。结果，设计像是经历了一场巷战。

　　矩阵图式使优先因素一目了然，因此业主在住宅形式取舍过程之前就能有较充分的了解。矩阵图式从设计有争论的要点和功能着手，在图式中相互关系的每一点上。

　　分析这些要点对功能上有什么重要性，它的重要的程度由点的大小表示。当每一问题都用点表示后，最重要的问题和功能就可从图中识别出来。并且标出各类问题和功能的等级。当矩阵图式按建筑问题和空间的重要性重新组成时，就可以对图表所显示的设计问题的关键所在加以观察。

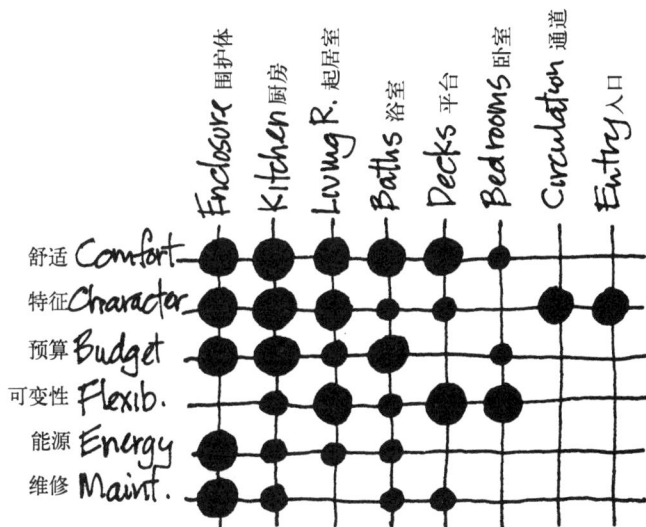

图 6-15b 修正矩阵图，显示优先部分

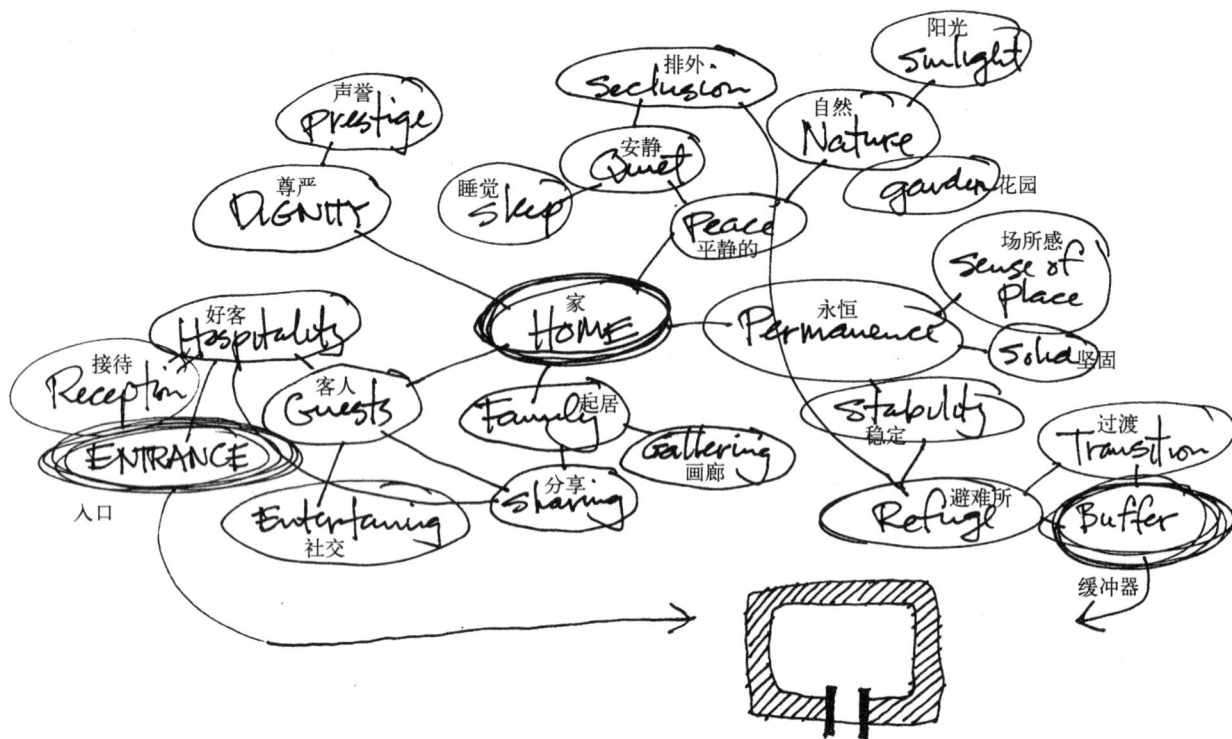

图 6-16　语汇概念图

设计目标 (Design Objectives)

　　分析设计问题需要探究事项、脉络和相关因素之间广泛的组合。为便于入手，我们可以采用一种用于写作的技巧，就是建立一个语汇联系的网络图。为了能把潜意识的思维转化为现实，应该用宽松的、开放的笔记方法代替标准的图表，使各种方法像大树根一样有机地发展。当一套复杂的网络联系发展起来时，我们就能着手确定最重要的事项和联系。

　　寻求任务书中各种活动之间的最佳关系是很有用的。这也是分析的必经之路。通过说明关系的可选择方式，设计者可以更协调地综合一系列相关事项。为了避免对解决设计问题的适当的实质形式有主观臆断，应该用非特定形状来表示这些活动。一些设计师称之为"土豆"。

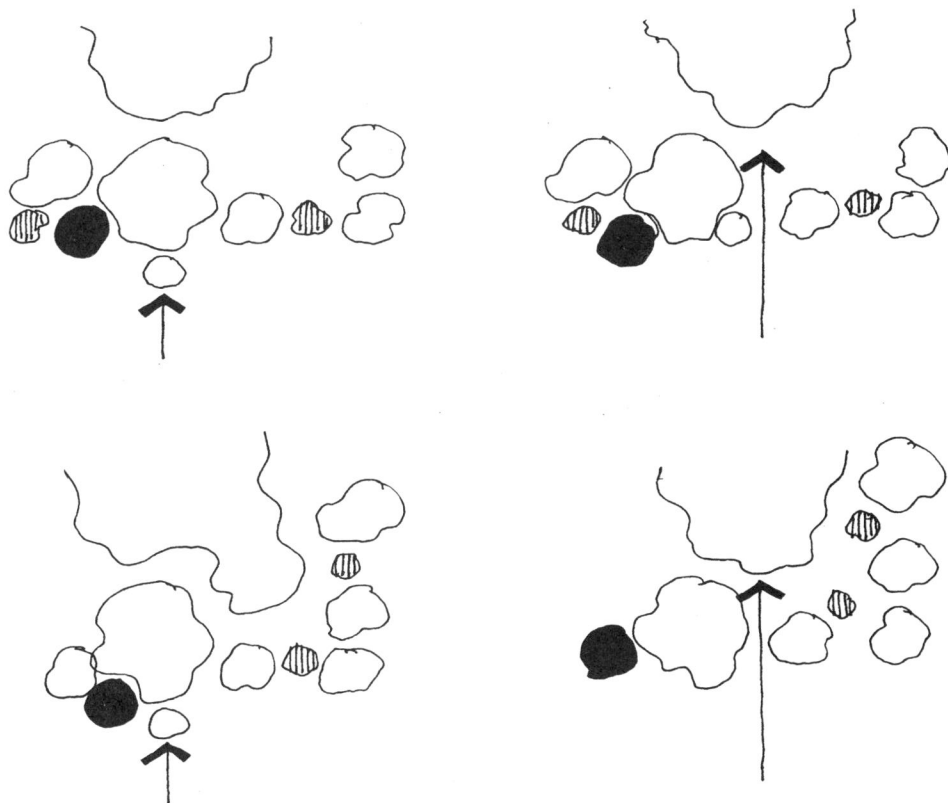

图 6-17 布局比较草图

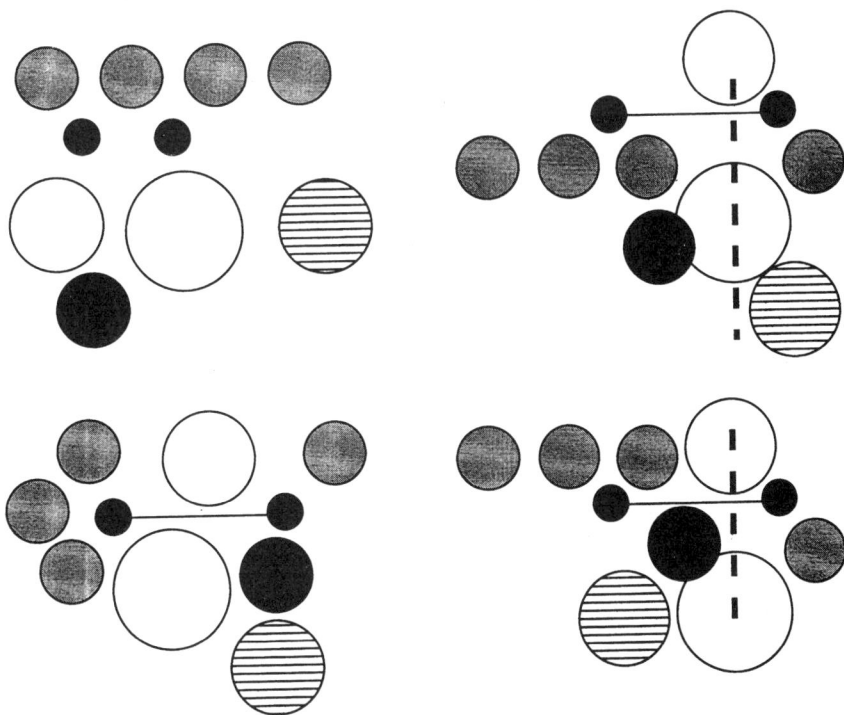

图 6-18 布局比较草图

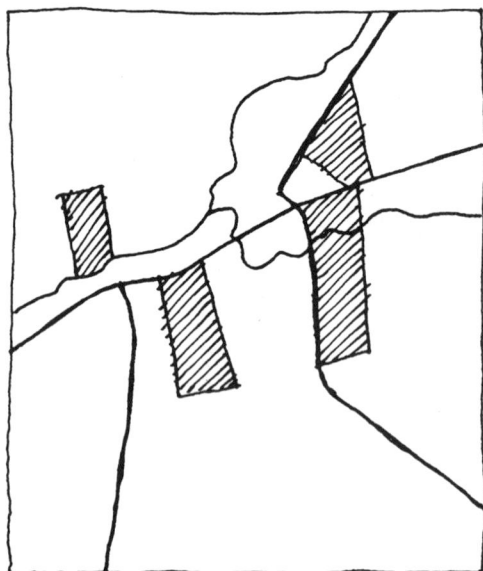

图 6-19a 可用土地

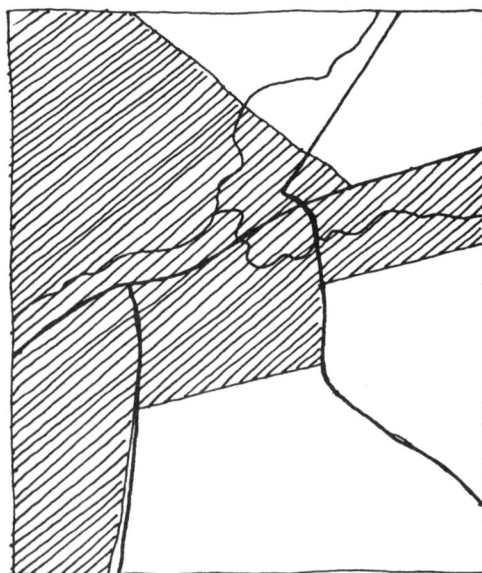

图 6-19b 分区限制

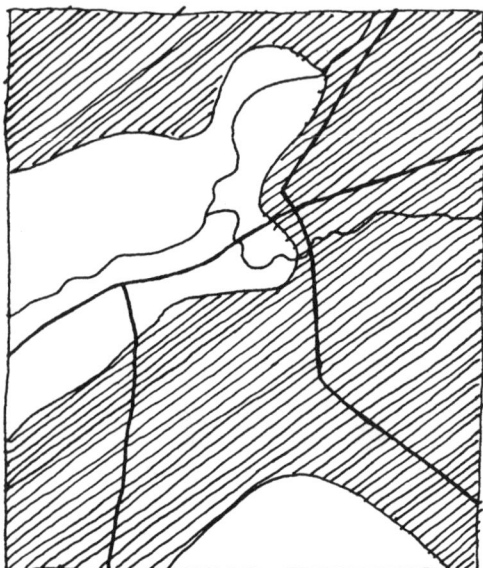

图 6-19c 地理条件

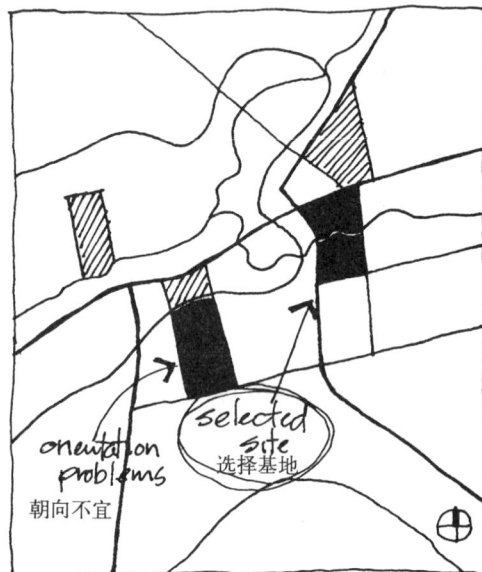

图 6-19d 三种准则的复合

脉络（CONTEXT）

　　对脉络可变体的认识有助于设计师在多种可行的方案中确定问题的界限和处理各类约束。有经验的建筑师欢迎这些约束。由于存在约束，他的关注就集中在确实可行的选择上。这类脉络包括：基地、气候、地区或建筑法令、经济、时间和不断变化发展的施工技术等等。

基地选择（Site Selection）

　　按不同准则选择基地的图解复合图可以帮助业主和建筑师选择基地。绘图时、首先将准则分类成组，冠以简略的标题：如土地可用性(包括地价、机遇和公共设施)、地质特征和分区制度。按每一基本标题绘制图解式地图，显示与准则相符的土地情况。然后再绘制复合地图。最有价值的基地就可以很容易地从图中识别。同时也表达出可供选择的次一级基地。

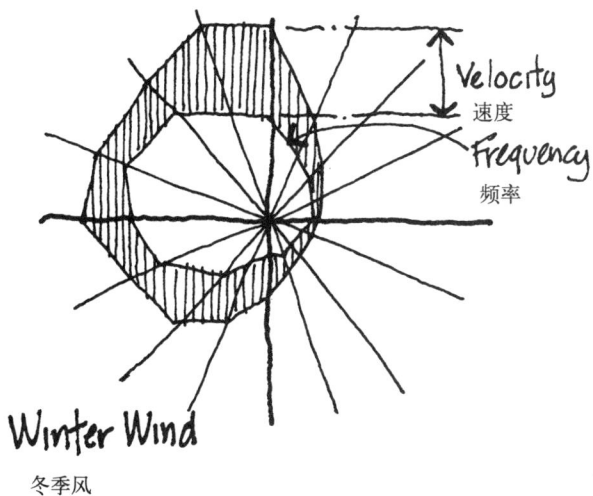

Velocity
速度

Frequency
频率

Winter Wind
冬季风

图 6-20a　冬季风方向和强度

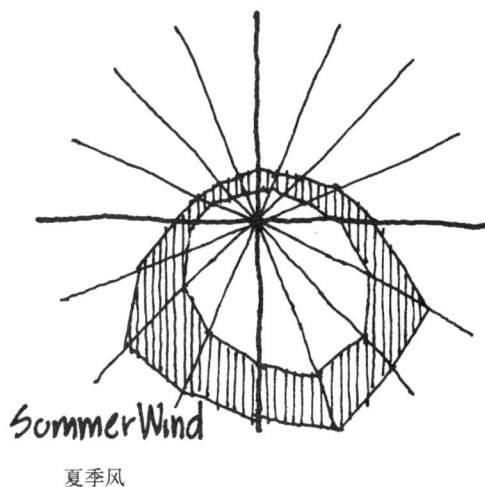

Summer Wind
夏季风

图 6-20b　夏季风方向和强度

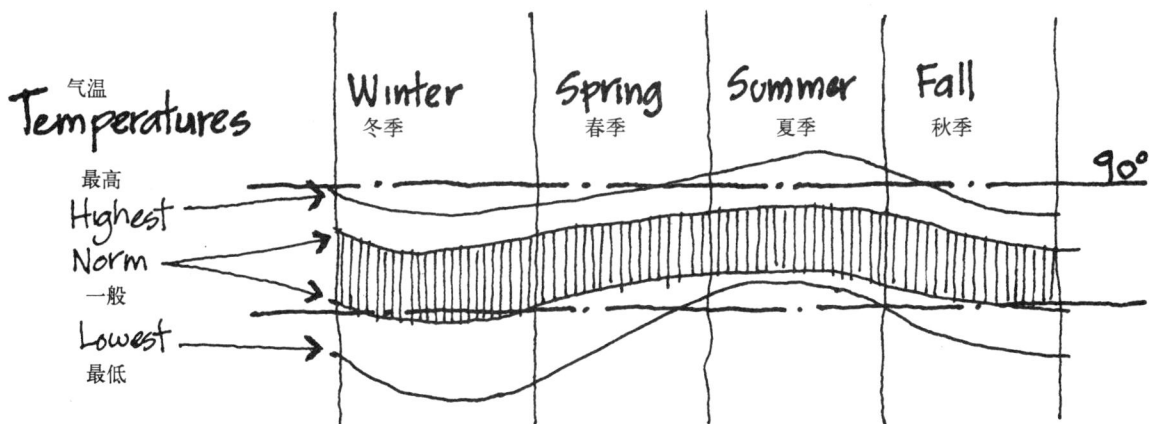

气温
Temperatures

Winter 冬季　Spring 春季　Summer 夏季　Fall 秋季

90°

最高 Highest
Norm
一般
Lowest
最低

图 6-21　年气温波动图

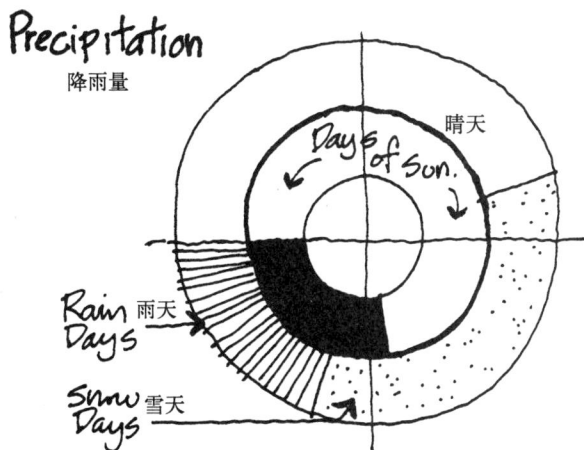

Precipitation
降雨量

Days of Sun.
晴天

Rain Days 雨天

Snow Days 雪天

图 6-22　日照和雨量

另一些实用的抽象简图可用来表示全年气候状况。随着节约能源越来越成为住宅设计的重要问题，就需要增添有关风和太阳之类气候变化的动态图表。可以很容易获得适当精确的气候统计数据，图解表达的数据对一般设计师都很有实用价值。

虽然气候只是影响设计问题的诸多要素之一，但它一向被视为主要因素。这些图表就是这种观点的基础。

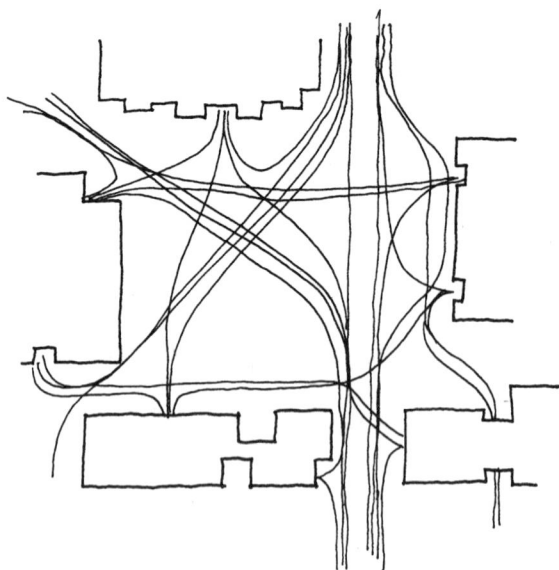

图 6-23a 人流路线

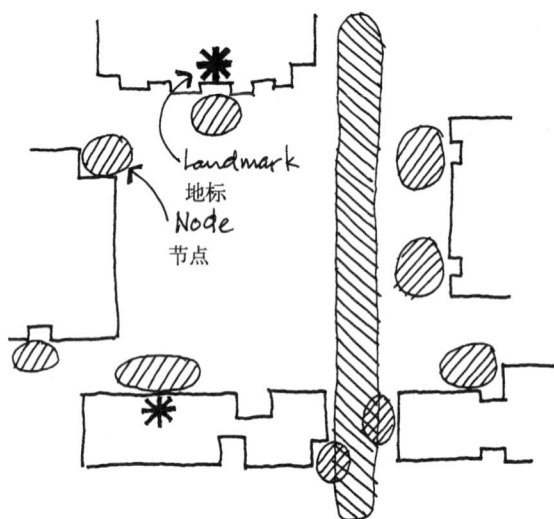

图 6-23b 社交区域

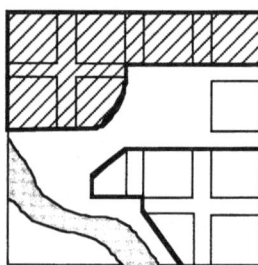

ZONES
区域

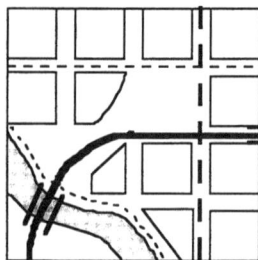

路径
PATHS/
ENTRYS
入口

节点
NODES/
LANDMARKS
地标

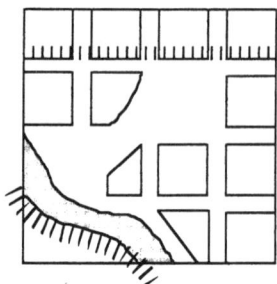

边界
BOUNDARIES

图 6-24 城市意象分析

活动方式（Activity Patterns）

当在一个既存环境，如大学校园中，插入一个新的建筑时，应该充分考虑现有的步行活动方式。上面的图示描绘了步行活动的主要方式，并在一定程度上反映了活动密度。下面的图示表明了最典型的社交场所的区域和节点。标出地标是因为它们是人们安排活动和认路的标志物。右图是根据凯文·林奇[6]研究的分析类别所绘的一系列分析图。

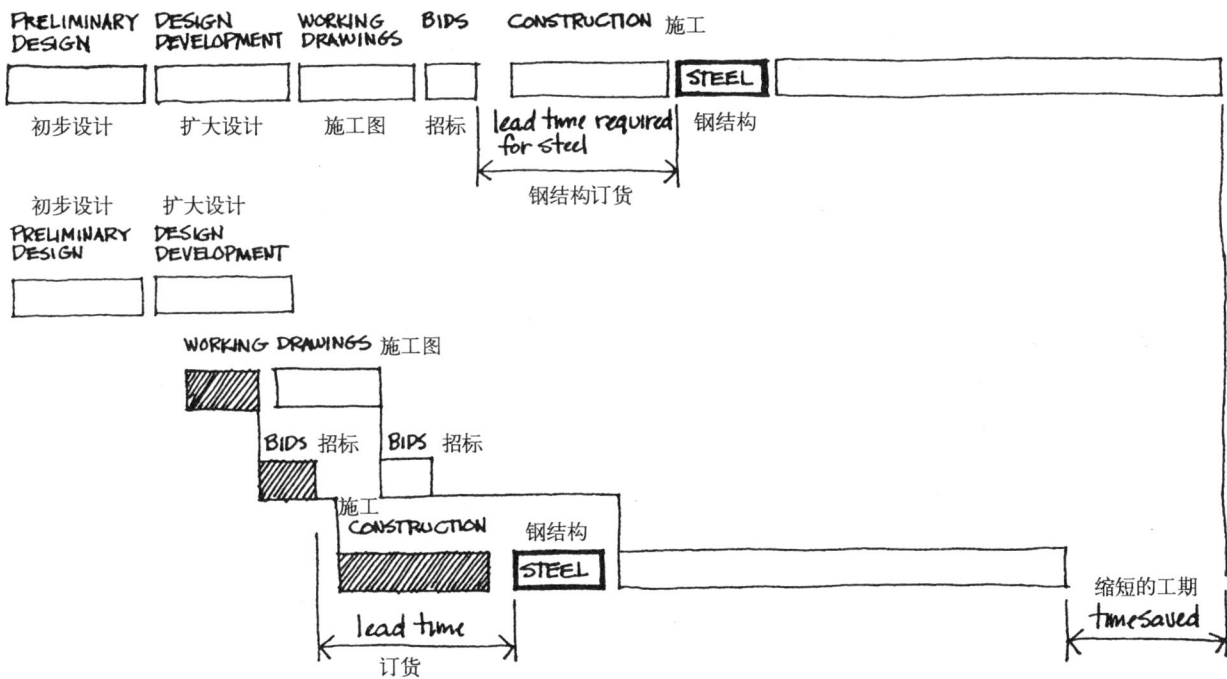

图 6-25 工程进度比较

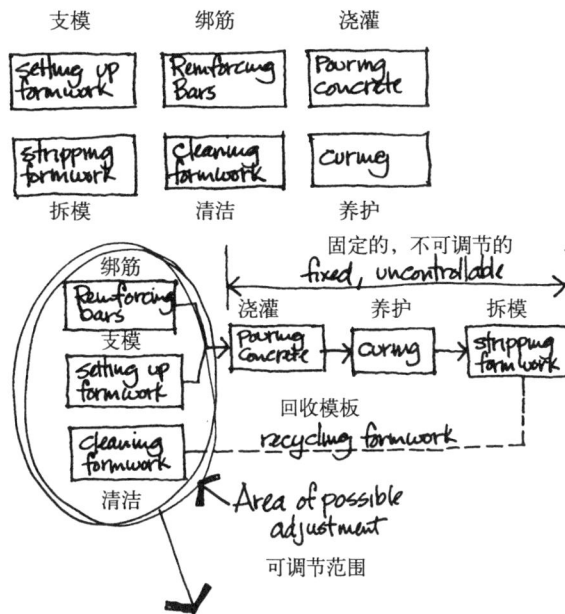

图 6-26 施工过程分析

施工过程（Construction Processes）

　　建筑师可能经常忽略施工过程作为一个脉络对设计结果产生的影响。在乡土建筑中，施工方法一直是决定建筑形式的主要因素，它仍旧影响当今的建筑设计。面临资金压力和贷款利息的不断增加，施工过程的革新也势在必行了。当在决定建筑形式的主要因素中考虑施工过程时，设计师就增加了做好一个设计的可能性。像其他设计要素一样，用抽象图表示施工过程的替选，提高了设计师考虑这些要素的直觉力。

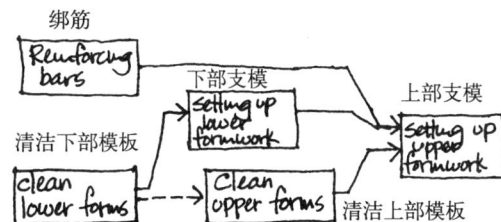

基地自然条件分析（Physical Site Analysis）

　　基地特征包括宏观与微观气候、地形、自然循环、视野和风景等要素，诸如树木、灌木丛、岩石和流水。布置、设计一幢住宅，这些基地特征都必须纳入考虑之中，抽象的设计草图同时地标出基地的各项特征，从中找到应解决的问题和现实的解决方法。本节图例着重于基地的大体特征，不包含特殊细节。着重于大体有助于建筑师对重要的基地条件的视觉记忆。借助这些草图可以引出其他的观念，如风向、隐蔽的缓冲地带，或者最佳建造地位。就这幢假期住宅来说，太阳角度、东西向的基地脊坡和夏季的清凉微风决定了住宅的主要朝向。基地的现有入口通道，树木分布以及南岸小河构成了杰出的景色和基本环境。上述分析还可更深一层，对住宅体量作初步的探索和选择。如图所示。

图 6-27a

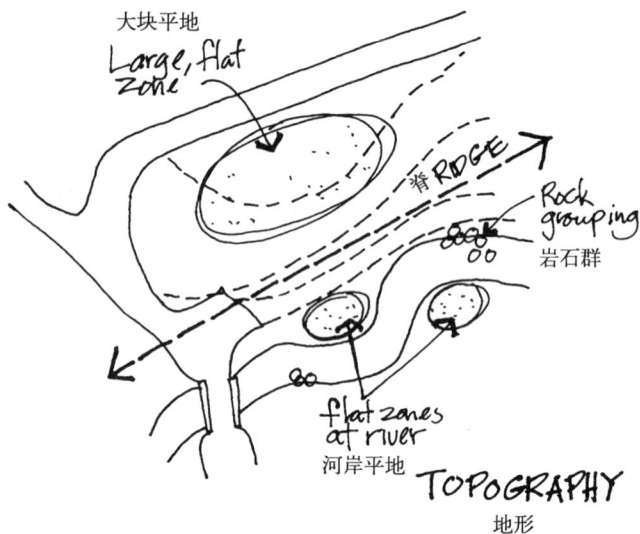

图 6-27b

98 • 分析

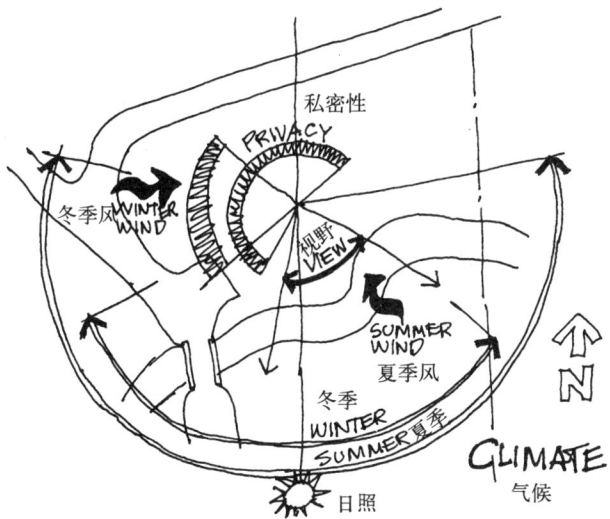

私密性
PRIVACY

视野
VIEW

冬季风 WINTER WIND

SUMMER WIND
夏季风

冬季
WINTER

SUMMER 夏季

N

日照

CLIMATE
气候

图 6-27c

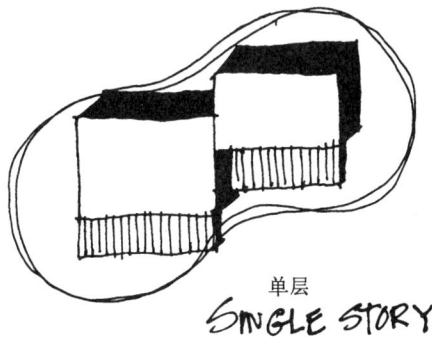

单层
SINGLE STORY

图 6-28a

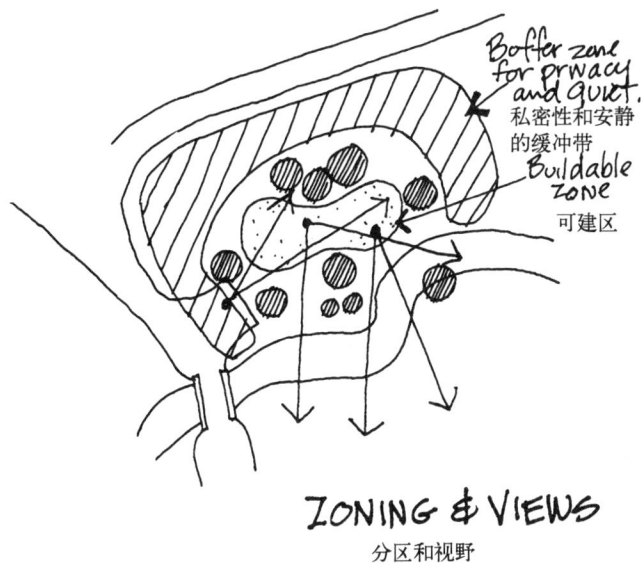

Boffer zone
for privacy
and quiet.
私密性和安静
的缓冲带

Buildable
zone
可建区

ZONING & VIEWS
分区和视野

图 6-27d

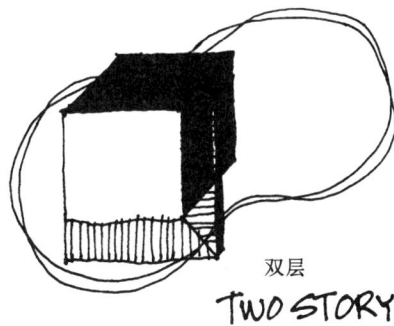

双层
TWO STORY

图 6-28b

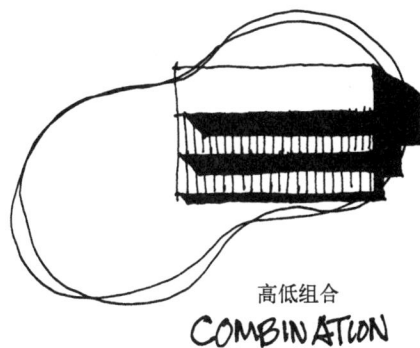

高低组合
COMBINATION

图 6-28c

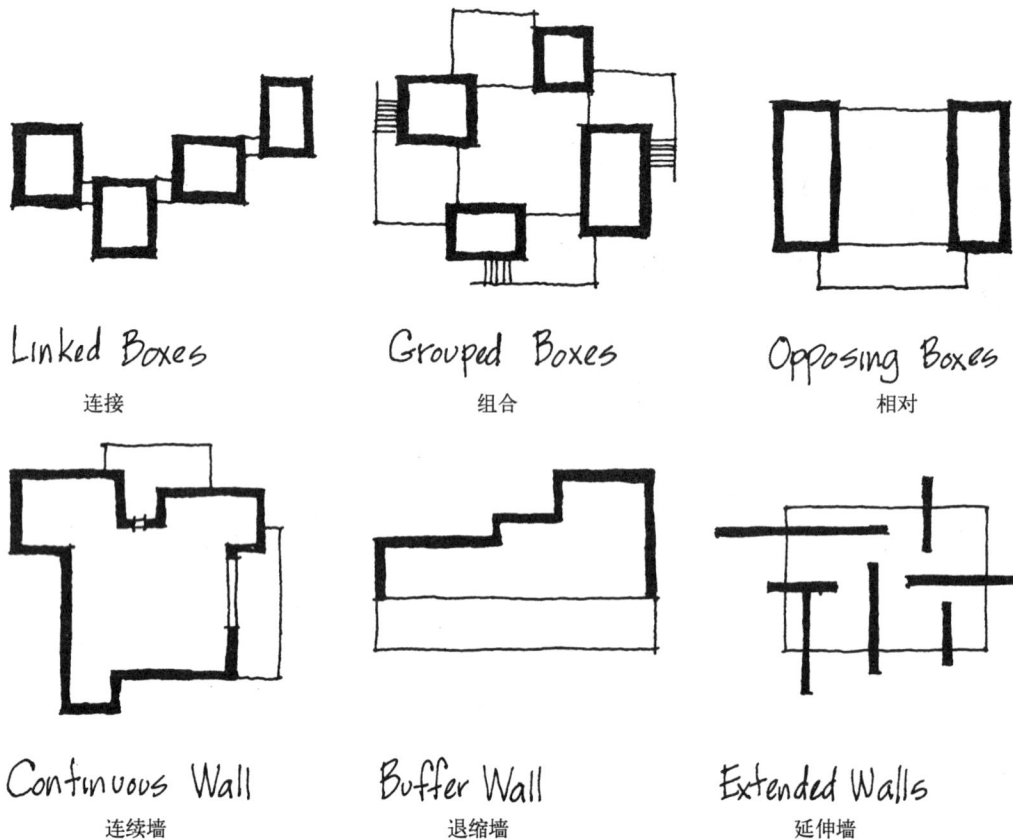

Linked Boxes
连接

Grouped Boxes
组合

Opposing Boxes
相对

Continuous Wall
连续墙

Buffer Wall
退缩墙

Extended Walls
延伸墙

形式（FORM）

第三组可变体——形式——处于设计师的控制之下。在需要和脉络两组可变体明确后，建筑师可帮助业主对形式做出决定。但是别忘了：设计问题的解决是基于需要、脉络和形式间的协调一致。在某种意义上，三组可变体都是不定的，直到取得相互协调为止。有的建筑师希望单凭业主的要求和有关脉络来做决定。但是，既然任何特定的要求都可以有许多与之相当的形式，因此，形式的探讨也是同样重要的。建筑师必须熟悉种种不同的形式如同熟悉种种不同的需要和脉络一样。下面的这些抽象的图表被用来建立一种不同形式变化的视觉表达。

空间／序列（Space/Order）

住宅的空间组合、变化无穷无尽。在此略举几个平面图解的例子。采用相同的画法以利比较。墙身都用粗线，图面由于实和虚的明确限定而强调了空间。此外，为了便于回忆，每一组合类型均加上小标题。

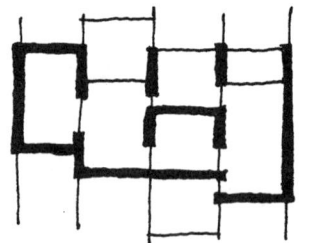

One-Way Grid
单向网格

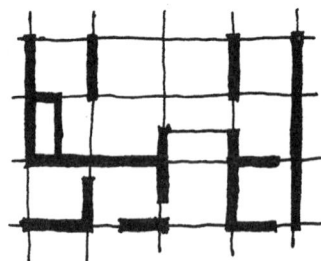

双向网格
Two-Way Grid

图 6-29　可供选择的平面组合

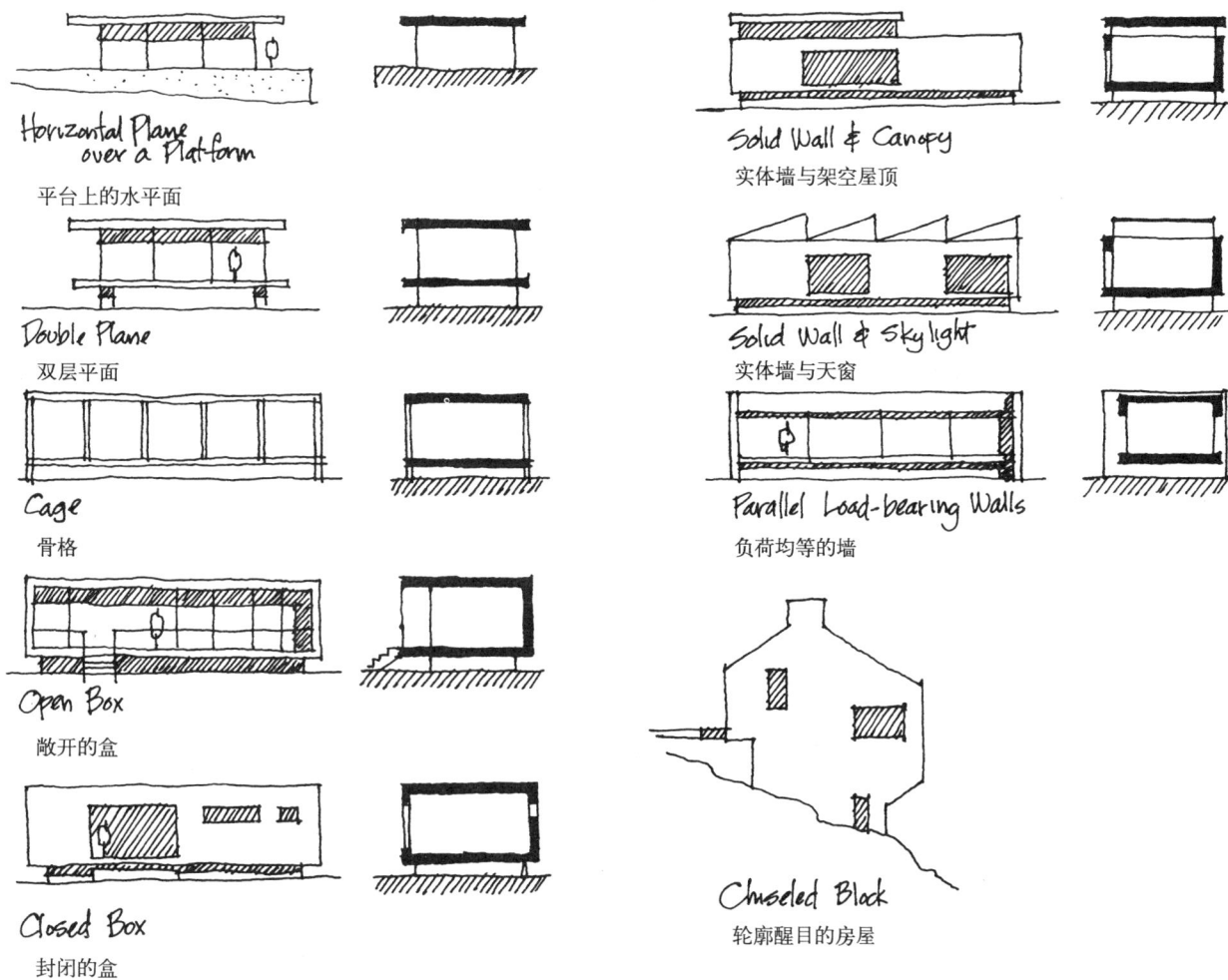

Horizontal Plane over a Platform
平台上的水平面

Double Plane
双层平面

Cage
骨格

Open Box
敞开的盒

Closed Box
封闭的盒

Solid Wall & Canopy
实体墙与架空屋顶

Solid Wall & Sky light
实体墙与天窗

Parallel Load-bearing Walls
负荷均等的墙

Chiseled Block
轮廓醒目的房屋

图 6-30　供选择的围护形式

上图所示，一系列的组合类型显示了对空间
序列和外观含义的三向度选择的可能性。并且在图
上表示出所采用的结构和材料。

Human Scale 人体尺度

图 6-31　与人体有关的重要尺度

Hierarchy of Scales 尺度的等级

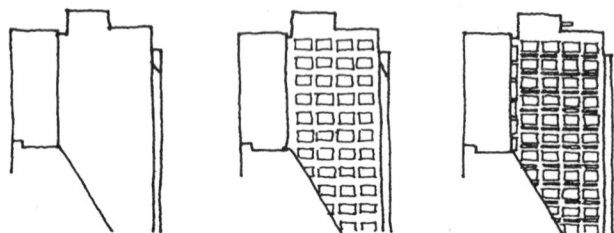

图 6-32　纽约大学宿舍。建筑师：贝聿铭建筑师联合事务所

Proportion Analysis

比例分析

尺度/比例（Scale/Proportion）

　　虽然人人都会欣赏优美的形式，建筑师并不能自然而然地懂得如何处理种种不同的形式来取得特定的效果。在经过正规的学校教学之后，多数建筑师在这方面的学识仍要花费毕生的精力。

　　提高认识能力的有效方法是通过视觉分析。在一幅速写草图中强调某一具体的可变体，诸如尺度或者韵律，就能把它从房屋的脉络中萃取出来。尺度为各局部尺寸提供了关系。人的尺寸是其他尺寸最简便的参数，称为人体尺度。显然，结构不可能全部包括进这个尺度之内，但是在大型建筑中，如果某些特征的尺度能从人体尺度到整幢建筑有个过渡，就会令人感到舒服些。通过图解的视觉分析，可以逐步理解在不同的建筑物中采取不同的尺度。

　　比例在设计中的效果可用类似的分析方法表示。比例是向度(水平向、垂直向)间的关系。通过概括图就能对现有建筑物的比例效果取得更好的了解。

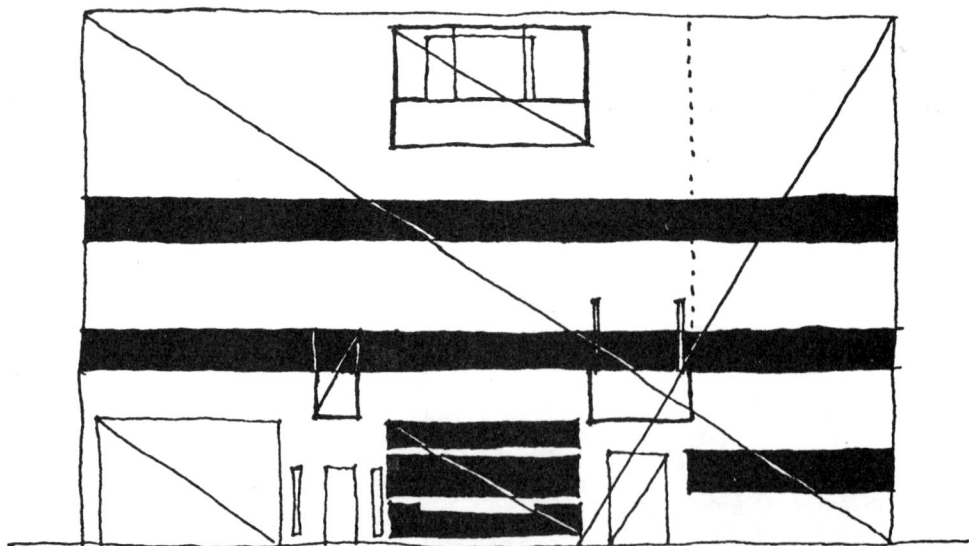

图 6-33　位于加尔什的别墅入口立面。建筑师：勒·柯布西耶

Weight ≠ Permanence
沉重与坚固感

图 6-34　传统砖石结构

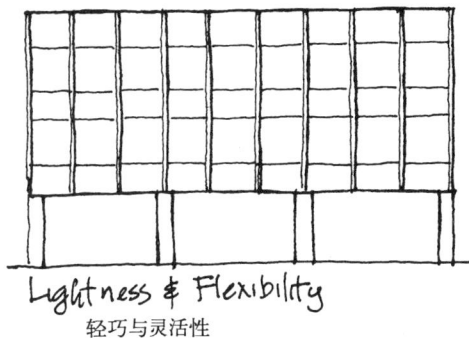

Lightness & Flexibility
轻巧与灵活性

图 6-35　幕墙结构

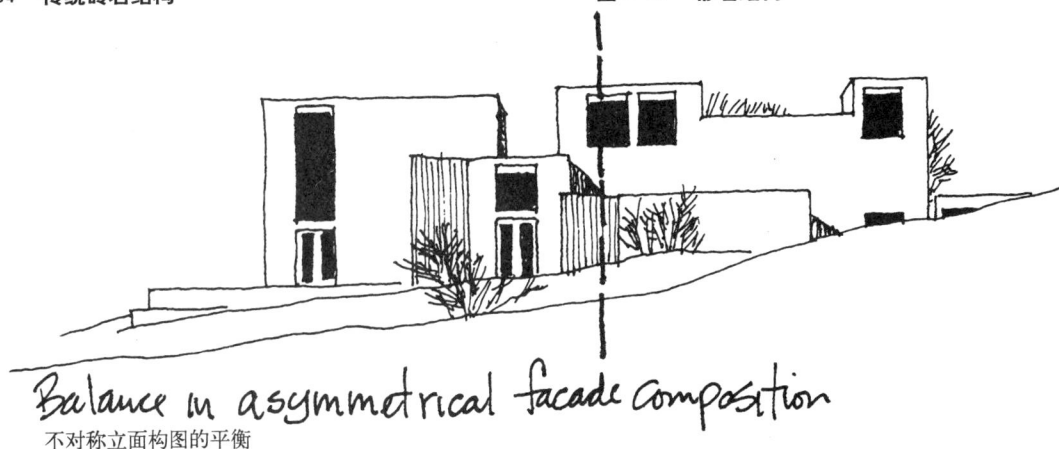

Balance in asymmetrical facade composition
不对称立面构图的平衡

图 6-36　怀特住宅。建筑师：米切尔／朱尔戈拉

体量／均衡（Mass/Balance）

经受过颠簸的人一定会深刻领悟体量和均衡在人类经验中的重要性。这一固有的感觉也反映在人们对建筑的反应上。除此之外，体量和均衡还与许多其他的感觉相联系，诸如安全和灵活性。在建筑上，体量传达安全感或者坚固感；轻巧则传达灵活感或者自由感。在漫长的建筑历史中，为了建筑外貌体量的变化创造了众多的处理方法。通过分析具有明显体量感的建筑物，可以揭示运用水平、垂直和强调的形式手法(图 6-34)。

步行是平衡的惊人绝技。步行、骑自行车、溜冰以及诸如此类的乐趣出自稳定与倾倒的紧张平衡之中。在我们视觉感受中存在着灵敏协调的均衡感。建筑设计富有表现力的种种均衡手法也能通过概括的速写草图使之显而易见。图 6-35～图 6-37显示了对称与不对称的构图均衡与三向度的均衡——建筑学的一个重要部分。

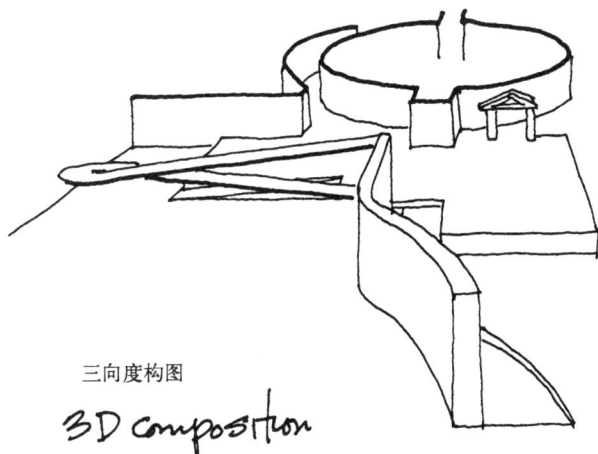

三向度构图
3D composition

图 6-37　德国杜塞尔多夫市格拉贝广场。建筑师：詹姆斯·斯特林

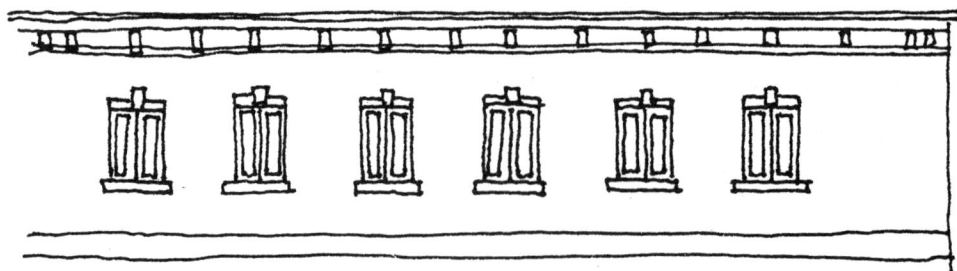

图 6-38 均等的窗户

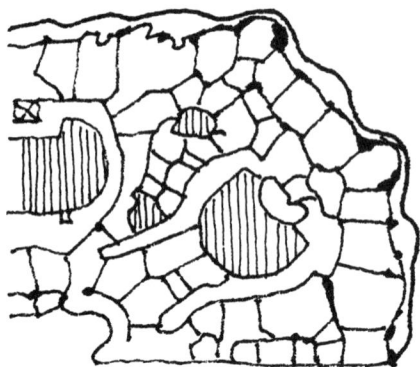

图 6-39 卡萨·米拉公寓。建筑师：安东尼奥·高迪

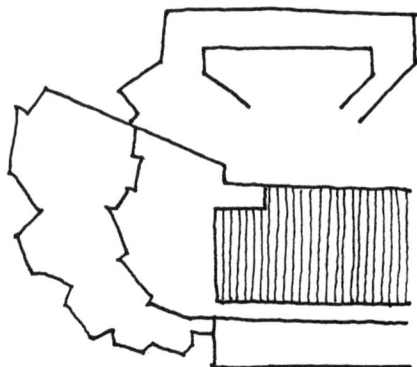

图 6-40 沃尔夫斯堡中心。建筑师：阿尔瓦·阿尔托

重复／韵律（Repetition/Rhythm）

建筑物取得统一的方法之一是相似构件的重复运用，诸如窗户或者柱子。相似物体即使仅只部分相似也可成为强调联系的手段。人类各民族能从某些相似的特征加以识别，尽管每个人的外貌千差万别。

建筑韵律是以下列韵律为基础的：人体的韵律——步行或呼吸以及自然的韵律——潮汐或季节。正如音乐表现听觉韵律，建筑则展示视觉韵律。建筑取得韵律的根本方法在于各部分的间隔，与音符的节拍相似。建筑的视觉韵律特征在于构件和间隔的尺寸。有两种容易认识的基本韵律类型：断续的韵律(staccato rhythm)，由构件与其间隔明确区分组成，例如幕墙上的直棂；连续的韵律(legato rhythm)比较柔和，由构件与其间隔较细微的转变组成，如同高迪(Gaudi)的曲线建筑。也有些韵律由间隔的式样或者构件的尺寸组成，如同意大利帕拉第奥式(Paliadio)的正立面。还有递增和递减的韵律，如阿尔托所设计的沃尔夫斯堡中心。

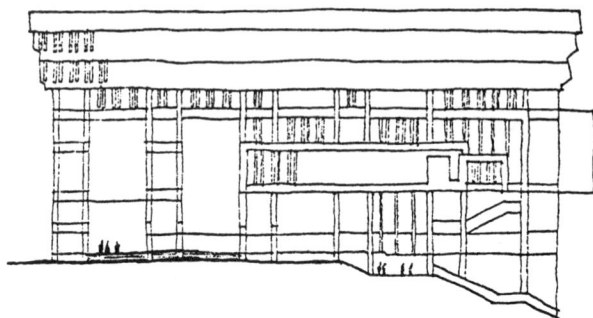

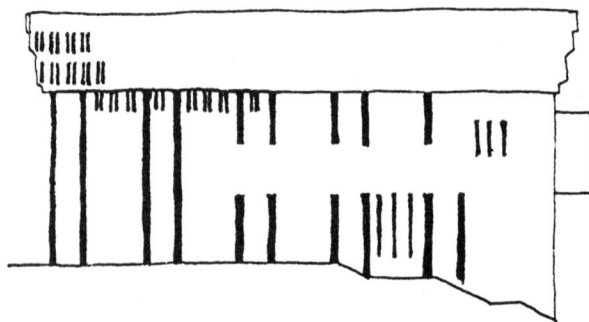

图 6-41 波士顿市政厅

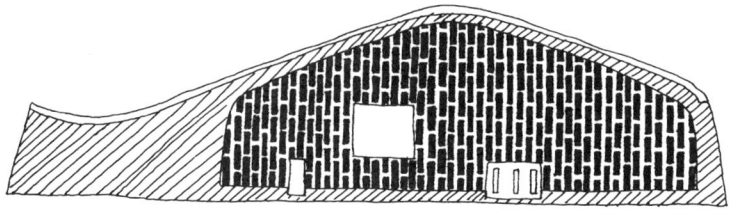

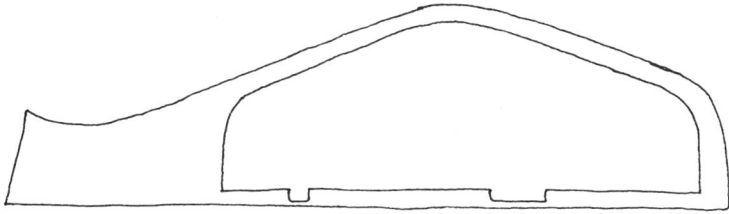

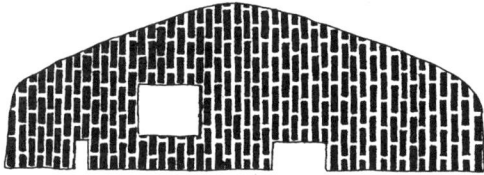

统一 / 变化（Unity/Diversity）

　　建筑物所表现的统一程度或者变化程度构成另一类型的形式可变体。而其他的可变因素(尺度、比例、体量、平衡、重复和韵律)则是取得统一或者变化的手段。加强统一感的方法有：加添边框或者强调边界、连续贯通、模数分格，应用与建筑物同一比例的单独体形、独立于局部与整体之间。

　　违反统一的规律就可求得变化；不用边框或者打破连续性，韵律或者模式的变动，多种多样的分格，打破支配整体的几何形等等。

　　统一和变化并不相互排斥，完全可以使两者重叠交织，相互增色。

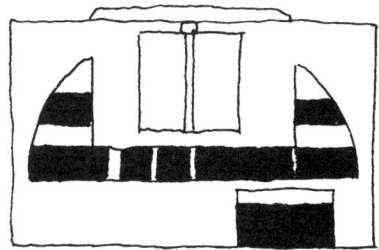

图 6-43　俄亥俄州市政厅方案。建筑师：文丘里和劳赫(Rauch)

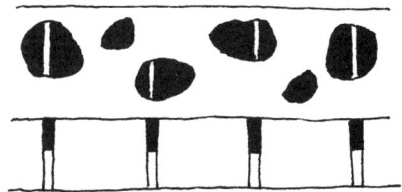

图 6-44　昌迪加尔议会大厦。建筑师：勒·柯布西耶

形式 • **105**

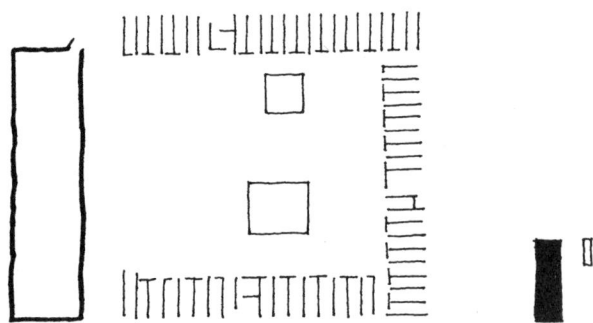

图6-45 拉土雷特修道院。建筑师：勒·柯布西耶

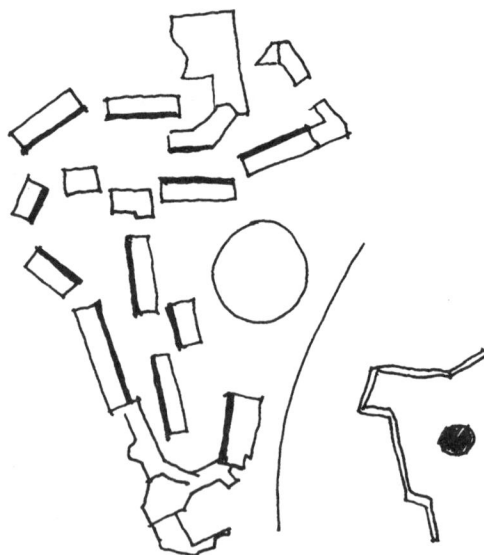

图6-46 以色列海法犹太教堂。建筑师：路易斯·康

图6-47 安赫尔山(Mt.Angel)图书馆。建筑师：阿尔瓦·阿尔托

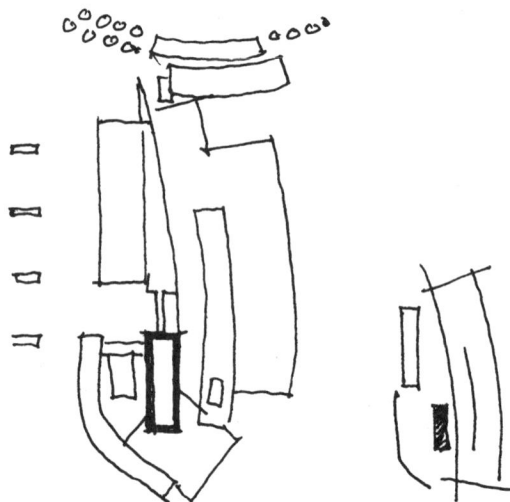

图6-48 圣克鲁斯，加州大学克雷斯吉学院。建筑师：MTLW／摩尔·特恩布尔

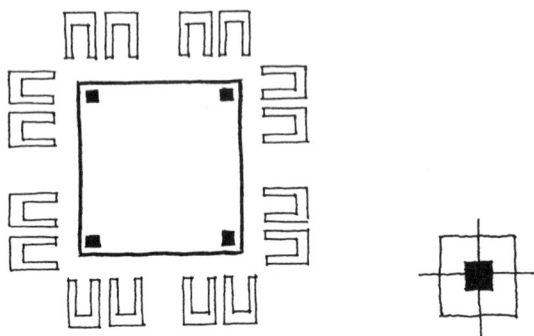

图6-49 柏林，美洲－戈登图书馆。建筑师：Morphosis

等级（Hierarchy）

构思的强化和清晰在体验和使用建筑中起着很重要的作用，等级感对建筑现场构思很有用处。无论是分析一个既存建筑还是考虑一个新建设计，使用抽象草图可以提高直觉力。如图6-45，

图6-46，图6-47所示，由上至下，图示呈现了等级的三个实现途径：主要体量、中心位置和独特形状。图6-48，图6-49表明，取得等级感会产生更大的影响。

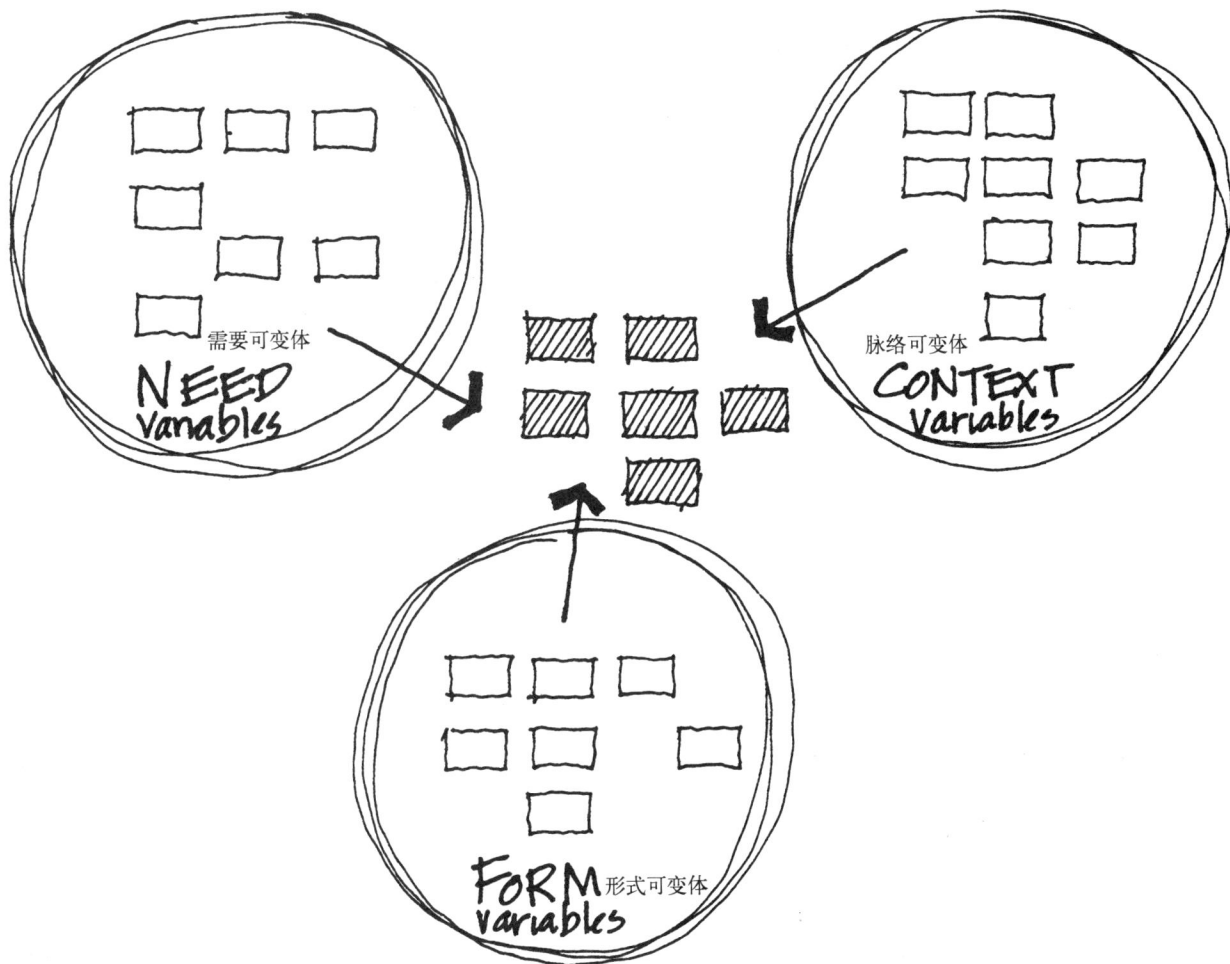

需要可变体
NEED variables

脉络可变体
CONTEXT variables

形式可变体
FORM variables

图 6-50

解决设计问题的源泉
(SOURCES OF SOLUTIONS)

　　如前所述，解决设计问题的根本方法可从三种类型的可变体——需要、脉络和形式中寻觅(图6-50)。往后几页列举了对假期住宅设计的五种研讨图。在每一实例研讨中，上述可变体之一被作为住宅基本组合构思的主要源泉，然后引入其他两项可变体的内容和约束，以此修正原设计构思。这些实例研讨清楚地证明了建筑设计草图的一些优点(图6-51－55)：

1.可以同时观察种种不同的设想，从而大大激发了思维。

2.三类可变体的相异性促使解决选择的多样性。

3.关注集中于总体而不拘泥于细节。

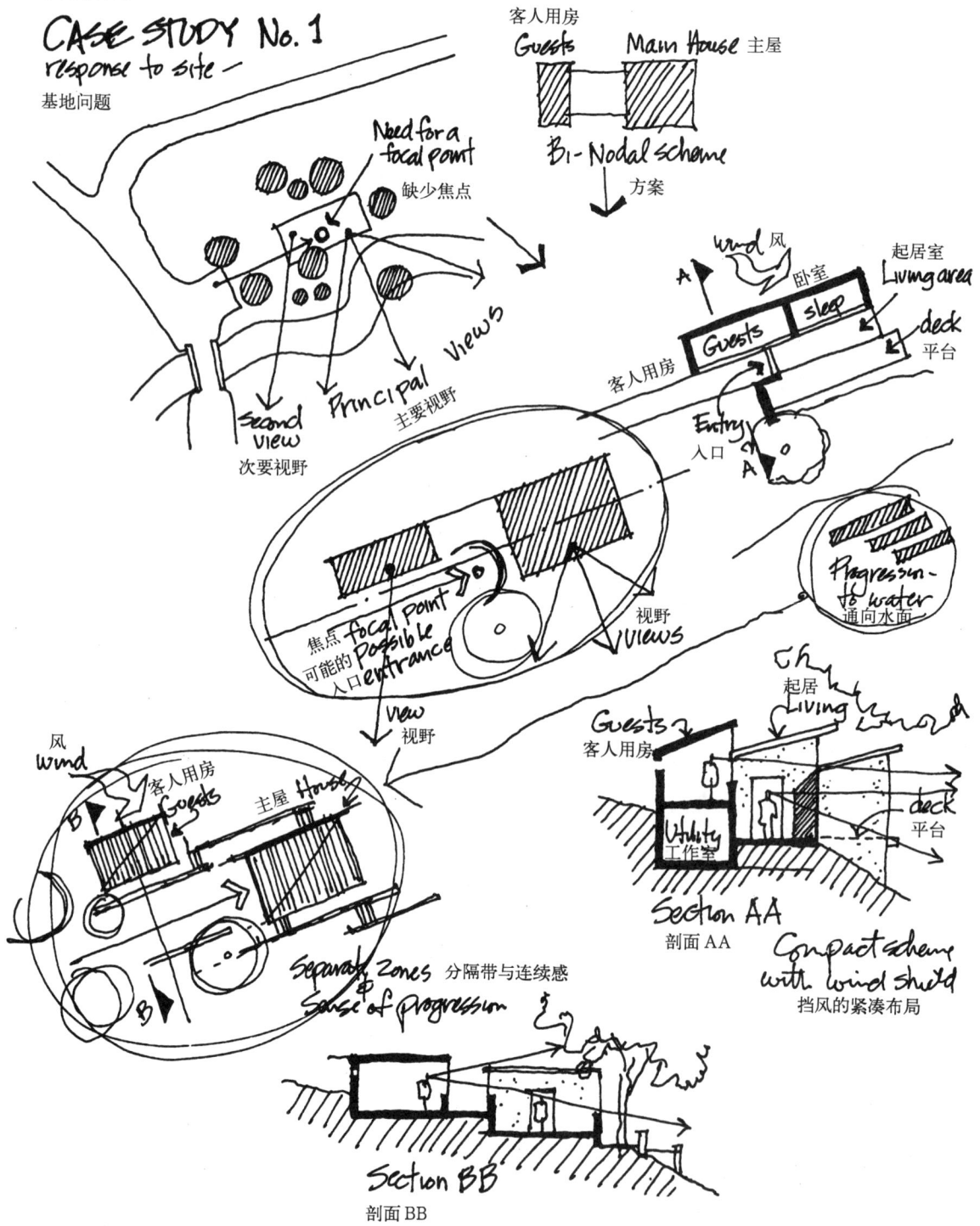

实例研讨 1

CASE STUDY No. 1
response to site ~
基地问题

Need for a
focal point
缺少焦点

Second
view
次要视野

Principal
Views
主要视野

客人用房
Guests   Main House 主屋

Bi-Nodal scheme
方案

wind 风

卧室
Guests   sleep

起居室
Living area

deck
平台

客人用房

Entry
入口

focal point
焦点
Possible
可能的
入口 entrance

视野
Views

view
视野

Progression
to water
通向水面

风
wind

客人用房
Guests   主屋 House

Guests
客人用房

起居
Living

wind

deck
平台

Utility
工作室

Section AA
剖面 AA

Compact scheme
with wind shield
挡风的紧凑布局

Separate Zones   分隔带与连续感
& Sense of progression

Section BB
剖面 BB

图 6-51

108 • 分析

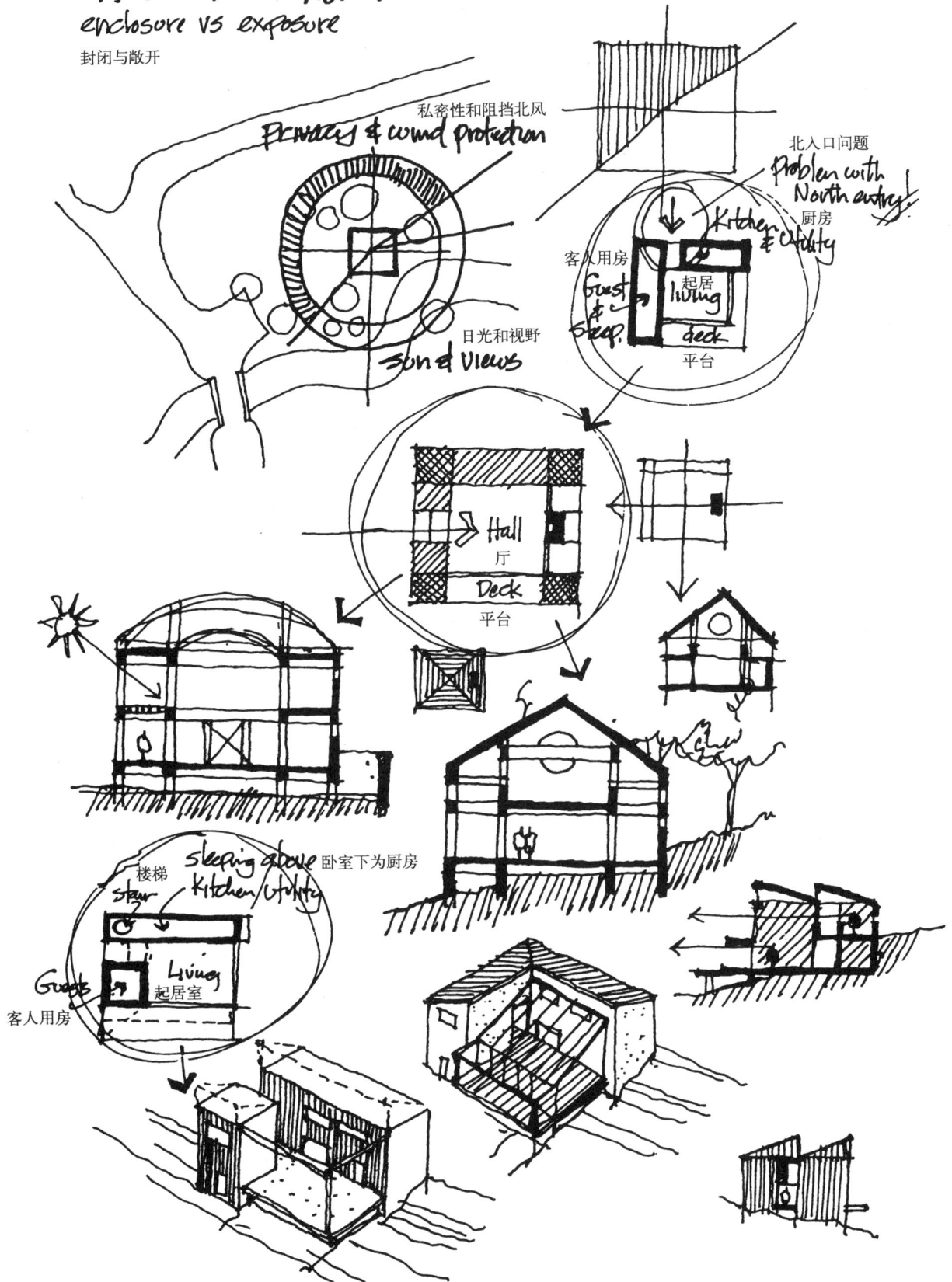

CASE STUDY No. 2. 实例研讨 2
enclosure vs exposure
封闭与敞开

私密性和阻挡北风
Privacy & wind protection

北入口问题
Problem with North entry!

Kitchen & utility 厨房

客人用房 Guest & Sleep. 起居 living

deck 平台

Sun & Views 日光和视野

Hall 厅

Deck 平台

楼梯 Stair

Sleeping above 卧室下为厨房
Kitchen/utility

Guests 客人用房 Living 起居室

图 6-52

解决设计问题的源泉 • **109**

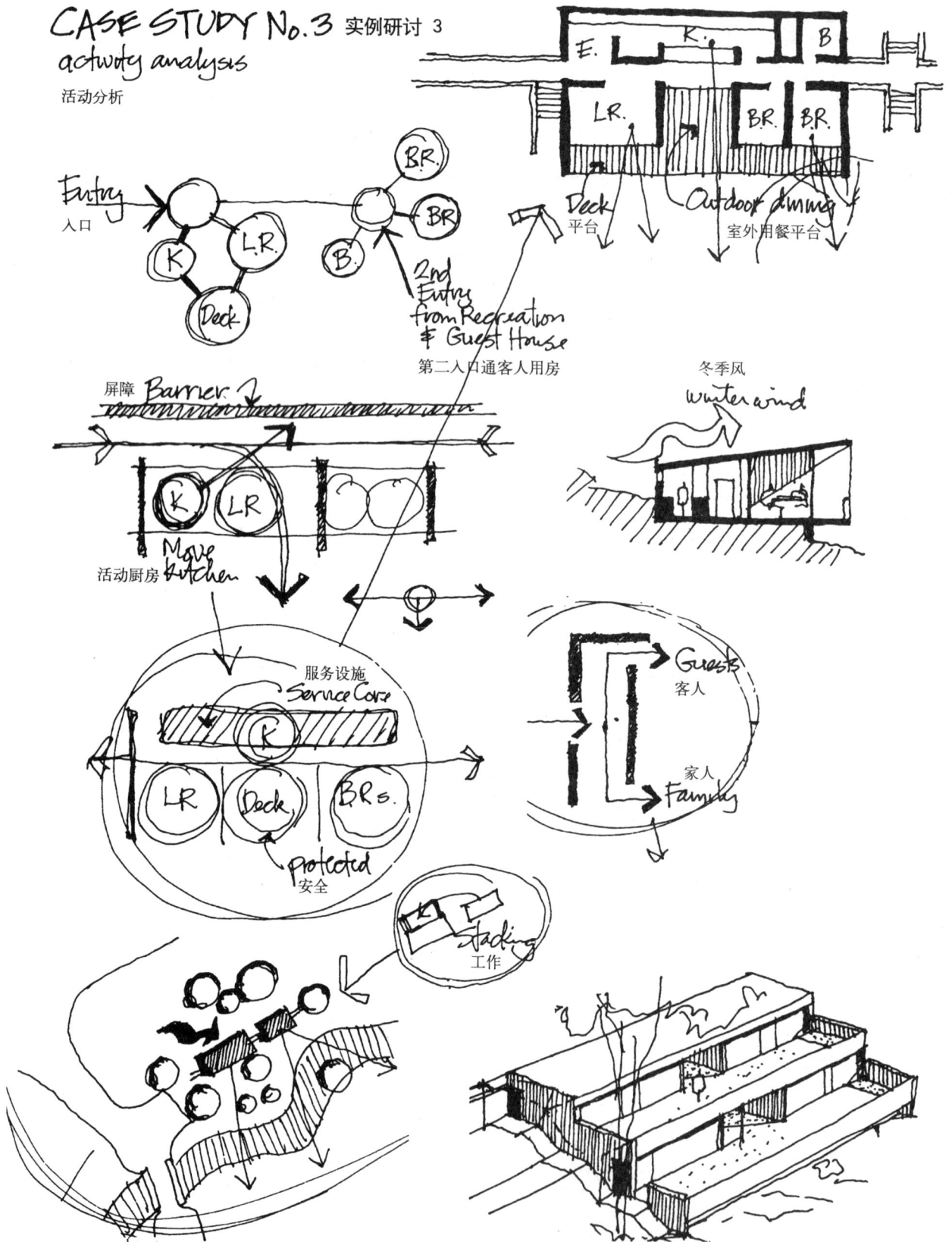

CASE STUDY No.3 实例研讨 3
activity analysis
活动分析

Entry
入口

B.R.
BR
K
L.R.
Deck
B.

2nd Entry from Recreation & Guest House
第二入口通客人用房

E.   K.   B
LR.   B.R. B.R.
Deck
平台
Outdoor dining
室外用餐平台

冬季风
winter wind

屏障 Barrier
K   LR
活动厨房 Move Kitchen

服务设施
Service Core
R
LR   Deck   BRs.
protected
安全

Guests
客人

Family
家人

stacking
工作

图 6-53

CASE STUDY No.4
Topography / Light / Air
地形 / 光照 / 空气

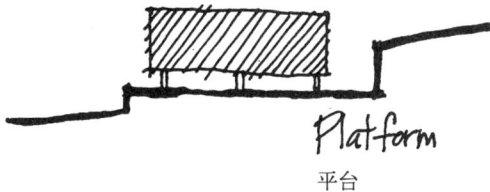

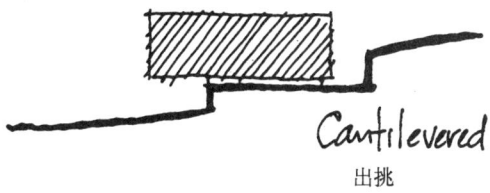

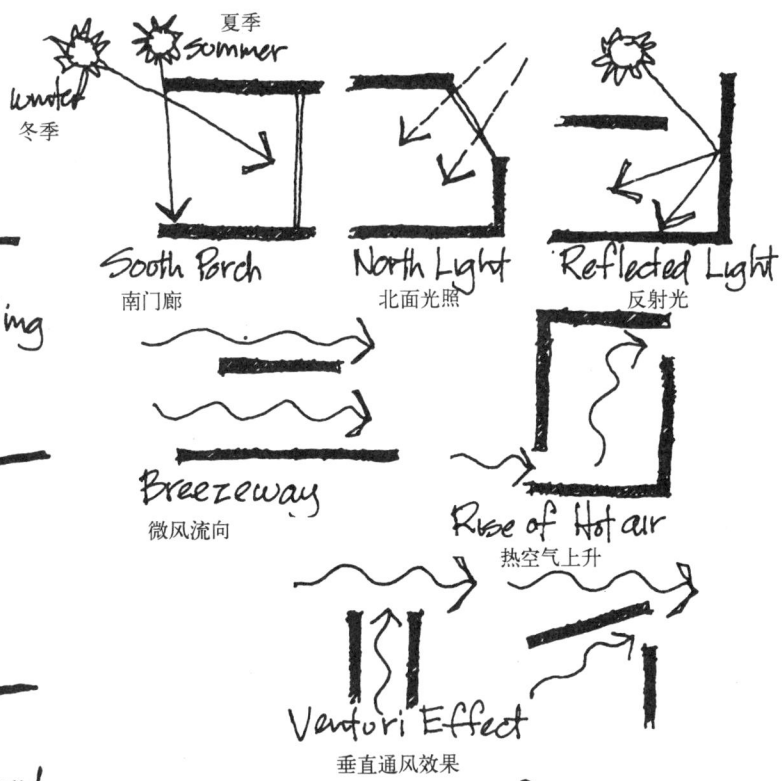

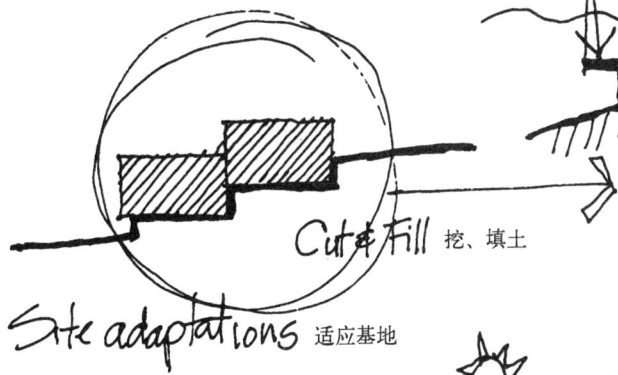

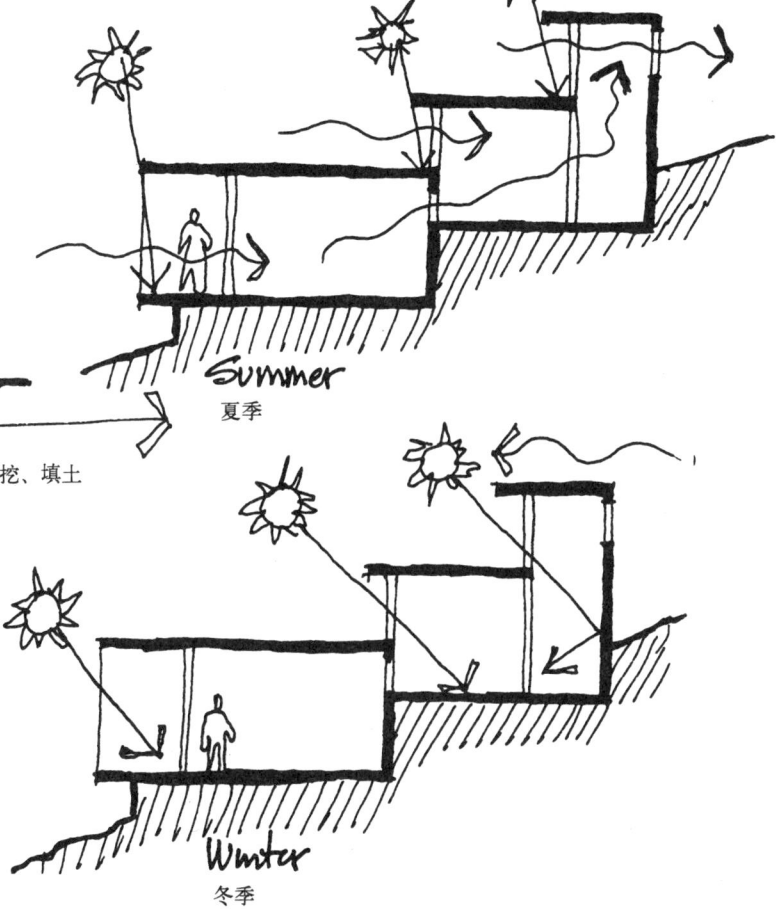

Freestanding
架空

Platform
平台

Cantilevered
出挑

Site adaptations 适应基地

Cut & Fill 挖、填土

夏季 Summer

winter 冬季

Sooth Porch
南门廊

North Light
北面光照

Reflected Light
反射光

Breezeway
微风流向

Rise of Hot air
热空气上升

Venturi Effect
垂直通风效果

Summer
夏季

Winter
冬季

图 6-54

解决设计问题的源泉 • **111**

CASE STUDY No. 5.
实例研讨 5

Enclosure / Planning Grid
围护体／布局网格

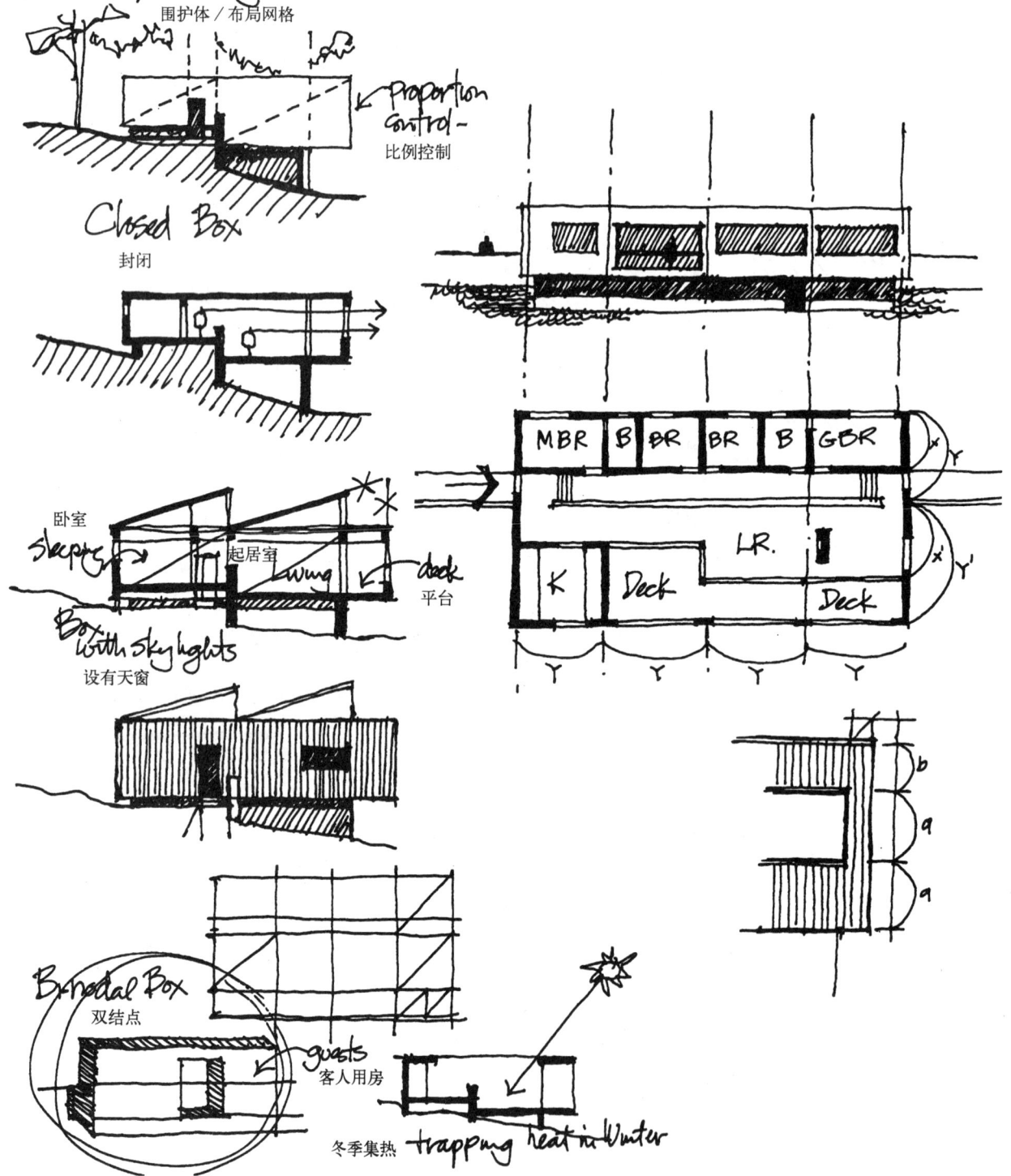

Proportion Control—
比例控制

Closed Box
封闭

卧室
Sleeping
起居室
Living
deck
平台

Box with skylights
设有天窗

MBR | B | BR | BR | B | GBR
K | Deck | LR. | Deck

b
a
a

Bi-nodal Box
双结点

guests
客人用房

冬季集热 trapping heat in Winter

图 6-55

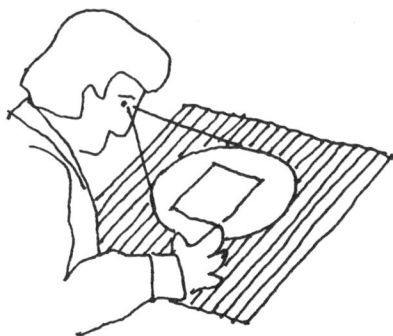

图 6-56　观察条件

抽象化与解决问题（ABSTRACTION AND PROBLEM SOLVING）

　　抽象草图(框图)的主要作用在于帮助设计师记忆大量的方案信息，也可直接用来作为各类设计变化的记录。作为图解式记录的草图，各图分类排列，其主要优点是可以从大量草图中即刻获得信息。有创造力的设计师往往成张，成张地画满各种建筑形式的草图和速写，记录自己的理解和解决问题的想法。

　　抽象草图(框图)必须简单、清晰才有效。如果包含的信息太多以致无法一目了然，草图就失去其有效性。但必须能提供足够的信息，并能勾勒出具有特征的设想。把草图(框图)的尺寸限制在一定视野范围内是控制信息数量的一个权宜办法。$8\frac{1}{2}$英寸 × 11 英寸的标准纸张适用于一个人的视野。草图可小到与五角硬币相似。当几个设计师成小组工作时，视野就得相应放大。考迪尔·罗利特·斯科特公司(Caudill Rowlett Scott)为小组设计而发展了"分析卡片"的技术。手掌大的速写和草图画在 $5\frac{1}{2}$英寸 × $8\frac{1}{4}$英寸的卡片上(我曾试用3英寸 × 5英寸和5英寸 × 8英寸的卡片，效果很好)。在分析问题和设计进程中，草图张贴在墙面供全组人员研讨。这样就能连续不断地即时展示设计小组的最新设想。此外的优点是卡片便于移动、提供了交流设计想法的灵活性。

　　为了图面清晰，墨水或者毡尖水笔比铅笔或者其他绘图工具更适用。线条的粗细应与观看者的距离相适应：细线条适宜个人观看，粗线条对小组比较合适。

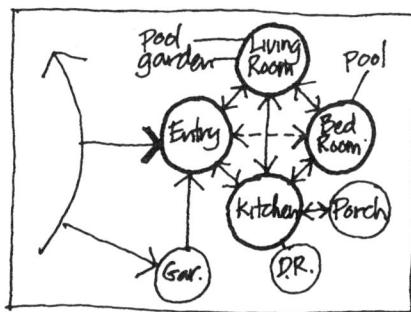

Too Complex 太复杂

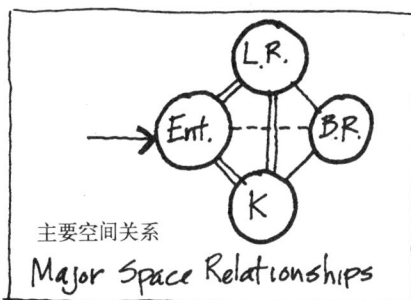

Major Space Relationships

Balance 恰当

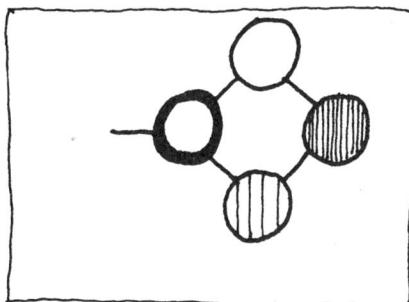

Too abstract 太简单

图 6-57　分析卡片

抽象化与解决问题 • **113**

图 7-1

7 探索（Exploration）

当建筑设计进入探索最后解决办法的阶段，针对缩小选择面而寻求最后决定时，也即进入精细推敲阶段，以求扩大可能性的范围。大多数建筑师不满足于既有知识来解决设计问题，他们要求同时扩大知识基础。建筑师是问题解决者也是机遇探求者。本章的图例致力于设计进程的深思熟虑，偏离准则，扩大思路和发展想像。

我们正刚开始理解人类未经探索的想像潜力。直觉、创造和想像传统上被认为仅属于极少数佼佼者的才能：发明家、艺术家、天才人物。很多创造力的研究者都分享克贝格和巴格诺尔的观点，认为大多数人都具有想像的基本才能，只是没有获得发展和应用的机会。

图 7-2

递增
ELABORATION
opportunity-seeking
寻求机遇

递减
REDUCTION
decision-making
抉择

Design Process
设计过程

"列出设计师所必须具备的'创造属性'和指出其内涵虽然并非难事，然而，社会的现实已使这一属性的发展成为一场严酷无情的斗争。实际发展和完善创造活动的特征就十分困难了，因为这往往是毫无报酬的辛劳，又必须持之以恒。确实是特别艰难的。而随时都准备接受创造产品的这个社会却一直在惩罚和怀疑这类产品所要求的创造'才能'，就因为产品非典型性。"[1]

使创造行为能够被接受是提高建筑设计创造性的首要条件。本章试图就速写帮助创造性思考方面提供更多的信息。如果我们能揭示围绕建筑师个人探索的某些神秘性，我深信，独特的才能就可以被认识并且成为具体而可以训练的技能。

探索可称为系统的探究或通过实践去认知未知的领域。图解思考中探索的目标是改变既定的形象，从而激发我们的思维。探索的途径如下：

1.可发展的开敞形象，能启发种种不同的概念或者看法。
2.形象的转化。
3.结构性的或者条理性的形象。

这三条途径旨在再次凝聚视觉思考。罗伯特·麦金说："再次凝聚视像基本上是天生的经验。对大多数人来说打破散懒的、类型凝固的和少见多怪的观察习惯是相当重要的教育任务。"[2]为了充分利用图画帮助图解思考，必须舒畅地进行探究，不能局限于某一焦点，让思想任意游荡，为意想不到的成果敞开大门。

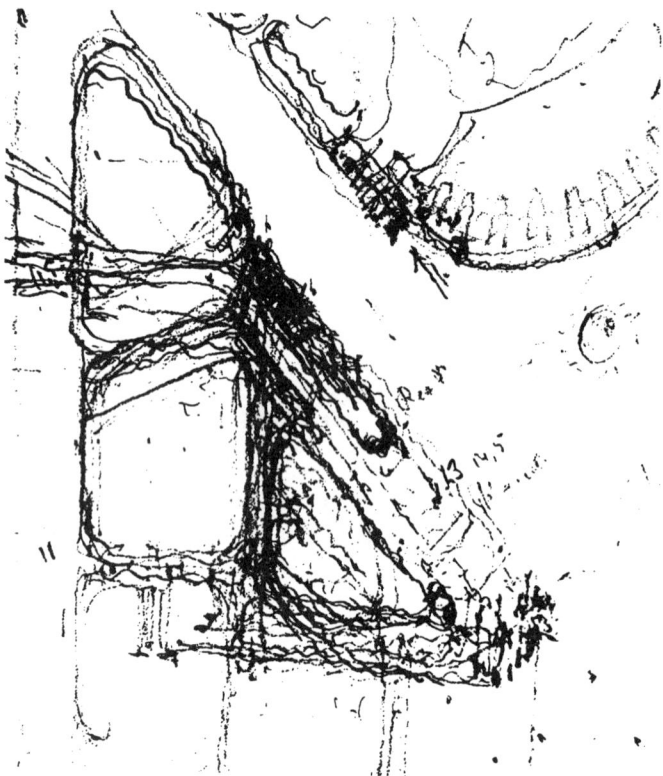

图 7-3　阿尔瓦·阿尔托绘

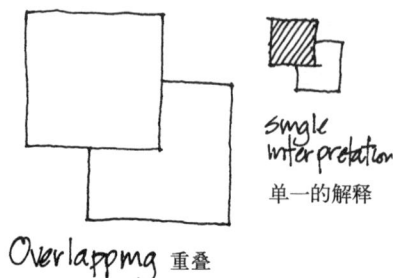

Overlapping 重叠

single interpretation
单一的解释

图 7-4a

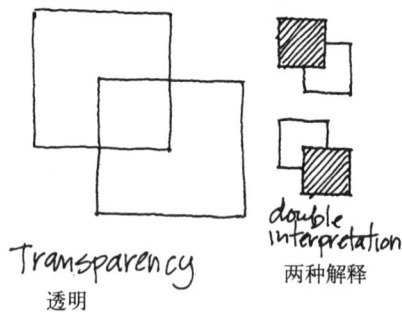

Transparency
透明

double interpretation
两种解释

图 7-4b

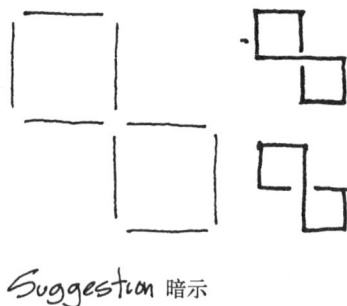

Suggestion 暗示

图 7-4c

可发展的开敞形象
(OPEN-ENDED IMAGES)

模棱两可、**大杂烩**和**多重意义**之类的字眼常用来形容艺术和建筑作品。这类作品可以同时从各个方面来"领会"、解释或者评价，因此往往被看成具有多重意义。设计草图也常带有与模棱两可相似的特性。设计师可用一般的术语任意、灵活地思考。我喜欢称之谓可发展的开敞形象。可借助透明性来取得这种效果。这一方法的传统基础是以重叠法显示位置的深度。现代艺术介绍了相互重叠产生透明的效果，使同一地位出现两个或两个以上的形象。从概念讲，透明性使设计师在确定空间地位或空间界限问题上有可能暂缓抉择。

求得开敞形象的另一方法是绘制不完全的、含糊的设计草图。由于只提供很少的信息，草图集中于最一般的要点，仅勾勒出基本的建筑特征。线条的不明确感使设计草图带有一种临时感。为了取得上述效果，有的设计师选用软铅笔以求产生非常模糊的线条。

开敞的设计草图往往能传达设计师的直觉和自信。请注意，插图中寥寥无几的线条所产生的效果。图面的空白处使观者的目光汇聚到图画的关键部分。为了获得效果良好的草图，用笔必须轻快、舒弛。草图本身应该是愉快的创造过程的产品，并不要求成为一幅完整的成品。

116 · *探索*

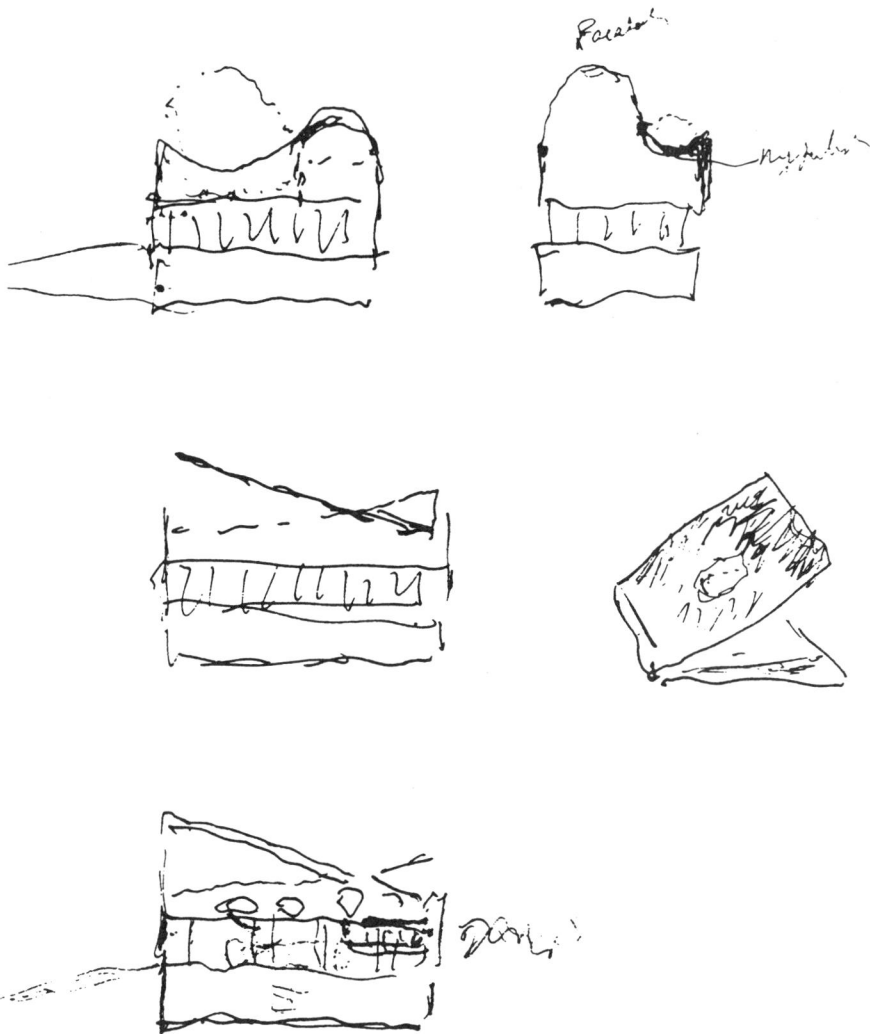

图 7-5　斯特拉斯堡某工程的构思图。勒·柯布西耶绘

图 7-6　弗吉尼亚大学化学馆构思图。路易斯·康绘

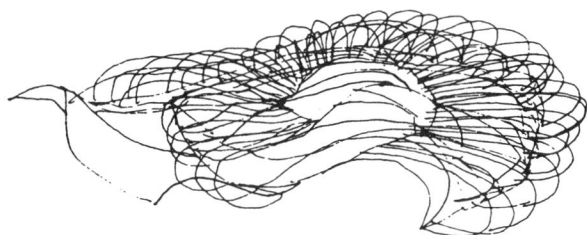

图 7-7　杰拉尔德·埃克斯莱恩(Gerald Exline)绘

TRANSFORMATIONS 变化

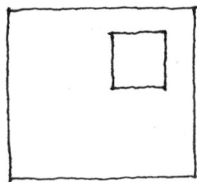

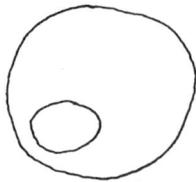

Topological 拓扑

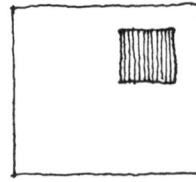

Ornamental 装饰

Reversal 逆转

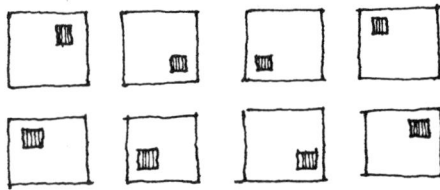

Distortion 变形

图 7-8　四种变化类型

变化（TRANSFORMATIONS）

可发展的开敞形象是为了引入形象的转变。无论如何，变化即是图解形象中的特殊变化。图解形象变化的可能性实际上是无穷无尽的。在此略举几个基本的转化类型：拓扑学式的连续性、装饰语法、逆转和变形。

图解变化十分有助于设计创造性的发挥。海伦·罗恩将创造力大致分为"准备、酝酿、作图和验证四个阶段……在酝酿阶段，促使个性从往昔的固定观念中解脱出来……因此当重新返回时就能用新的观念来观察问题。"[3] 变化，目的在于改变景象或者直觉，使熟悉的事物显得陌生。务必记住，准备阶段必须在酝酿阶段之前。建筑师的准备应沉浸在问题之中，熟悉各项不同的需要、脉络和形式。有待解决的问题一旦深深印入头脑，他就可以从可能的解决办法着手，通过变化现有的图解形象试图克服先入之见。

拓扑学式的连续性（Topological Continuity）

在数学中，"拓扑学"这一术语的定义为"几何形体特性的研究。这些形体甚至处于变形下只要

表面不损坏依旧保持其原有的特征。"[4] 图 7-9a 所示实例为拓扑学上相似而外观截然不同的两个具体物体如面团和杯子。从面团到杯子的变化显示物体基本表面关系如何保持完整，而其外形在捏压之后却完全改变了形式。

另一相同的拓扑学连续性对设计形象的处理手法颇为重要。建筑专业学生大多错误地把局部特定的处理当作局部之间的拓扑学的或根本的关系。要是图解画中的真正拓扑学特征被确认了，那么就可发现各部分之间存在众多的其他布置方式。

马奇(March)和斯特德曼(Steadman)比较了弗兰克·劳埃德·赖特(Frank Lloyd Wright)设计的三幢住宅，指出拓扑学式连续性的潜力：

赖特在三幢住宅中应用了一系列的"语法"，以起控制作用的几何图形布置平面并贯穿在细部中……三幢住宅看起来不同，其实存在一种拓扑学上的相同。要是每一功能空间以一个点表示，当两个空间相互连接时在它们的点之间画一条线……我们就会发现这三幢住宅的平面在拓扑学上是相同的，……由此可见，一个拓扑学式的结构可以变化出三种完全迥异的表现。[5]

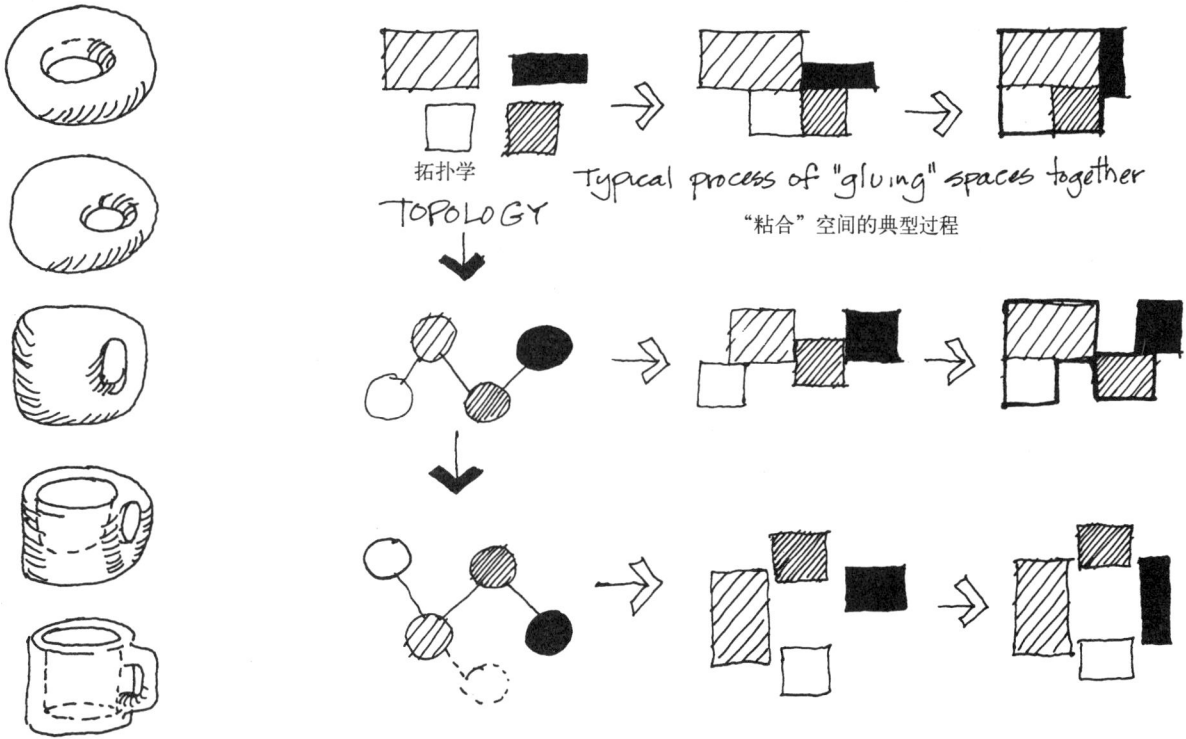

拓扑学

TOPOLOGY

Typical process of "gluing" spaces together

"粘合"空间的典型过程

图 7-9a　面团与杯子间的拓扑学上的相似

图 7-9b　拓扑学上相同的住宅平面的演变

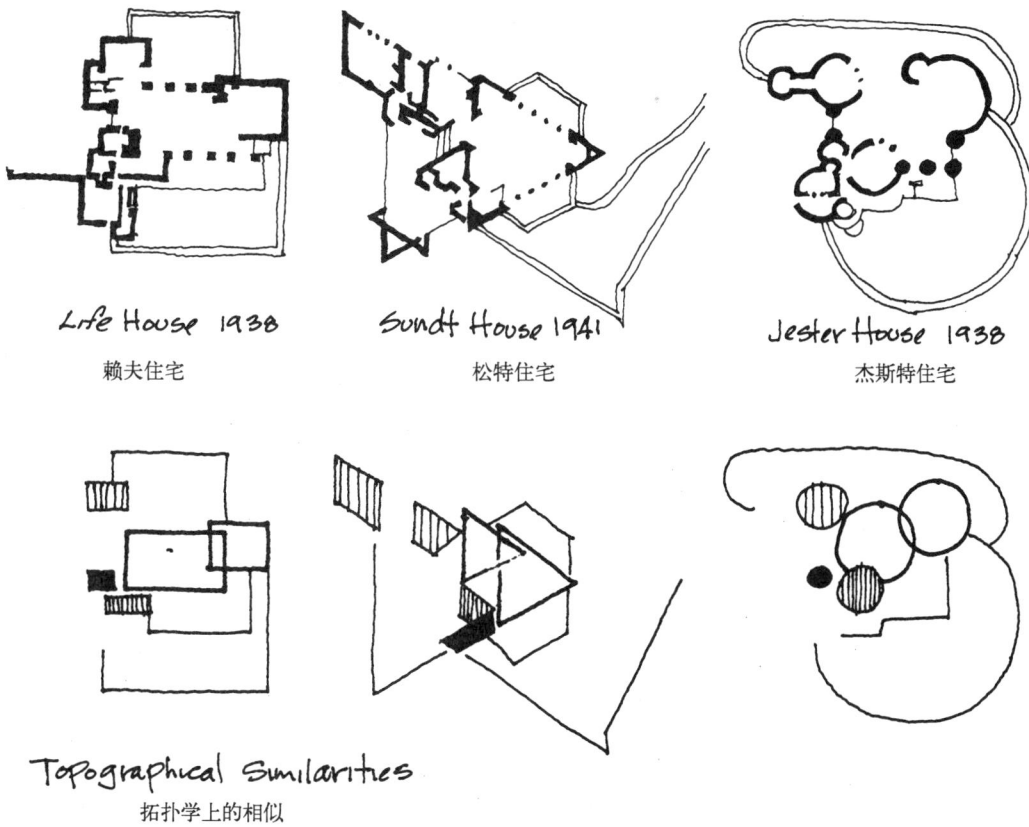

Life House 1938

赖夫住宅

Sundt House 1941

松特住宅

Jester House 1938

杰斯特住宅

Topographical Similarities

拓扑学上的相似

图 7-10　弗兰克·劳埃德·赖特所设计的三幢住宅的拓扑学式的结构分析

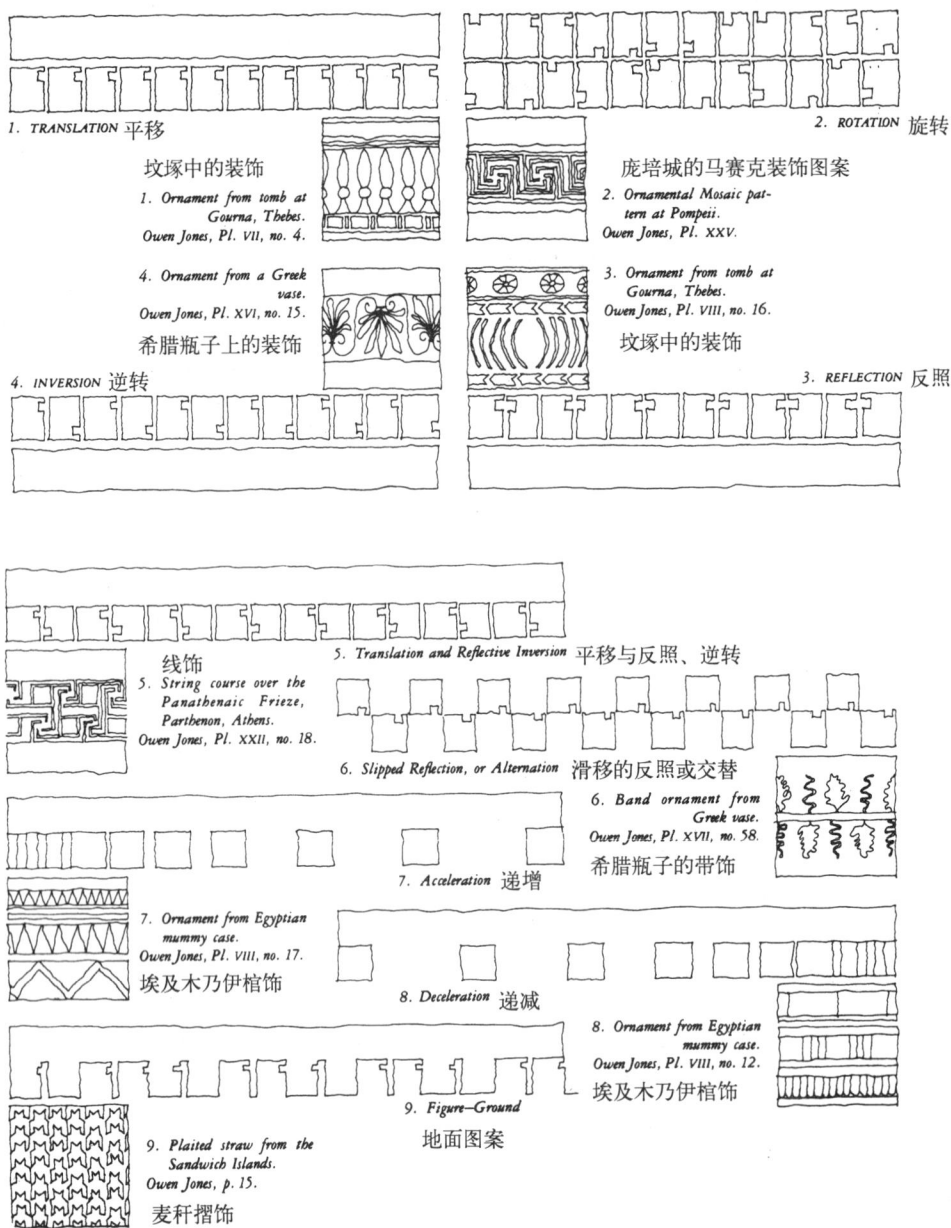

1. TRANSLATION 平移

坟塚中的装饰
1. Ornament from tomb at Gourna, Thebes. Owen Jones, Pl. VII, no. 4.

2. ROTATION 旋转

庞培城的马赛克装饰图案
2. Ornamental Mosaic pattern at Pompeii. Owen Jones, Pl. XXV.

4. Ornament from a Greek vase. Owen Jones, Pl. XVI, no. 15.
希腊瓶子上的装饰

3. Ornament from tomb at Gourna, Thebes. Owen Jones, Pl. VIII, no. 16.
坟塚中的装饰

4. INVERSION 逆转

3. REFLECTION 反照

线饰
5. String course over the Panathenaic Frieze, Parthenon, Athens. Owen Jones, Pl. XXII, no. 18.

5. Translation and Reflective Inversion 平移与反照、逆转

6. Slipped Reflection, or Alternation 滑移的反照或交替

6. Band ornament from Greek vase. Owen Jones, Pl. XVII, no. 58.
希腊瓶子的带饰

7. Acceleration 递增

7. Ornament from Egyptian mummy case. Owen Jones, Pl. VIII, no. 17.
埃及木乃伊棺饰

8. Deceleration 递减

8. Ornament from Egyptian mummy case. Owen Jones, Pl. VIII, no. 12.
埃及木乃伊棺饰

9. Figure-Ground
地面图案

9. Plaited straw from the Sandwich Islands. Owen Jones, p. 15.
麦秆摺饰

图 7-11　装饰的基本手法。托马斯·比贝绘

装饰语法（Ornamental Grammar）

托马斯·比贝在他的著作《装饰语法》(The Grammar of Ornament/Ornament as Grammar)中以图解阐明：在建筑体量处理和设计尺度上，装饰语言曾被现代运动的建筑大师所采用。在勒·柯布西耶的作品中尤为显著。他显示了装饰原理在传统训练方面的效果；揭示了取得丰富多变建筑形式的直截了当的方法。"柯布西耶早期的装饰训练使他掌握了熟练、宝贵的工作方法。由欧文·琼斯(Owen Jones)所创立，通过莱普拉特尼(L'Eplattenier)传授给他的装饰原则。成为柯布西耶在其毕生事业中一直运用的手段。"6

按照比贝的描述，

"装饰单元的四种基本手法：平移、旋转、反照和逆转。平移，最简类型的带型装饰(插图1)，由单元的重复构成，总是采取同一方向，沿水平轴线排列。

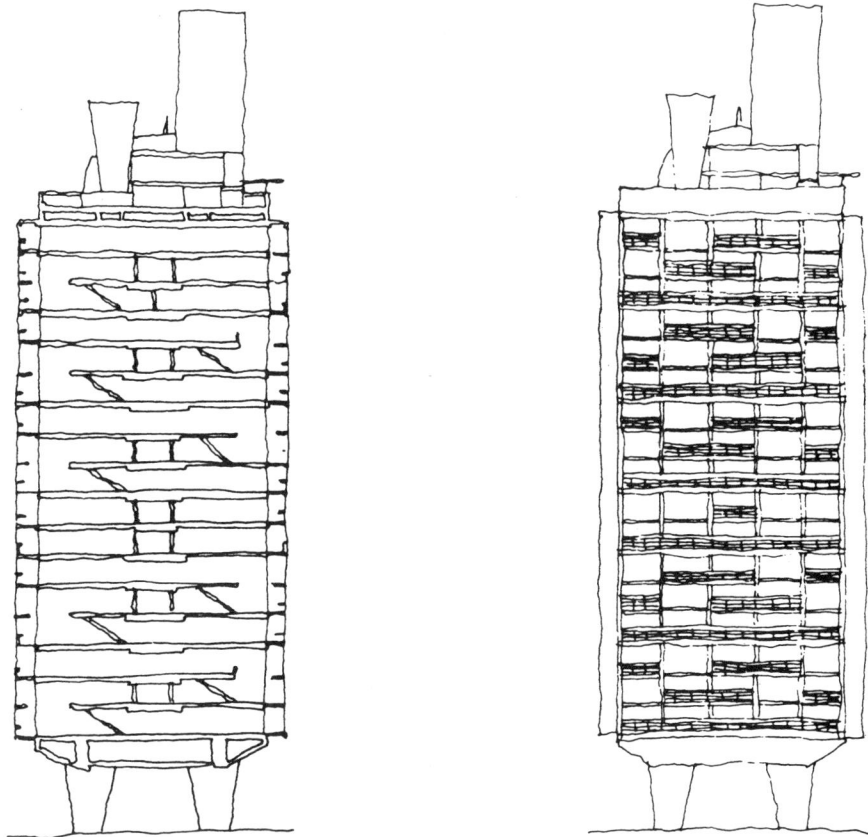

图 7-12　装饰语法的应用。托马斯·比贝绘

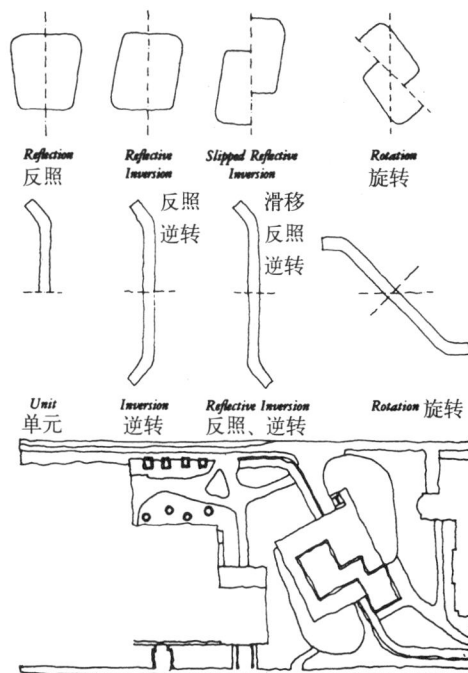

旋转(插图2)是环绕毗邻图案边线交叉点的单元重复，它解决了风车形和其他旋转形的构图。平移和旋转图案单元仅只是沿表面排列成直线或圆圈。但是反照和逆转图案单元却向空间翻转，露出底面。反照(插图3)单元在一边缘反转，产生对象或者镜像、对称的形式。逆转(插图4)单元则在中间水平轴反转。这四种基本手法的相互组合可以引出更为复杂的构图。最常见的可能是平移与反照相组合的方法。平移与反照、逆转相组合是另一典型的方法(插图5)。总之通过种种不同的方法来增加复杂性。诸如沿水平轴移位或者沿线滑动，在单元间留出空隙，产生滑动的反照或交替(插图6)……同样也可采用递增(插图7)或者递减(插图8)来增加复杂性，即通过减小或增大单元的尺度或者单元间的距离来求得韵律，其尺度可以随意变换。"[7]

Le Corbusier,plan for the Carpenter Center, Harvard University,Cambridge,Massachusetts, 1961-64.(Diagrams by autbor,plan after Le Corbusier.)勒·柯布西耶为哈佛大学设计的木工中心

Translation
转移

Slipped
滑移

Slipped Inversion
滑移逆转

Abstraction
抽象

Southern orientation
南向

Rotation 旋转

滑移旋转

identified central space
中心空间

Slipped Rotation

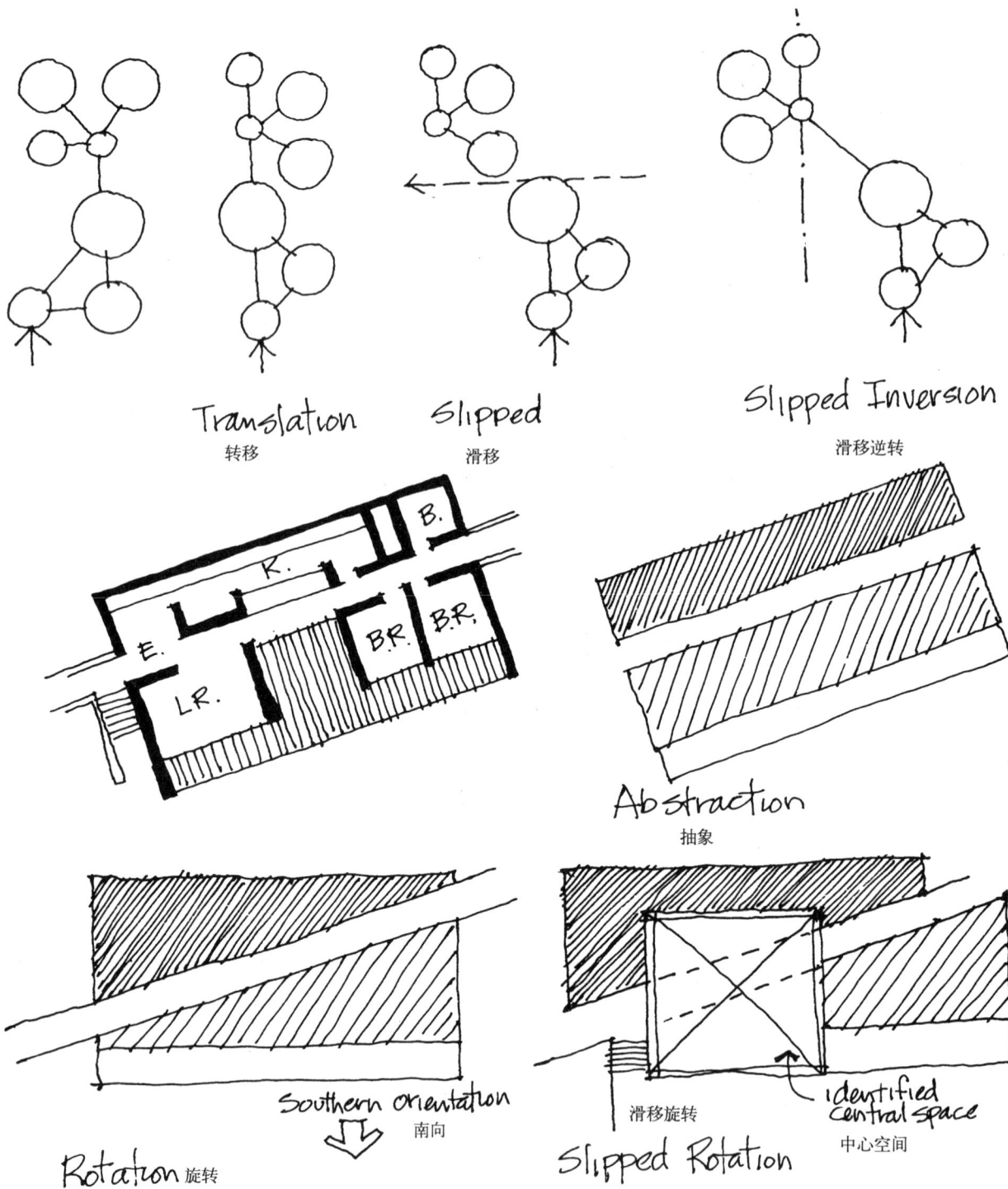

图 7-13　装饰语法的应用

Entry 入口

Court 庭院

Covered Porch 有盖门廊

Garden Court 庭院

Sculpture 雕塑

Entry 入口

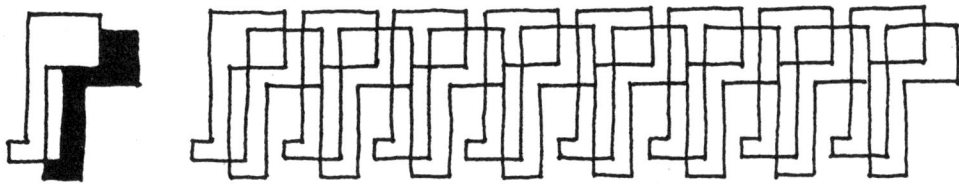

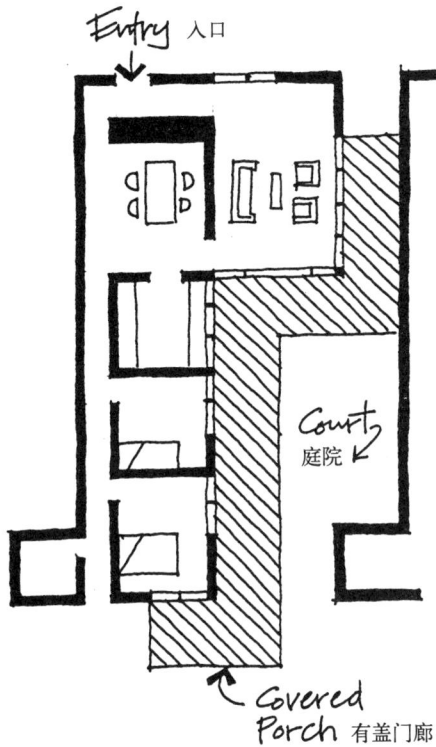

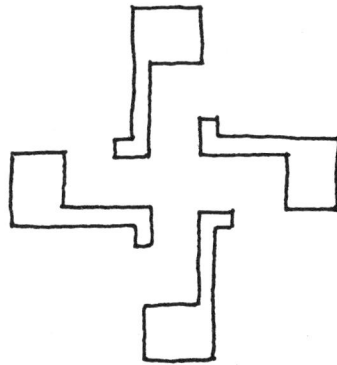

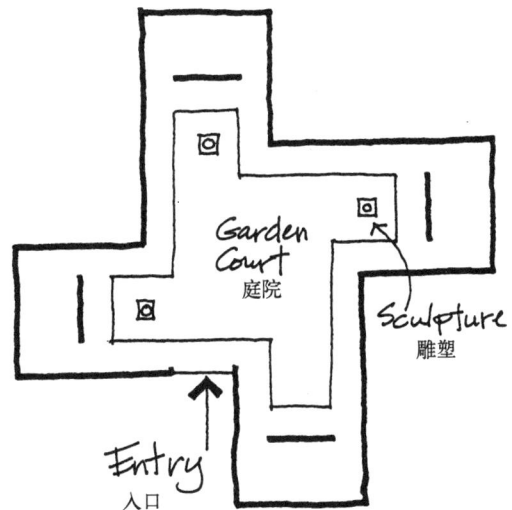

Museum / Rotation
博物馆　　　旋转

图 7-14　装饰语法的应用

　　装饰语法在建筑设计和规划上的含义是很值得注意的。在设计过程还有另外的意义。装饰语法可用来变化比较抽象的图解形象，往往能揭示新的设想。例如：取一圆圈的构思框图，通过旋转、反照或者逆转来改变解决问题的起点。另一方法以纲要性的平面为起点，从此作分析图，使设计想法降至基本要点，草图可通过某种装饰性的变化来发现与原设计结构不同的，已经变化了的想法或者见解。

　　如图所示，我们可以自由地试验形式，然后找出与任务书相吻合的形式来。

Taoist symbol
道教象征图案

浑沌
chaos →

Yin & Yang
阴和阳

Group 人群

Individual 个体的人

Oranges
橘子

blue/gray cloth
蓝/灰布

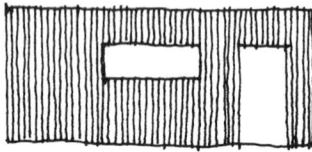

Wall 墙

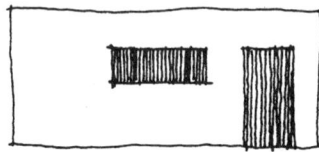

Openings 开口

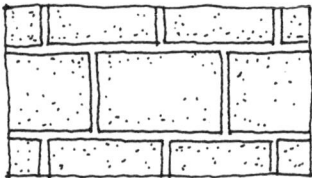

Material 材料

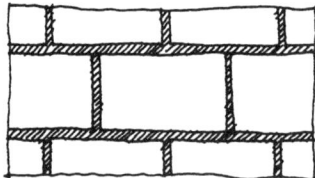

Joints 结合

图 7-15

逆转（Reversals）

逆转就其补体而言是焦点的变化。逆转的价值出自其对补体的质量。中国哲学家老子认为我们所见的万物之本质隐于不可见之中；人的本质不在肉体的外貌；建筑的本质也不在可见的结构。道教的图案，阴阳八卦以黑色衬底象征混乱和浑沌，两个旋转体分别为阴和阳。以对比的补体建立秩序，昼和夜，音符和停顿，主动和被动。理想状态，完美无瑕被用符号表现作为对立物间的动态平衡：群体的人被个体的人所限定，而个体的人又被群体的

人所限定；橘子的色彩随着背景的变化而变化。

建筑上的互为补体的例子是墙面与豁口，材料与材料之间的连接，垂直与水平，直线与曲线。把对形象的强调转向其补体或者对比体，都可改变我们的感觉。最简单的逆转形式为"地盘轮廓图"。图7-16是以圣马可广场为主题的两幅简图。其一，房屋用黑色表示；其二，房屋用白色表示。同时注视这两幅简图就能更好地理解房屋与空间，以及两者间的关系。地盘轮廓图可用于研究房屋的立面、样式、外形、体量和许多其他的问题。

图 7-16　圣马可广场的地盘轮廓图

Open View
开敞视野

Controlled View
(evokes imagination)
限定视野（引发想像）

Attempt to hide
column in wall
意图把立柱隐藏在墙内

Exposed Column
暴露立柱

朗香教堂

Predominant orientation
of Beach House
河岸住宅的主要方向

展示
Exposure

Enclosure
围栏

Water/Beach
海 岸

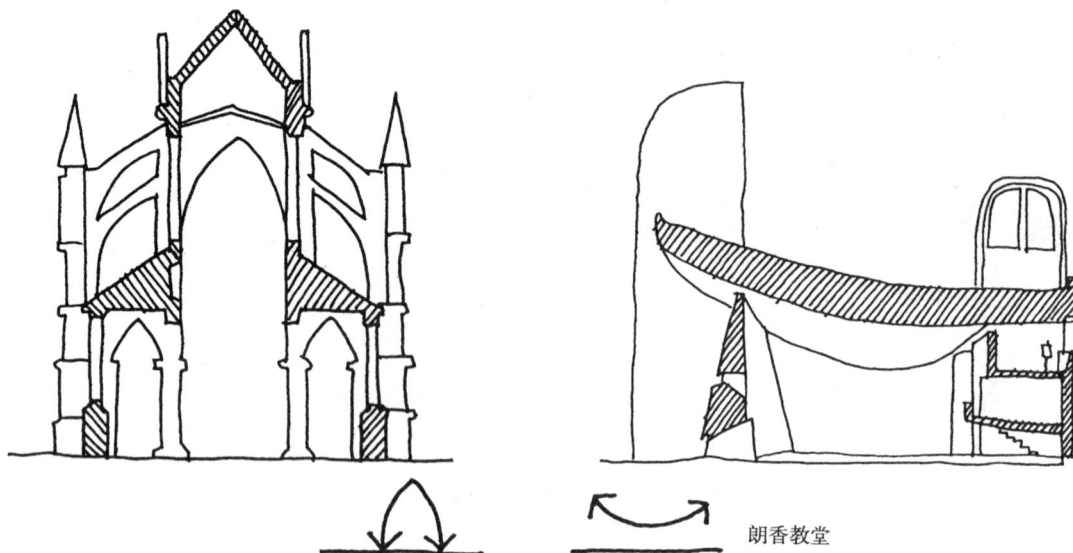

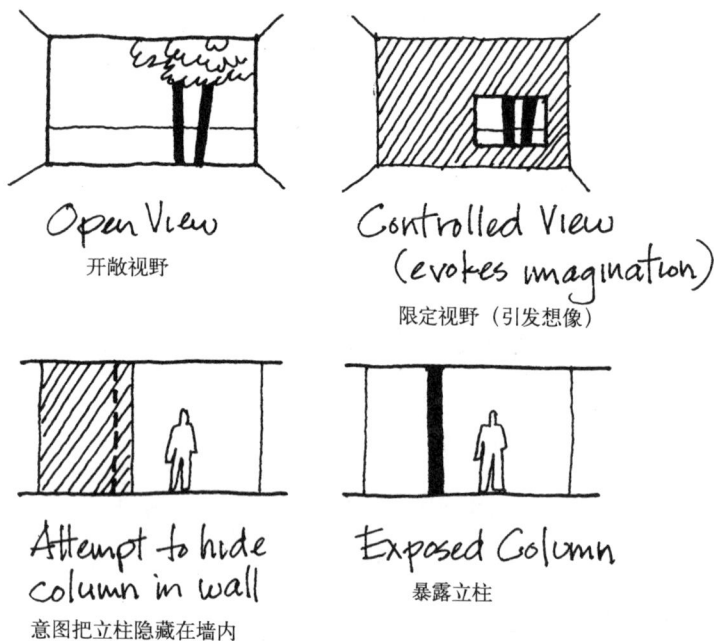

图 7-17　建筑经验的逆转

逆转的另一种类型是经验的逆转。如果一座教堂的正规动态经验是从小尺度渐次进入大尺度空间，那么尺度的逆转就会产生一种新的形式。要是正规的岸边住宅是开敞的，朝向景色，那么通过逆转法就使之引入封闭，朝向内庭。日本的茶室以墙隔绝外景，目的在于加强通过小窗户见到的景色。有时设计师尽力想隐匿房屋构件，结果却反而强调了这一构件。

图解形象也可用于逆转思维过程。不把空间设想成气泡的粘结(圈框图)，而设想成从一个固体切割而成(图 7-18a)。

1. 要是流通序列被看做空间系列，那么就代之以通道上的聚集(图 7-18b)。
2. 当某一学生在设计中遇到了障碍或者思想迟滞，难以发展想法时，我就向他建议将原设计课题强制变为具有一般用途的强烈对比性课题或者使用功能，如像附在一家餐馆内的银行业务；在乡村俱乐部环境中设医疗点和一个工厂内设住宅。

图 7-18a   感觉的逆转，虚对实的空间

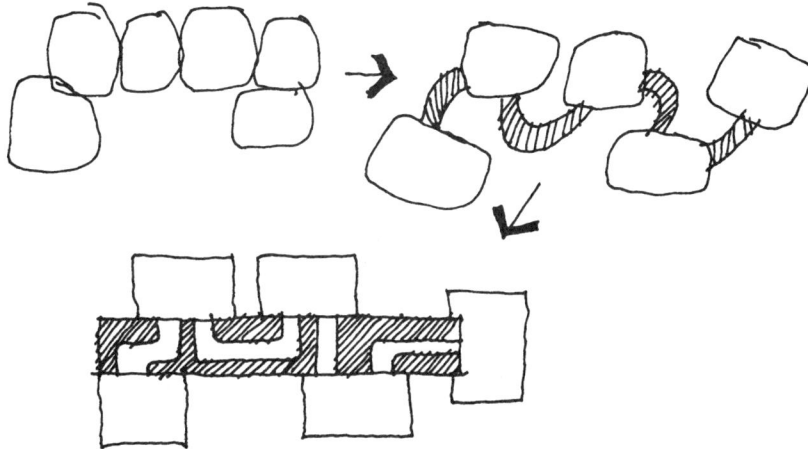

图 7-18b   环对节

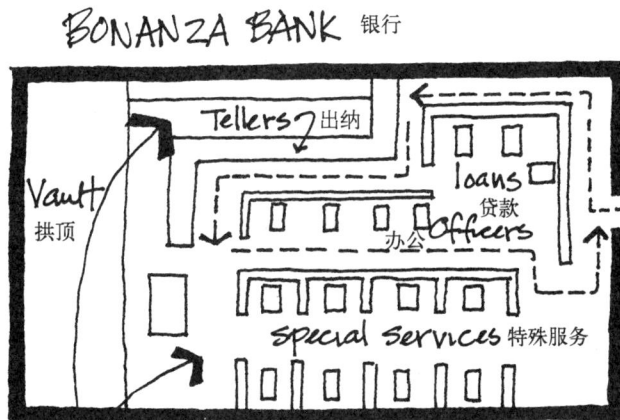

BONANZA BANK 银行

Tellers 出纳
Vault 拱顶
loans 贷款
Officers 办公
special services 特殊服务

Tellers don't usually work this way What would happen if they worked as a team? Would the customer feel he is getting more service?

出纳通常不如此工作，如果采取小组工作法将会发生什么效果？顾客对服务会感到更满意吗？

Perhaps a more relaxed, accessible atmosphere would be helpful

或许会更多些轻松、亲切的气氛，对工作会有所裨益的

图 7-18c   餐馆对银行

图 7-19a　阳台，1945 年。临摹 M·C·埃舍尔的平板画

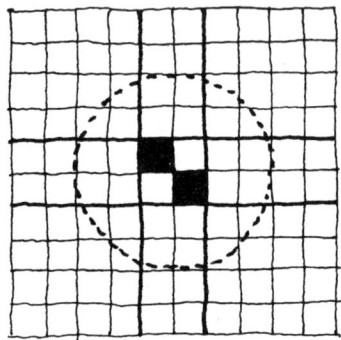

(b)　Normal Grid　正常方格

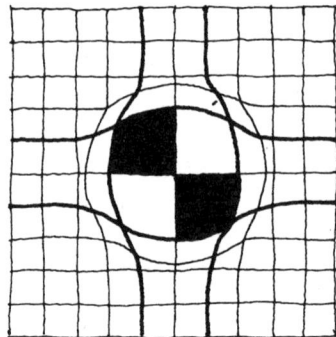

(c)　Distortion　扭曲方格

图 7-19b,c　平板分析

变形（Distortion）

　　荷兰艺术家 M·C·埃舍尔(M.C.Escher) 以文艺复兴的表现体系为基础，通过视错觉创造奇妙的幻想世界。他所画的变形画面戏剧性地改变了人们对现实的观念。采用与世界地图的投影法相逆转的方法，他把方格蒙上传统的画面，然后将中央部分放大一倍。变了形的方格就成为作画的参照体系。

　　方格控制法可用作其他类型图画的简单变形方法。就我们的要求来说，格子应该始终十分简单以保持速写风格。本页的圆圈图例和下页的建筑平面都显示采用格子变形的若干可能性。形象尺度的简单放大和缩小都能产生变形的效果。此外，还有些特殊的投影技巧，如360°视域也都是变形速写的有力手段。

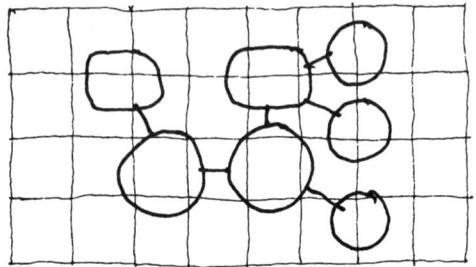

(a)　Normal Grid　正常方格

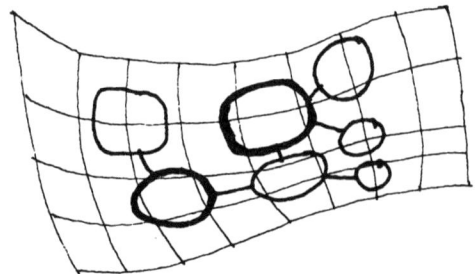

(b)　Distortion　扭曲方格

图 7-20a,b　圆圈图的变形

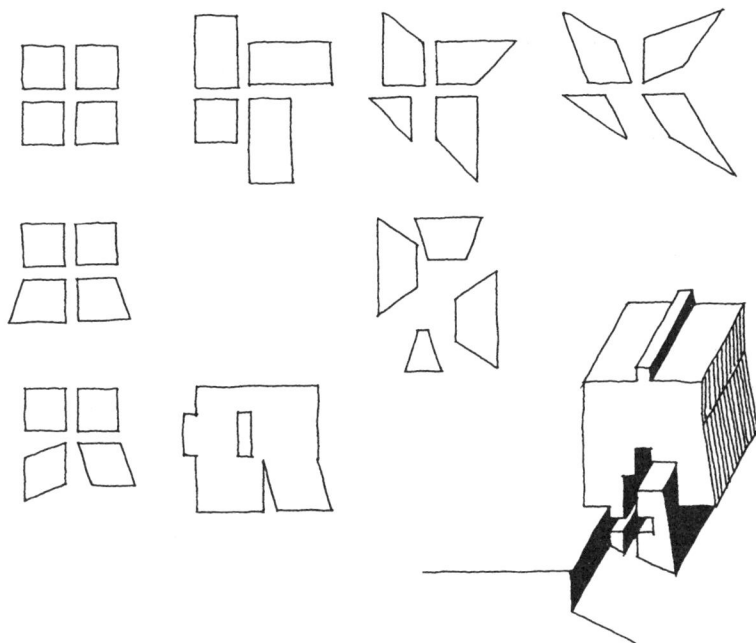

图7-22　扭曲的变化

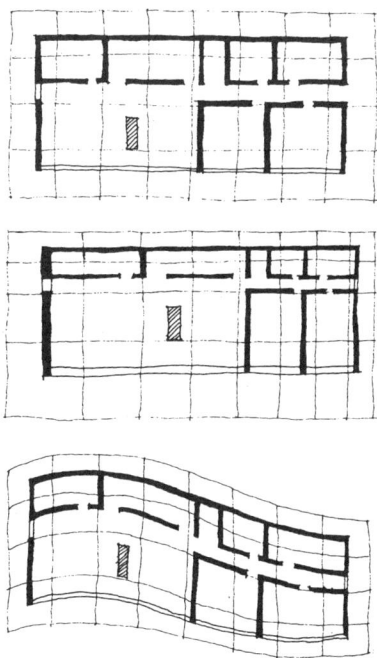

图7-21　平面草图的扭曲

图7-23　扭曲的投影

变化 • **129**

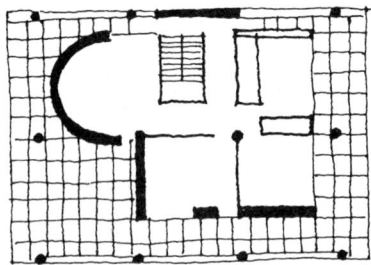

Villa at Carthage 位于迦太基的别墅

图7-24 位于迦太基的别墅。建筑师：勒·柯布西耶

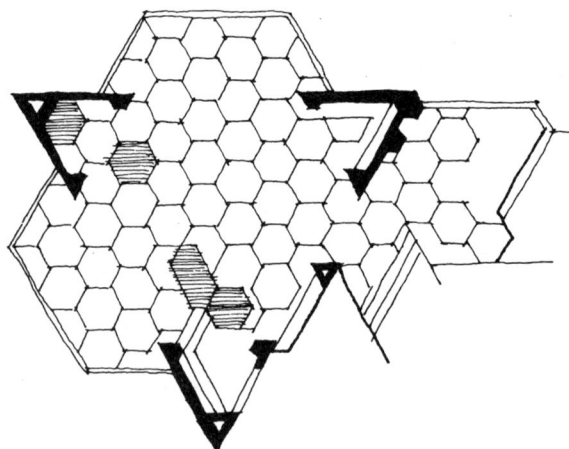

Baroque Planning Grid 巴洛克式的布局网格

图7-25 临摹 C·诺伯格·舒尔茨(C.Norberg-Schulz) 的空间单元结合体系

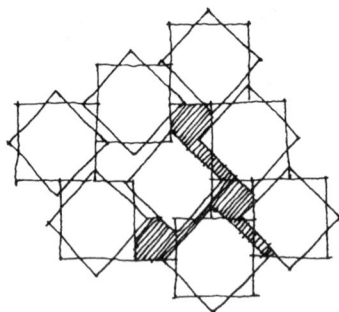

Planning "Field" 平面网格

图7-26 芝加哥伊利诺伊大学建筑与艺术大楼。建筑师：SOM事务所的瓦尔特·内奇

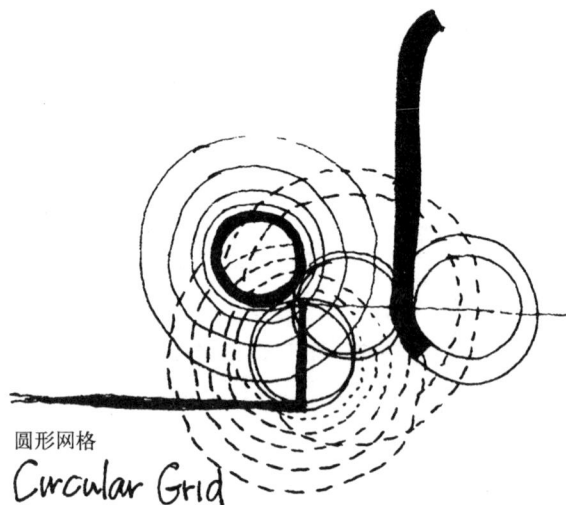

图7-27 松特住宅。建筑师：弗兰克·劳埃德·赖特

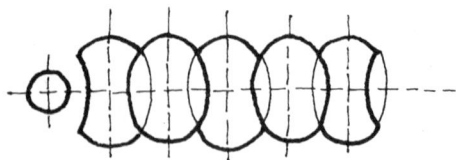

圆形网格
Circular Grid

图7-28 帕帕尼切住宅。建筑师：P·波尔托盖西和V·吉廖蒂

结构化或有序化的形象
(STRUCTURING OR ORDERING IMAGES)

彼得·卡尔(Peter Carl)对勒·柯布西耶所发展的"自由平面"作了精细的观察。在此，以位于迦太基的别墅平面作为代表。"这一创作的重要性是双重的：网格和分层次空间用作脉络手段，各空间性能就寓于这些关系之内。"[8]这是形象变换的另一种方法的基础，也即应用有序化手段建立人为的脉络，从中取得新的反应。

当然，几何图形的空间和形式并非是新的创见。早在18世纪，K·I·迪岑霍费(K.I.Dietzenhofer)就应用相互衔接的椭圆形组成他的巴洛克教堂平面。弗兰克·劳埃德·赖特应用直线三角形和圆形网格作为住宅设计的基础。更近的例子是瓦尔特·内奇(Walter Netsch)所设计的一幢房屋，以两个方形格子为基础，相互成45°重叠，而波尔托盖西(Portoghesi)和吉廖蒂(Gigliotti)却以圆形网格来设计房屋。[9]

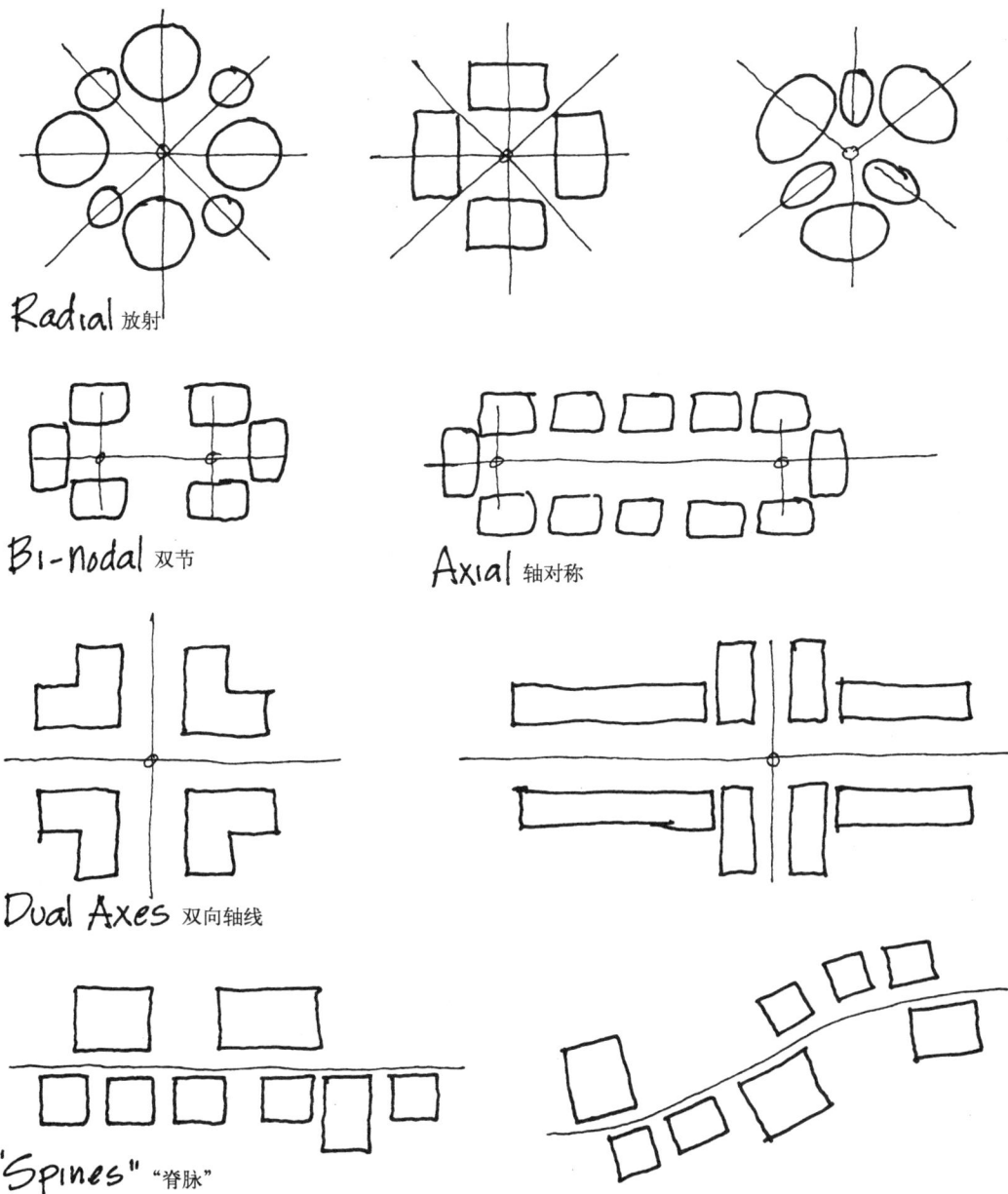

Radial 放射

Bi-nodal 双节   Axial 轴对称

Dual Axes 双向轴线

"Spines" "脊脉"

图 7-29　基本排列组合

　　点和线可用以表达有序化的功能或空间，将信息变换成新的形式。点为多种多样类型的放射构图提供聚焦。当两个点靠得很近时就成了双节构造；但当两个点远远分开形成一线时，就为轴线布局敞开了大门。轴线规律包括：双向轴线、主次轴线、平行轴线。线条也可用作"脊脉"以聚集和组合种种不同的空间。这类线条被称为准线，可以是直线，也可以是曲线。

　　上图表示点和线的基本规律加以扩大或组合可形成不同复杂程度的多种有序化构图。图例并非成套备用的设计方法。仅只是可行的手法介绍。每个设计师都可发展适合他自己的方法。

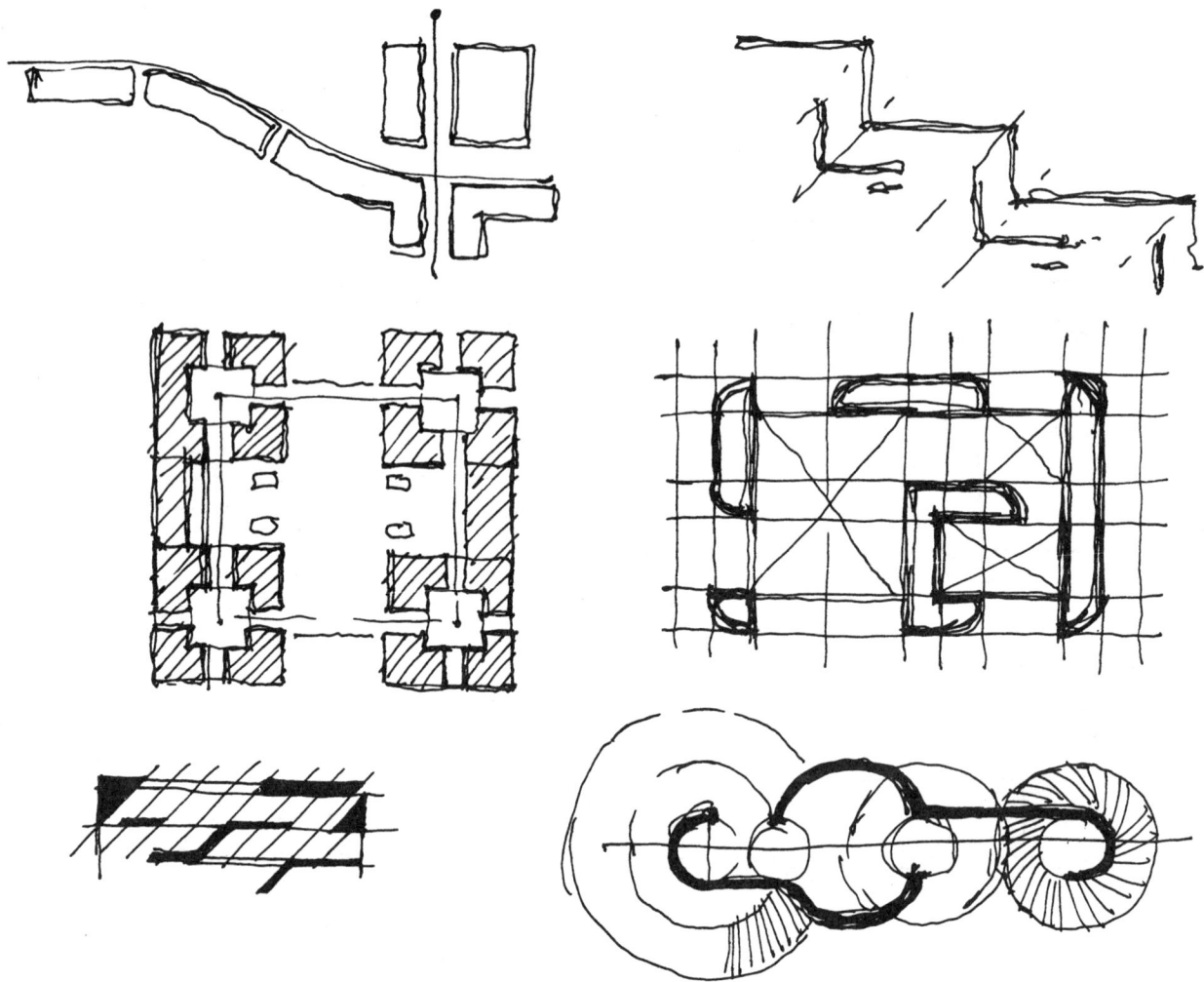

图 7-30　有序排列、组合的扩展

矩阵图（Matrix）

矩阵图还提供应用序列来变换图像的另一方法。图7-31显示矩阵的基本应用：其顶横项为房屋基地布置的不同设想，其垂直项为不同程度的连接方式。通过两者的组合可发展众多的形式。图7-32(取自学生作业)是为都市地区发展选择组合形式所作的探讨。左端直项为基本规律，右边为城市街段的不同组合图。从中可以形成种种不同的见解。

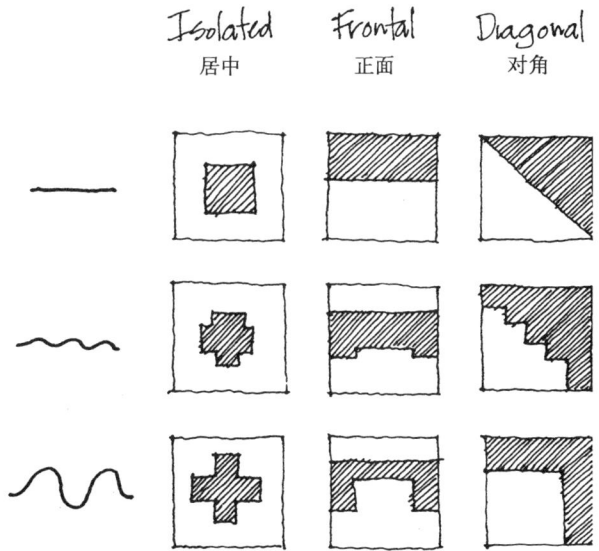

Isolated 居中 Frontal 正面 Diagonal 对角

Building massing study 建筑实体研究

图 7-31　建筑体量更迭的矩阵图解

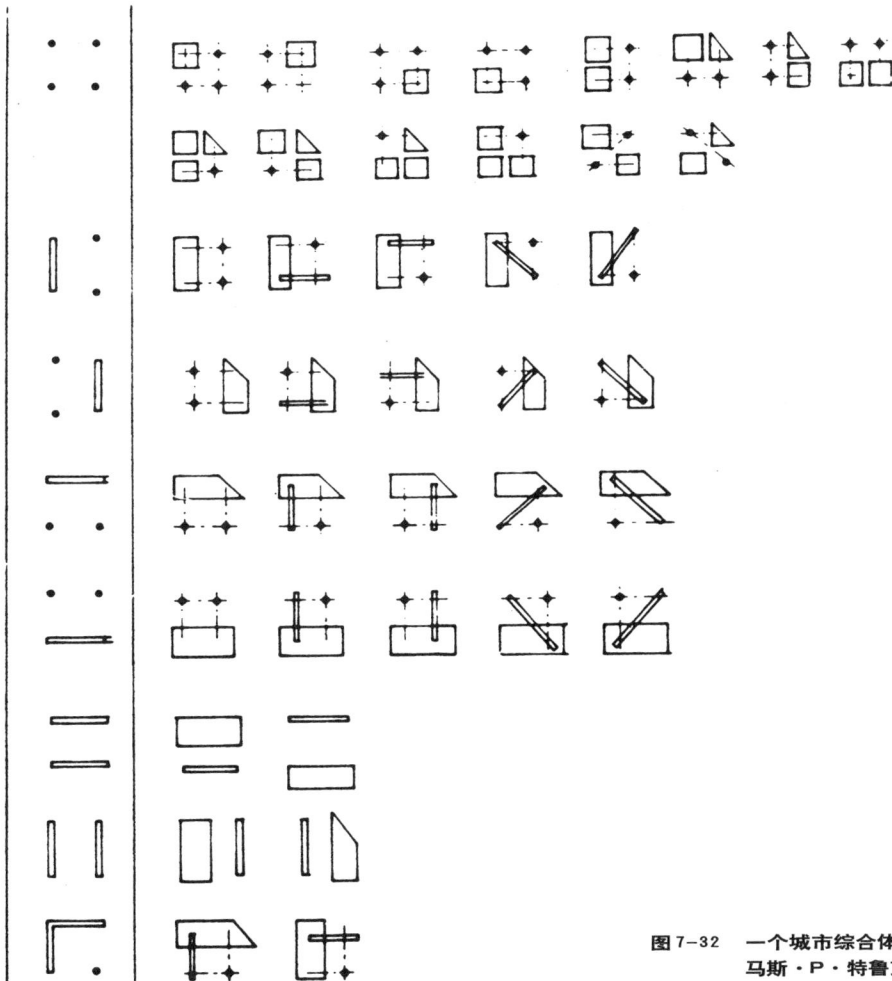

图 7-32　一个城市综合体的选择，组合形式的矩阵图解。托马斯·P·特鲁克斯绘

图 7-33　阿尔瓦·阿尔托绘

呈角锥体增长的可能性 (A Pyramid of Possibilities)

　　我希望读者在熟悉本章的速写、草图技巧，摆脱刻板的思维后所获得的松弛和自由将为建筑设计展现无限兴奋的新前景。这是能量充沛的经验，又是使人心醉神畅的经验。让我们摆脱拘谨，尽情享受内中的乐趣吧!

　　探索的部分潜力出自设想哺育设想这一事实。当图解思考的轮子轻松滚动时，成组的设想就呈角锥体迅速增长，如果每次产生两个新形象，设想的发展就十分令人惊叹了。不过，对许多设计师来说，这是个很有疑问的"如果"。他们往往害怕由于追逐直觉或者沉迷于自由结合的幻想中而"浪费时间"。要设计师对想法暂时悬而不决也非易事，甚至在还未将想法表现在纸上之前就加以删改。因

此，也就绝无机会对自己的想法投以超然自身的新的目光。其处境犹如从来不把自己的音乐为他人演唱的歌曲作者。在孤独中，他可能发展自己的音乐到一定程度，但是未经公众的考验，他的发展就会受到妨碍。

　　如果我们细致观察有些建筑师的摘记和速写，思维的迅速发展是明显可见的。其发展又是分散和多方面的，注意力从平面和总本面转向窗户和把手的细节。速写的形式也变化多端，有的建筑师着重于平面，以此作为设计意图发展的运载工具，有的则专注于立面，也有的建筑师，其兴趣在于透视速写。

图 7-34　托马斯·比贝绘

本章讨论了速写手法的应用，作为设计酝酿和创造过程的助手，但是至此仅只涉及提高创造力的一部分有效资料。有关课题的优秀著作可参见本书末的参考书目表中，小标题为创造力的部分。下列实用手法动词表摘自科特·汉克斯（Kurt Hanks），莱瑞·贝利斯顿（Larry Belliston）和戴维·爱德华兹（Dave Edwards）[10]所著的《自己设计》（Design Yourself），或许有助于激发你的思维。

手法动词（MANIPULATIVE VERBS）

Multiply 倍增	Relate 涉及	Bypass 回避	Complement 补足
Subdue 缓和	Protect 保护	Lighten 减轻	Soften 软化
Transpose 互换	Symbolize 象征	Stretch 伸展	Concentrate 集中
Delay 延迟	Divide 分隔	Extrude 突出	Add 添加
Flatten 平整	Invert 逆转	Segregate 分离	Repeat 重复
Submerge 淹没	Unify 统一	Abstract 抽象	Adapt 适应
Weigh 重压	Disort 变形	Eliminate 排除	Repel 抵制
Fluff-up 蓬松	Squeeze 压缩	Separate 分开	Integrate 结合
Subtract 削减	Freeze 凝固	Search 探索	Dissect 分割
Thicken 加强	Destroy 破坏	Rotate 旋转	

结构化或有序化的形象 • **135**

Pyramid of
ideas

思维的金字塔

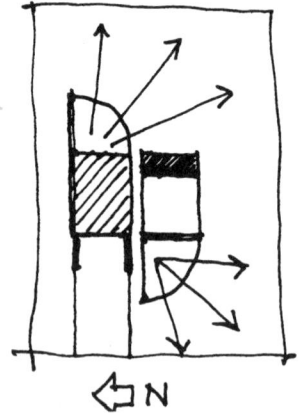

⟵N

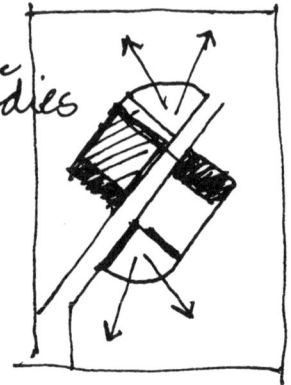

House
Studies

住宅研究

阳光
Skylight

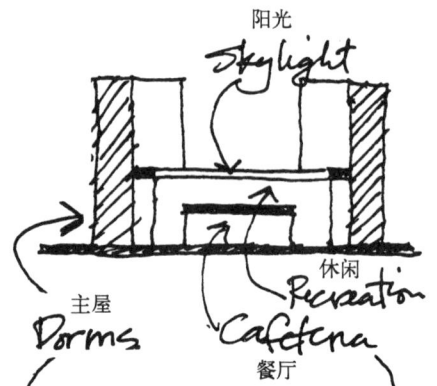

主屋
Dorms

休闲
Recreation
Cafeteria

餐厅

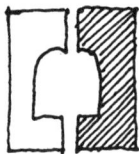
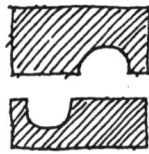

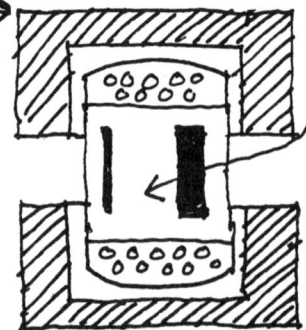

图 7-35

136 • 探索

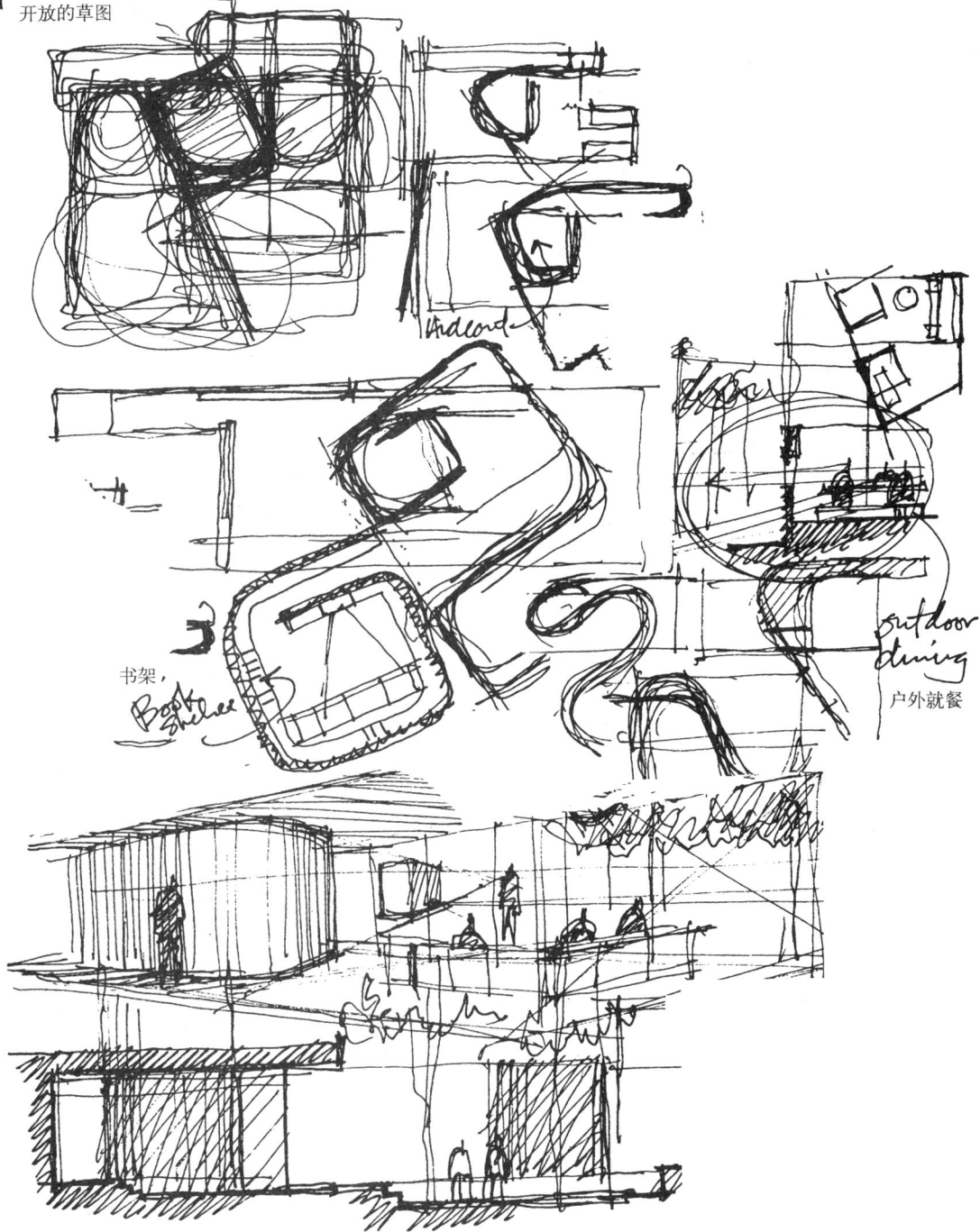

CASE STUDY No. 2. 实例研讨 2
open ended drawings
开放的草图

书架，
Book
Shelves

outdoor
dining
户外就餐

图 7-36

CASE STUDY No.3 实例研讨 3
reversals/
反转

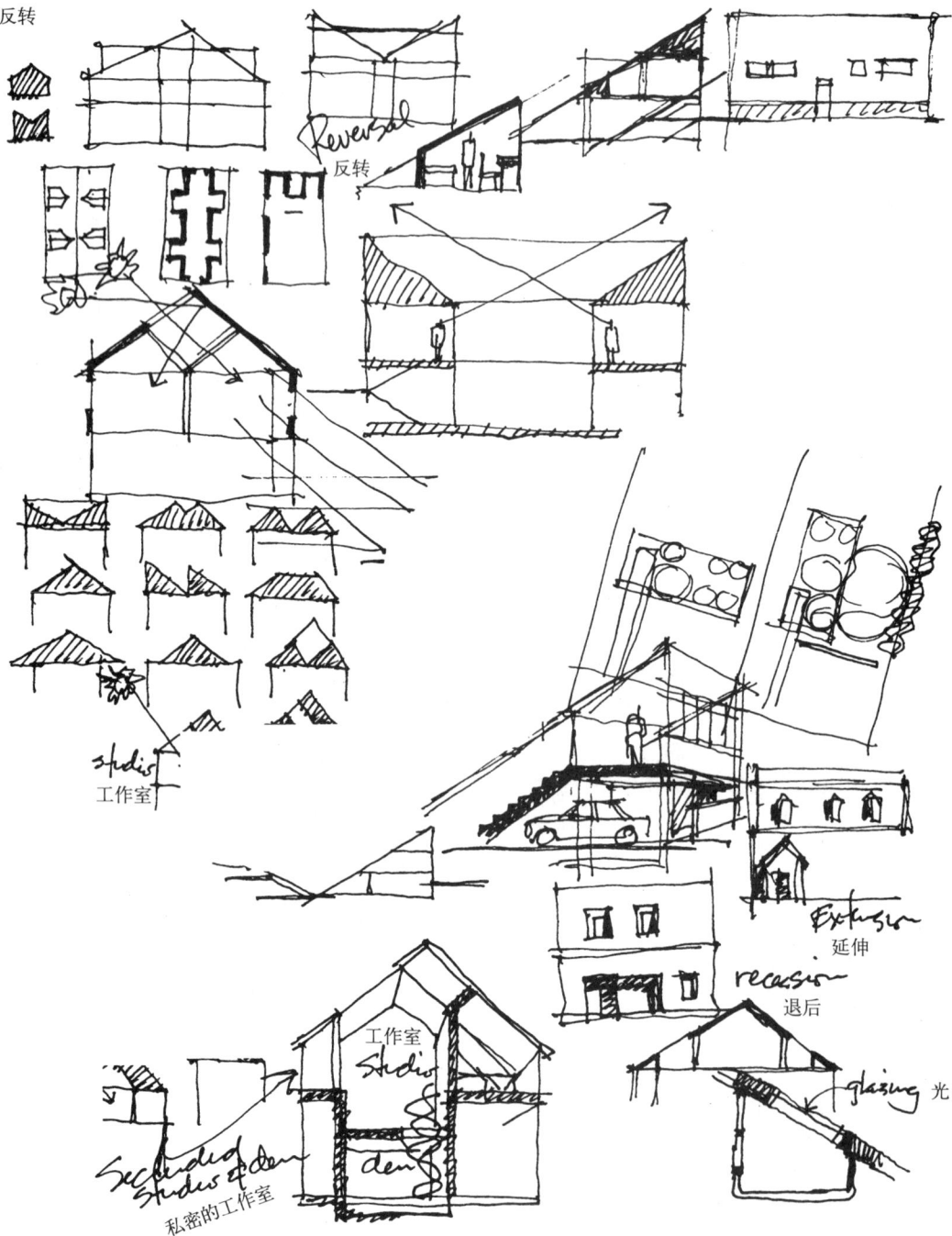

Reversal
反转

studio
工作室

Extrusion
延伸

recession
退后

工作室
Studio

glazing 光

Secondary
Studio & den
私密的工作室

den

图 7-37

138 ● 探索

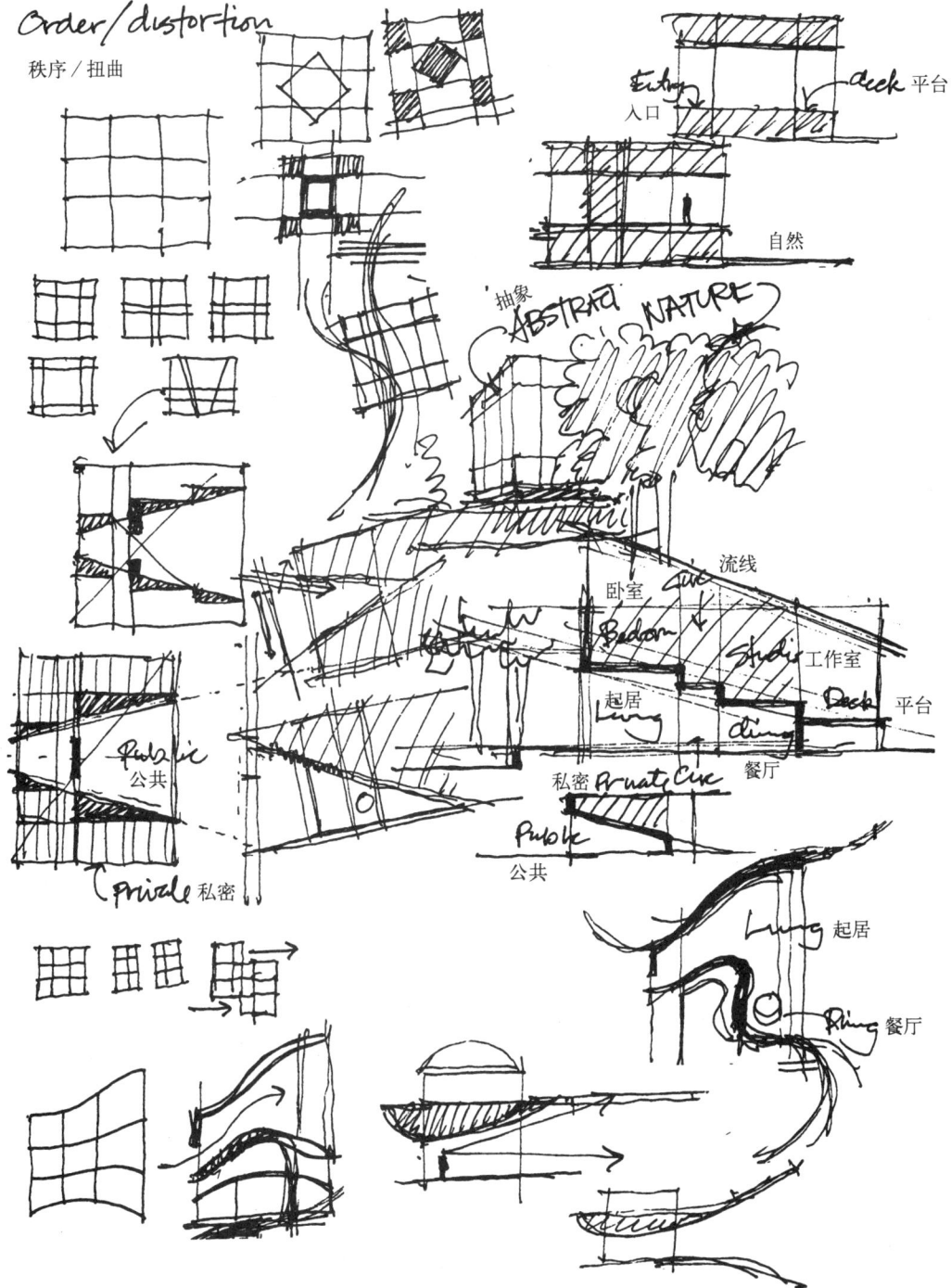

CASE STUDY No.4 实例研讨 4
Order/distortion
秩序／扭曲

入口 entry · deck 平台

自然

抽象 ABSTRACT NATURE

流线

卧室 Bedroom · Circ

起居 Living · Studio 工作室

Deck 平台

私密 Private Circ · 餐厅

Public 公共

Public 公共

Private 私密

Living 起居

Dining 餐厅

图 7-38

结构化或有序化的形象 • 139

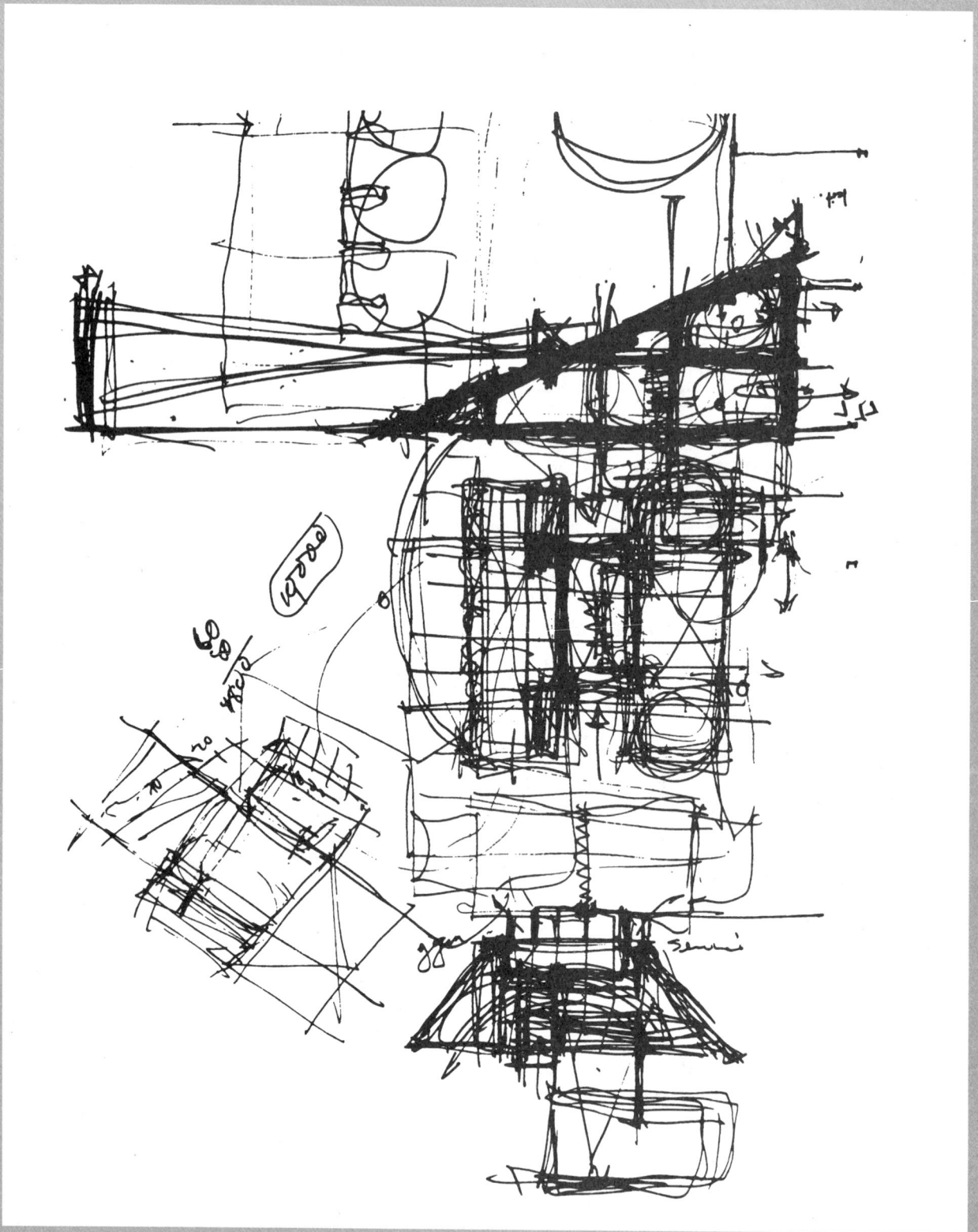

图 8-1　构思速写。戴维·斯蒂格利兹绘

8 发现 (Discovery)

建筑师大都承认发现或者创造是其专业工作的首要所在。激发创造心情正是令人心满意足的"报偿"。高度集中的思维则使人兴奋激动。前页是戴维·斯蒂格利兹(David Stieglitz)的速写草图，观赏者一眼就感受到画面洋溢着充沛的活力和发现的喜悦。草图也反映了建筑师处理设计的技巧和信心。

图 8-2

设计中，凡取得成功的发现主要依靠另一类型的图解思考的质和量。发现可比之于采集和布置大束花卉，要求拥有设计和实践两方面的见识。图解式的**表现**、**抽象化**、**手法**、**验证**或者**兴奋**可比之于花园的准备工作：种植和照料。没有这些辛劳就不会有艳丽盛放的花朵。发现为不同类型的图解思考带来了力量，及时影响了有待解决的问题。

在论述表达发现的图解画之前，先稍离主题讨论一下建筑专业的创造力。建筑领域被普遍认为是创造性的领域。确实，有些最富有创造力的人物是建筑师。虽然不能绝对断言，但我相信建筑教学至今仍是训练创造力的最佳课程。海伦·罗恩(Helen Rowan)对富有创造性人物的研究报告证实了他们全体似乎都具备的品质：包括"普遍地对内、外经验虚怀若谷，对模棱两可、混乱无序的容忍；他们的坚强性格与其说属于适应型毋宁说属于独立型；通过直觉来领悟的倾向……对可能性的全神贯注。……"[1]读过建筑专业的任何人都承认上述品质。它们渗透在建筑训练的传统之中，从五花八门、形形色色的设计类型到建筑评论和设计评判委员会；从激烈的观点冲突、自我辩护到要求考虑得更深更远而不仅仅限于解决工程要求。

但是，创造力对设计过程的全面影响依旧存在着实践的难题。缺乏措施或者得不到业主、同事的支持，因此可能忽略了发展自己的创造才能。为了我们自己，也为了我们的专业，我们能够也应该培养建筑的创造力。如海伦·罗恩所建议的那样："……本世纪的经历暗示出个人生活的质量，或许整个人类生存都依赖于具有独创性的思维才华和支配能力；依赖于改造熟悉的事物给予新的意义；依赖于能觉察到幻想后面的现实和参与大胆飞跃的想像"。[2]

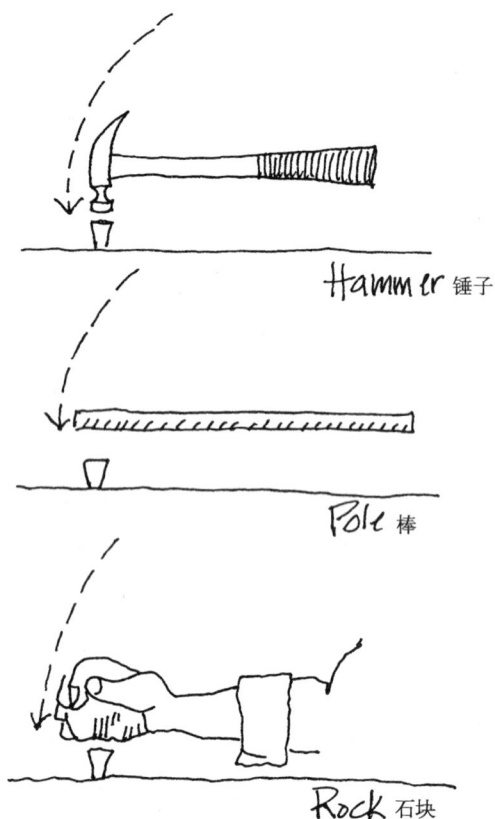

图 8-3 杠杆作用

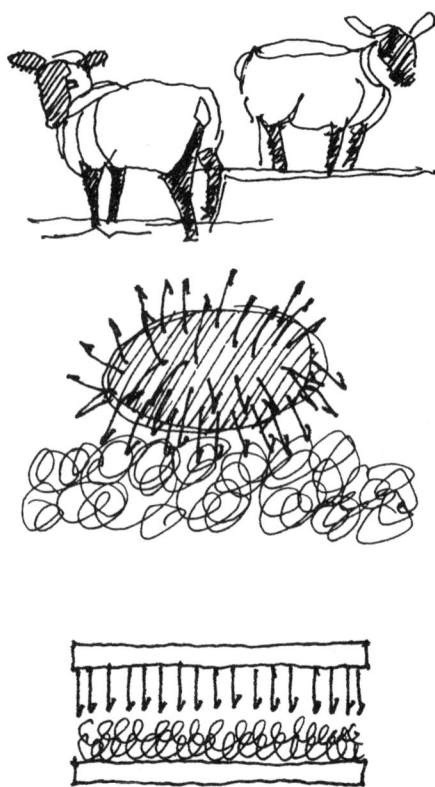

图 8-4 紧固

有所发现的过程
(THE DISCOVERY PROCESS)

对建筑师或设计师来说，发现的过程包括两个部分：创造和构思成形。创造寻觅基本的发现和方案设计的独特见解；构思成形则发现转变成图解和文字说明，对设计进入充分发展给以根本性的指导。

创造力（Invention）

戴维·派伊(David Pye)写道："创造力惟有经过审慎的探索方能获得。如果发现者能够觉察到他所设想的特定后果与他记忆中的其他实际后果之间的相似之处……发现者的创造能力首先依赖他识别后果之间相似的才能，其次依赖于能在众多的方法中识别其相似的才能。"[3]在日常创造中，相似方法很易识别。如果手边没有锤子去把帐篷桩打入地下，当看到一根帐篷棒或者就近的石块，就领悟到它们与锤子的相似处，用以解决问题。羊毛的囊头促使了韦尔克罗(Velcro)扣件发明，皮肤排汗降温的效能使我们产生了用半渗透容器来冷却热水的基本想法。再以假期住宅为例，我们可以用速写草图

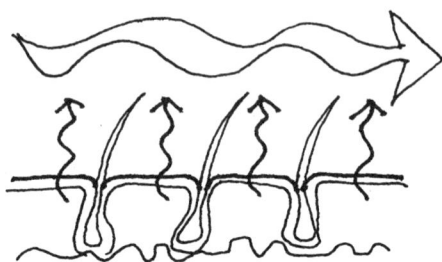

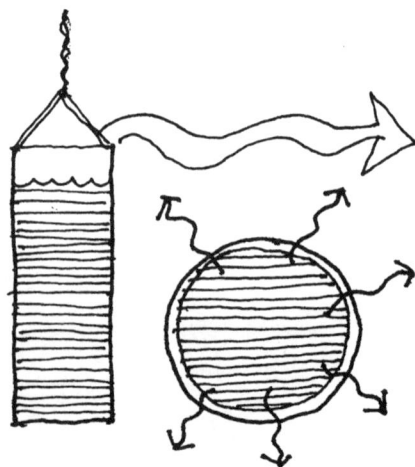

图 8-5 蒸发

142 • 发现

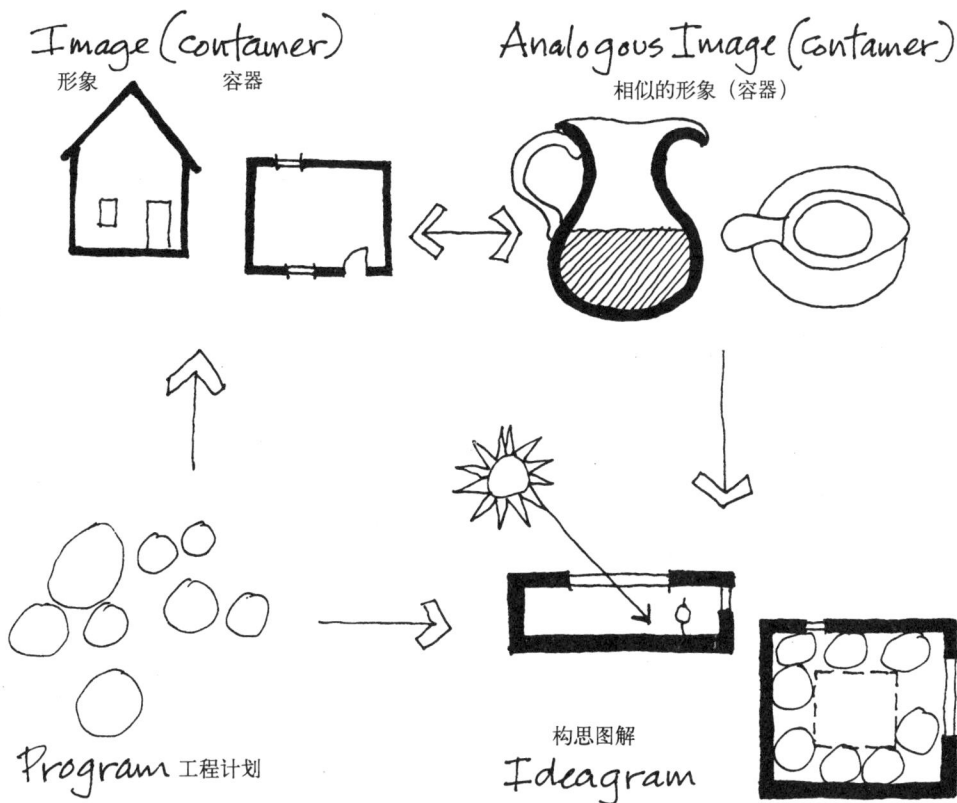

Image (container)
形象　　容器

Analogous Image (container)
相似的形象（容器）

Program 工程计划

构思图解
Ideagram

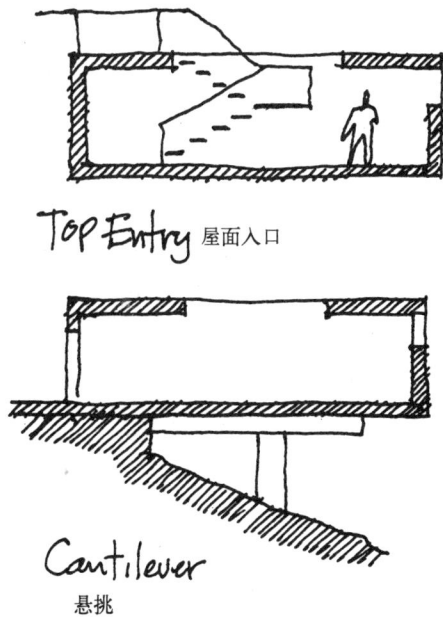

Top Entry 屋面入口

Cantilever
悬挑

图 8-6　住宅与水罐的相似

勾勒出建筑的基本意图。开始是住宅工程计划的抽象框图，然后导向住宅形象的选择之一，即人的容器。与此形象同时存在的相似物是液体容器——水罐。在第四幅草图"构思图解"中，住宅计划和水罐形象相结合形成了独特的发现——假期住宅可能采取的形式。在此例中，住宅也被看做是能量的容器，阳光通过屋面开口照入，与水罐顶部的开口相似。住宅的这一概念是由构思描绘图启发形成的。通过观察和分析可以再推进一步。例如，水罐的惟一入口在顶部，因此，住宅的主要入口或许可以由屋面取道楼梯下达中庭。既然水罐靠悬臂似的把手提起，或许住宅也可以从一端的支点向外悬挑。

把房子看成营地，这是从另一种类似出发，让人们想起营火、炉边及围坐成圈。这些形象可以激发房子形成其他的概念。

Symbolic Analogies
象征相似

Spreading hand
张开的手掌

Footprints
足印

Cross 十字架

图 8-7 象征相似

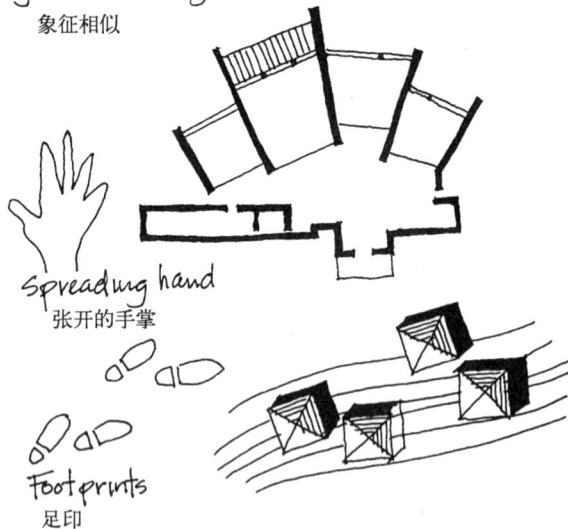

相似（Analogies）

　　威廉·戈登(William Gordon)在其著作《符号关系学：创造才能的发展》(Synectics:The Development of Creative Capacity)中描述了4种类型的相似——象征、直接、人体和幻想。

　　水罐和住宅的例子属于**象征相似**，以两者的主要特性，容器，相比较。其他的象征相似如张开的手掌与扩展的房屋，或者足印与亭子，有关相似的最主要的例子之一就是拉丁十字架和许多哥特教堂平面。

　　直接相似　是平行因素或者效果之间的比较。在本页图例中，住宅设计成具有与树木相同的降温特性：阴影、蒸发和空气流通。右上角，支撑内尔维(Nervi)设计的展示大厅的屋顶模仿了一只手平托着盘子。

　　人体相似　建筑师把自己与建筑问题的诸要素直接地等同起来。假设住宅的首要问题是冬季的保暖和舒适，又无需消耗大量非再生能源。建筑师想像他本身就是住宅。为了舒适，他躺在坡脊下的斜面上，寒风从他头顶掠过，阳光暖和着全身。一幅低矮的住宅外轮廓就由此产生了。处于坡脊下的房屋，托盘似的开敞空间，倾斜的玻璃天窗使暖和的阳光直照室内。当我们向远处喊话时，我们会用手做成杯状罩在嘴巴两侧，勒·柯布西耶设计的朗香教堂中的室外教堂就采用了相似的杯状，使人们能听见牧师的宣讲。

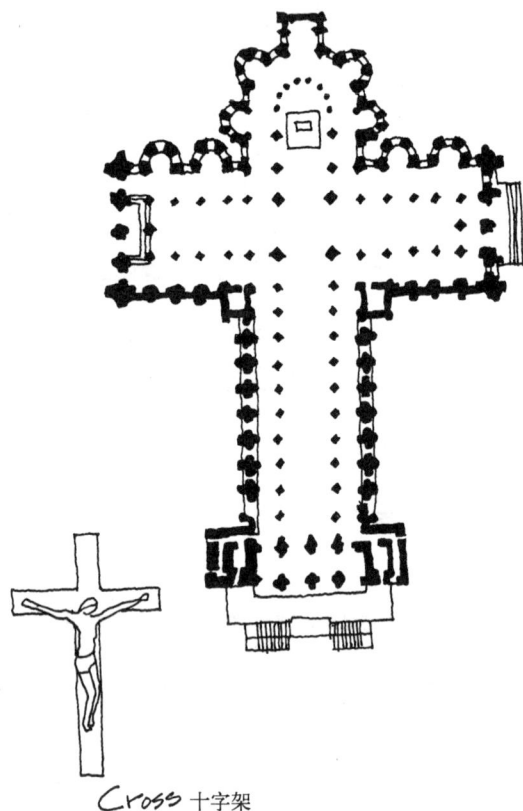

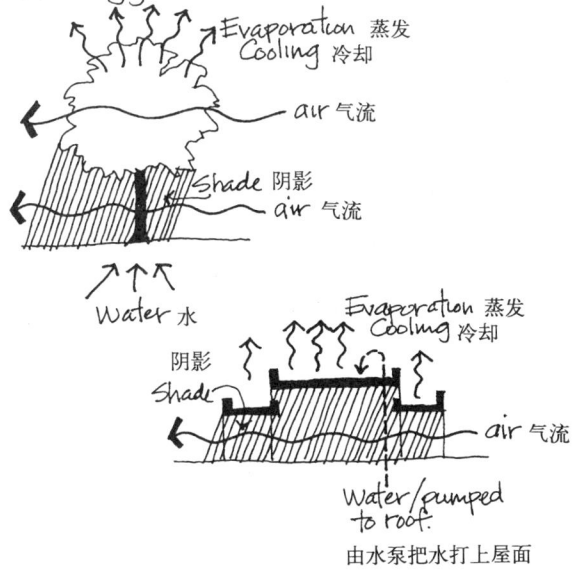

(a)

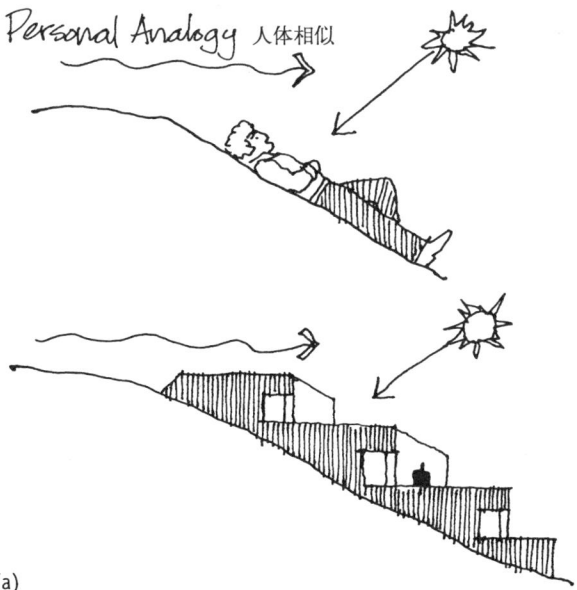

(a)

(b)

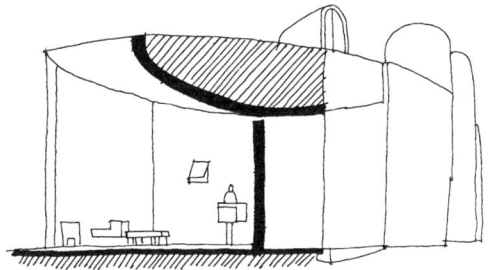

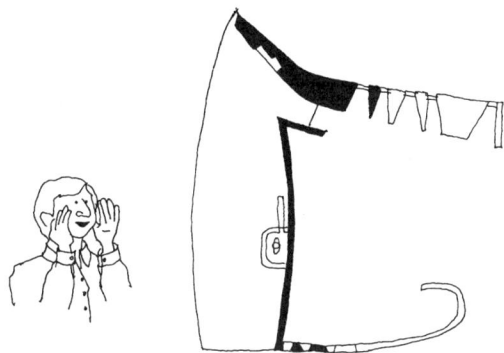

(b)

图 8-8a,b　直接相似

图 8-9a,b　人体相似

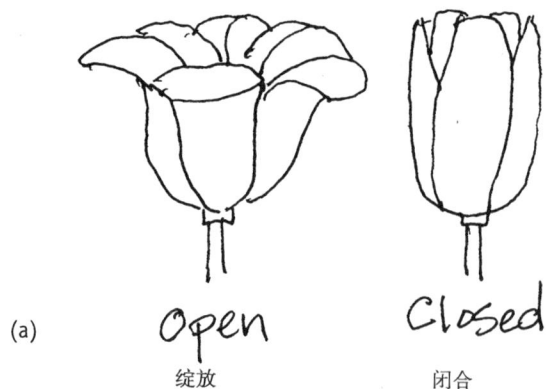

(a)

绽放   闭合

幻想相似 把理想条件作为思维的源泉。在假期住宅例子中，建筑师幻想当周末屋主来临时住宅会张开来；当屋主离开时又会自动地关闭起来，就如同郁金香由于阳光作用的绽放和闭合；或者如同自动化的车库大门；一牵动线束就会活动的木偶。平台和平台上的屋面都能像郁金香花瓣那样可以开、合。但是怎么办呢？使用马达要消费能源，是否还有其他的办法？或许从牵线木偶可以有所借鉴之处。最后的解决办法采用了绳索和滑轮来升降百叶板。升降体系处理成重量均等，因此在平台上的人体重量就可以掀起屋面，屋面降低时又可把平台提升到原位。平台和屋面的开、闭应用弹簧闩固定。

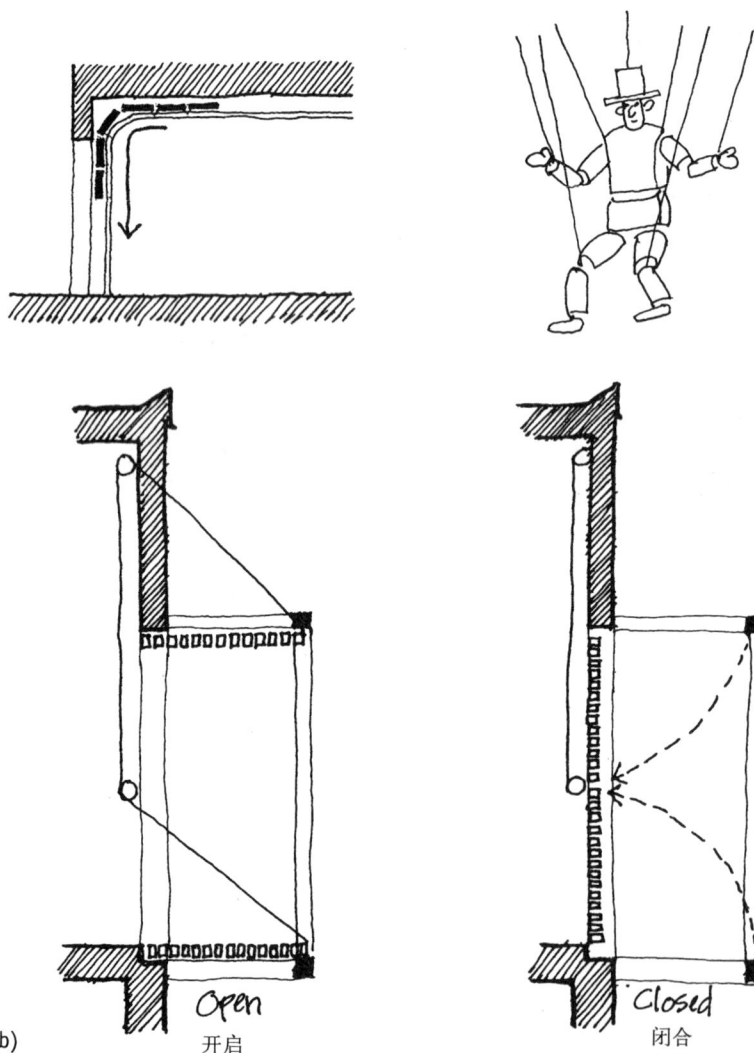

(b)

Open   Closed

开启   闭合

图 8-10a,b   **幻想相似**

146 • 发现

PHYSICAL ANALOGIES
自然相似

Structural 结构的

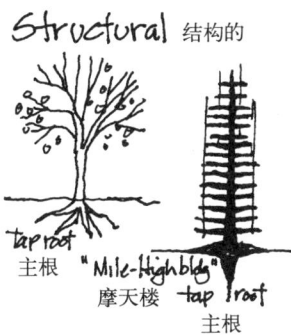

tap root
主根
"Mile-High bldg"
摩天楼
tap root
主根

Mechanical 物理的

slow down of a stream of water
溪流的减速

slow down space in museum
博物馆的缓冲空间

Control 控制的

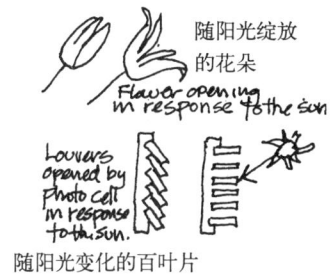

随阳光绽放的花朵
Flower opening in response to the sun

Louvers opened by photo cell in response to the sun.
随阳光变化的百叶片

ORGANIC ANALOGIES
有机相似

Plant 植物

differentiation within limits
有限中的变化

shutters painted by tenants
不同房客所油漆的百叶窗

Animal 动物

task training 技巧训练

computer-controlled house maintenance
计算机控制房屋维修

CULTURAL ANALOGIES
文化相似

Man 人类

self awareness & actualization
自我意识与现实

Japanese tatami mat rooms changeable for the occasion
灵活可变的日本榻榻米式房间

Society 社会

Community 社区

"Community" of Buildings
房屋"社区"

Symbol 象征

artistic language
艺术语言

Building language
建筑语言

图 8-11　基于体系等级的 8 种不同的相似类型

相似的源泉（Sources of Analogy）

产生相似的模式可分为下列几种类型：自然模式、有机模式和文化模式。次一级的类别包括：

1.结构——涉及形状或者相互关系。

2.机械——运行的方式。

3.控制——维持一定条件。

4.植物——有目标的倾向性和区别性。

5.动物——行为。

6.人——想像和选择。

7.社会——相互作用、竞争、组织。

8.象征——习俗、关系、联想。

建筑师或设计师往往把自己的思考局限于结构或机构的相似。前页图中一系列的相似类型，可以为我们提供一些选择对象。

不断增强的效力（Increasing Effectiveness）

我们都常有如下的经历：有时头脑似乎冻结了，粘在一个想法上，舒展不开。但是仅只具有一个想法总似乎欠妥当，也难以解决关键问题。本节所介绍的一些独具特点的探索可能有助于重新活络思路。

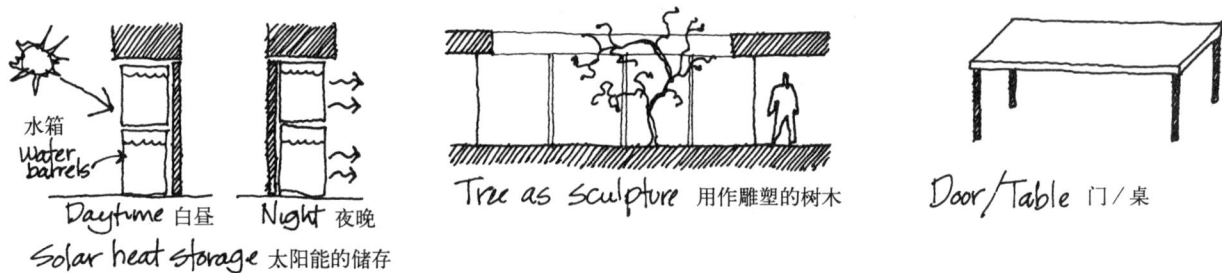

图 8-12　原始方式设计的图例

原始方式的设计：有时建筑师屈服于罗伯特·麦金称之为"功能确定不够"、"内容固定不变"[4]的观念。其结果是失去了从其他角度观察问题的可能性：譬如，把厨房和卧室看成只具有单一的用途。对比的纠正方法就是原始方式的设计或者称为"创立对象"的设计；不考虑物体的常规应用而代之以新的用途。例如，水桶用作热贮存器，住宅内的树木用作雕塑，门扇用作台板。设在厨房里的台板和贮藏设施可用作工作室或者其他操作间的模式。卧室可能转变成餐室或者起居室。"创立对象"的方法也可与构思图解一起应用。典型购物中心的双节组合也可能用在住宅设计上，使产生更多的变化和相互作用。

回避：有时仅仅把问题搁在一边就足以轻松一下过度疲劳的头脑，从而为新的见解敞开大门。可以采取不同的方式来暂时分分心，例如：娱乐、运动、游戏。也可以仅只是休息和"松弛"一下或者暂停思考问题。

灵感：我们的下意识甚至在并不真正工作的时刻。往往仍在活动，企图解决难题。于是，蓦然间，我们得到了一个想法或者对设计难题的解答。有时候会在临睡前或者初醒时产生这种顿悟，至关重要的是赶在这一想法倏忽消失之前赶紧记录下来。为此，许多建筑师都随身带有小本子，或者把纸和笔放在床边以及其他休息时举手可及的地方。

官感意识：给视觉媒介物以主导地位来进行思考会导致忽略其他的感觉，有可能使设计师与大量相似的源泉相脱离。要是把住宅设想成如同盒子里的枕头那么柔软，就可能导致采用曲线隔断；要是把住宅与乐器相比较，就会出现采用金属屋面以传导雨点的敲打声或者采用某些方法以增强微风的低吟声。

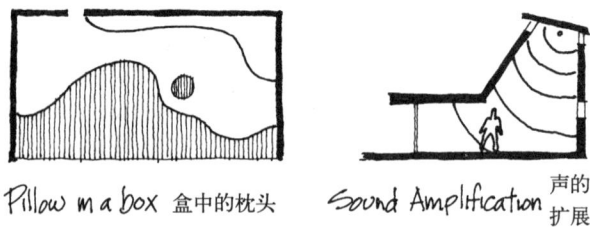

图 8-13　基于视觉的外官感的概念

如果有读者觉得相似这一讨论似乎过分简单化了，那么请回忆一下本世纪的卓越建筑大师。赖特、勒·柯布西耶、阿尔托的很多创作正是应用简单的相似作为源泉的。杰弗里·布罗德本特(Geoffrey Broadbent)说：

"大多数建筑师——和艺术家——都对认可相似源泉绝为勉强，认为这样做了必将或多或少损害作者创造力的声誉。其实并不是那么回事，建筑师和艺术家的思维和运用智能的过程，正是任何人都具有的秉性。其实，如果承认相似法，同样的智能过程就能够应用得更好，他们的声誉将更高。"[5]

布罗德本特描述了勒·柯布西耶在其作品和观察中所应用的相似法：

他花费了"毕生的时间建立起相似的贮存库（长年累月的速写、记录具有丰富的成果），相似法成为柯布西耶的经验、关注、比较、对比和组合的基础。并且不断地被新的经验所超越，被新的观点所变化。这一切都记录在他的本子上，随时可供参阅，当面临困难的设计问题时，就可以利用速写本。我们也有自己的相似贮存，或许不及柯布西耶丰富，然而因为都经过亲身体会也是很有价值的。但是却未加利用，从来也没有作过这样的考虑，似乎是与己无关的，反而以绘制他人作品的相似物为满足。"[6]

构思成形（Concept Formation）

"基本构思"有时称为"意图与措施"是建筑师毕生应用的设计途径。赖以建立房屋的基本组合和指导设计发展的总进程。若充分发挥其作用，可以提供：

1. 设计师决定形式首先考虑的综合因素（建筑任务书、目的、脉络、基地、经济等等）。
2. 这一系列抉择的有关范围，即设计师的责任所在。
3. 绘制反映价值等级和相适应形式的工作图。
4. 提出为参与设计过程的全体工作人员激发期望和提供动力的象征形象。往往通过应用抽象观念的方法。如"我的建筑物是根脊梁骨"或者"我的建筑物是某个缺口的桥梁"等口号。

典型的意图与措施的速写，例如图 8-14 为五年级毕业班学生表示形式抉择和解决主要问题的草图。这幅大西洋海面浮动研究站的构思图表明：支持上部多层平台的竖式浮筒由缆绳固定在海底。水流、风向和阳光的主要影响也在图中表达。

构思图解（The Ideagram）

速写草图早已被看作是出自相似的产物。"构思图解"既是建筑构思成形的起点，又是分析性框图的扩展。用途如下：

1. 在设计过程中有助于调查和综合。
2. 作为设计思考过程的骨架。导向最终的设计成果。
3. 最终结果的朴实模式。在建筑学上涉及到房屋的设计意图的明确性。
4. 房屋设计完成后，以此阐明设计意图。

为了说明构思图解对发展设计意图的潜力，图 8-15 为构思图解的三个发展阶段。每一阶段右列附有一幅房屋平面简图。从上图横看，将构思图解朴实地转化为房屋形式。这种方法对使用者具有清楚而有力的影响，其效果简单而显著。横看下图，房屋形式出自较复杂的构思图解，房屋也就缺乏上图所表达的简洁性和影响力，然而将提供更为多样的经验。

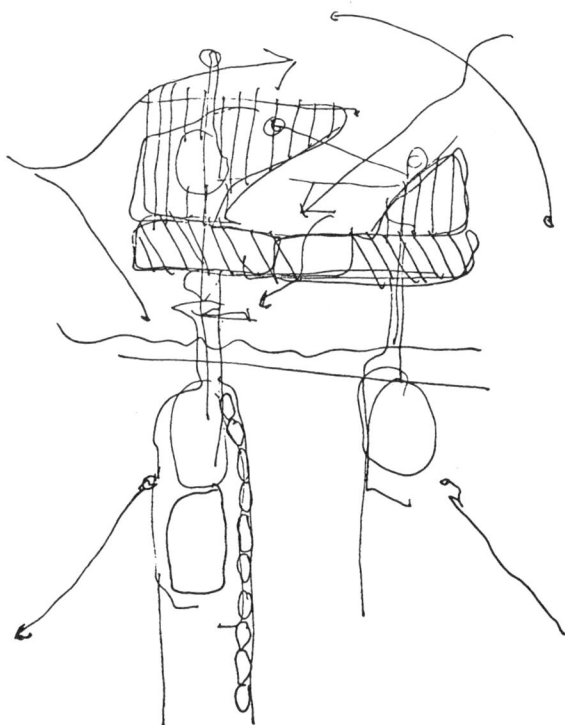

图 8-14　大西洋 2 号站表达意图与措施的草图。马克·索瓦特斯基（Mark Sowatsky）绘

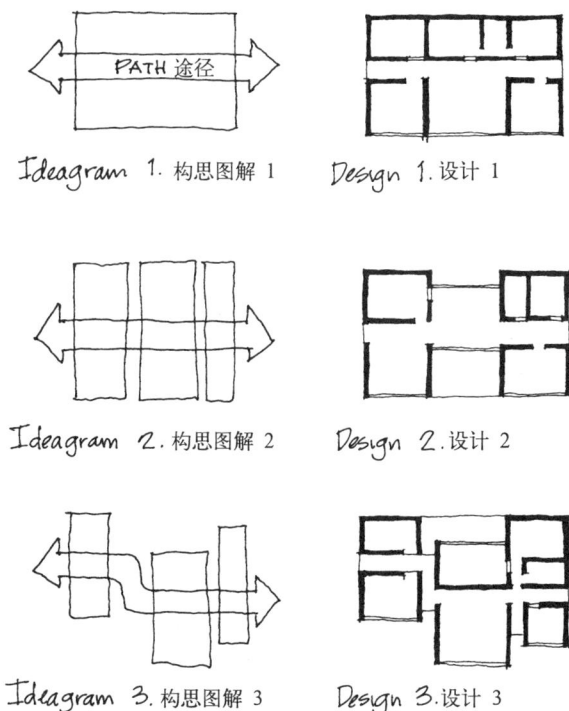

Ideagram 1. 构思图解 1　　Design 1. 设计 1

Ideagram 2. 构思图解 2　　Design 2. 设计 2

Ideagram 3. 构思图解 3　　Design 3. 设计 3

图 8-15（左列）　一个构思图解的三个层次的发展
图 8-16（右列）　与构思图解相应的平面草图

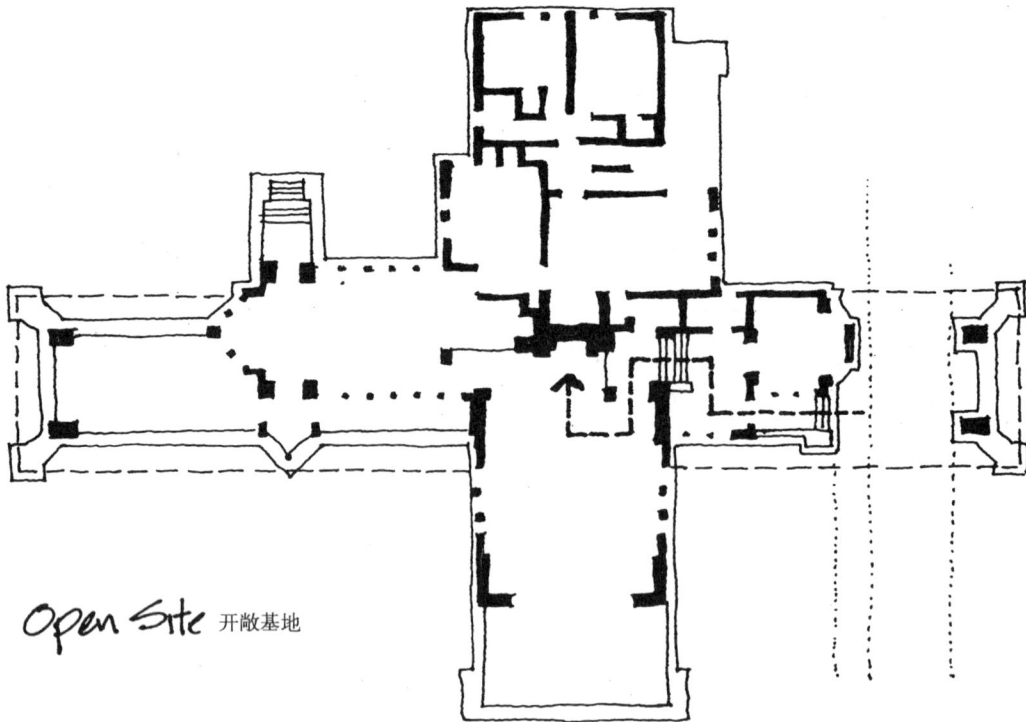

Open Site 开敞基地

图 8-17a 威利茨(Willitts)住宅，1902 年。F·L·赖特设计

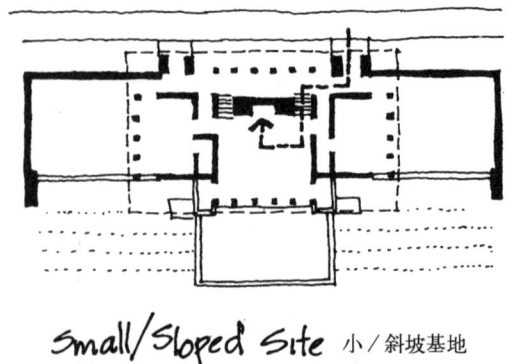

Compact Site 紧凑基地

图 8-17b 切尼(Cheney)住宅，1904 年。F·L·赖特设计

雏形 (Prototypes)

与其他设计技能一样，建筑构思的形成过程并不神秘。同样是历经艰苦和失败，逐渐发展的过程。从掌握表现设计想法的精湛技巧的建筑师那里有许多可学的东西。在这方面，草图是个很重要的帮手。往后几页中将介绍一些建筑师的作品，说明能获得新构思的抽象分析性草图的技巧。

第一个图例取自 F·L·赖特的作品。他在名为"草原形式"的住宅中采用连接空间式的基本平面，位居中央的壁炉起着统辖的作用，入口精巧而曲折。虽然赖特的基本组合主张始终未变，但他对每一基地的特有约束条件所作出的细致解答产生了各个不同的建筑形式。作为住宅设计师，我们可以试试赖特的基本主张或者发展我们自己的构思雏形平面并加以巧妙的处理来解答特定的基地条件。

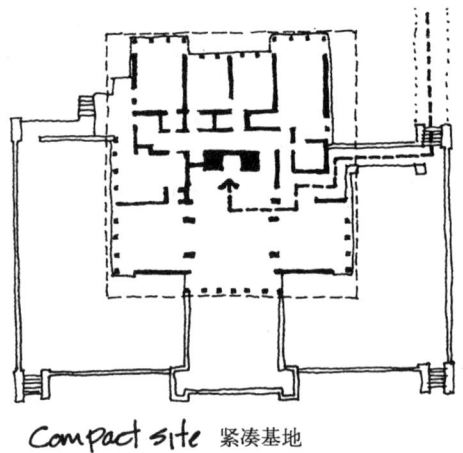

Small/Sloped Site 小/斜坡基地

图 8-17c 哈迪(Hardy)住宅，1905 年。F·L·赖特设计

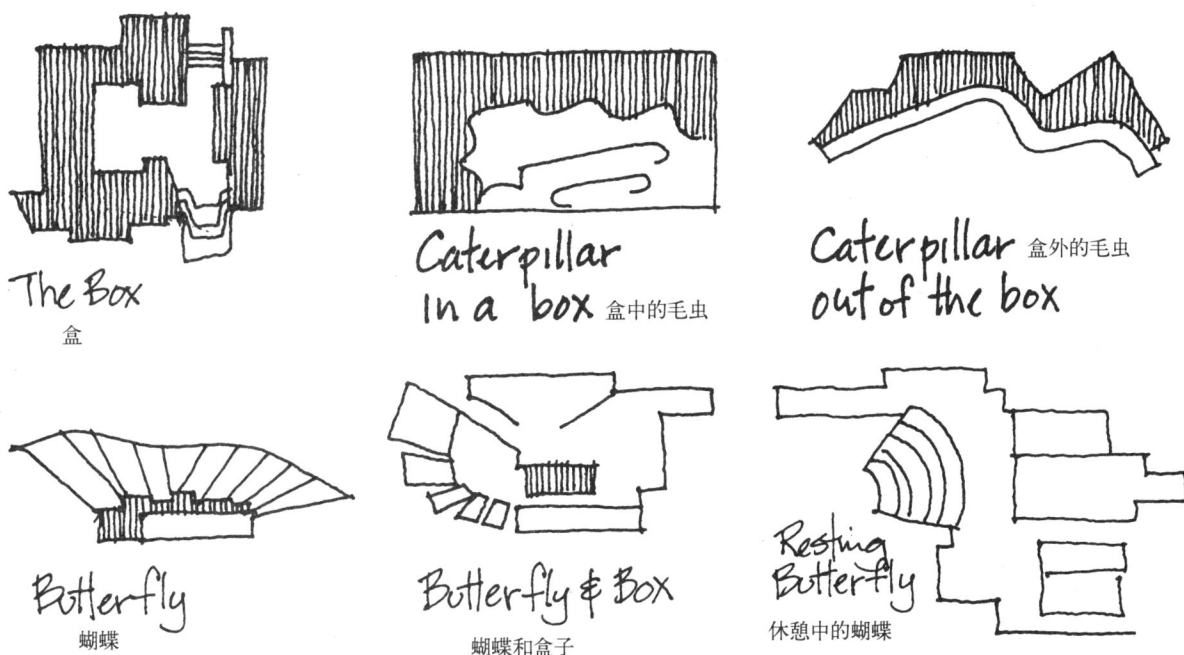

The Box
盒

Caterpillar
in a box 盒中的毛虫

Caterpillar 盒外的毛虫
out of the box

Butterfly
蝴蝶

Butterfly & Box
蝴蝶和盒子

Resting
Butterfly
休憩中的蝴蝶

图 8-18a   阿尔瓦·阿尔托设计构思雏形

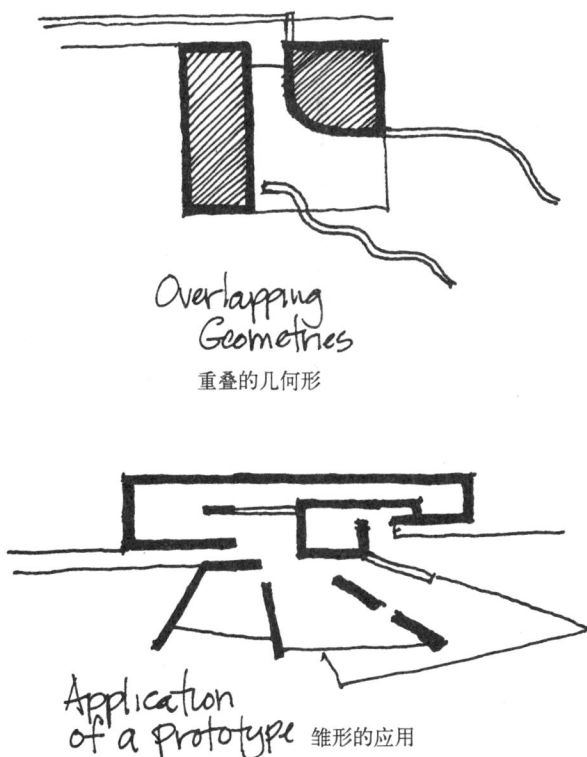

Overlapping
Geometries
重叠的几何形

Application
of a Prototype 雏形的应用

图 8-18b   这些雏形的应用

　　阿尔瓦·阿尔托在其毕生事业中也发展了一些他的建筑构思雏形,以多层网格和混合几何体而著称于世。在此以概括的图形将这些雏形中的若干介绍给读者。为了便于看懂和记忆添加了小标题。当然,各人都可采用自己的分类方法,但是若可能的话,加上一、二个字的标签确实很有帮助。阿尔托的许多构思似乎出自在一幢建筑内接受两个对立的脉络。如赛于奈察洛(Saynatsalo)市镇中心那样,把都市环境与乡村环境组合成一体。

　　这些建筑构思雏形之一可作为假期住宅设计的起点,或者可以追随阿尔托的方法在设计工程中寻觅双重的脉络和形成我们自己的多重几何形来发展建筑的各种意图与措施。此外,还有其他多种不同的方法将随同更多的速写、草图介绍给读者。

Additive 增添

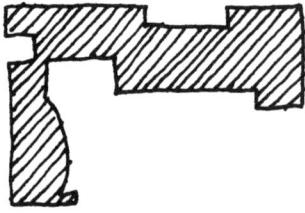

1. Maisons LaRoche et Jeanneret
拉罗什与让纳雷特住宅

Box 盒

2. Villa à Garches
位于加尔什的别墅

Frame 框架

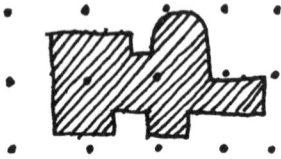

3. Villa à Carthage 位于迦太基的别墅

Subtractive 削减

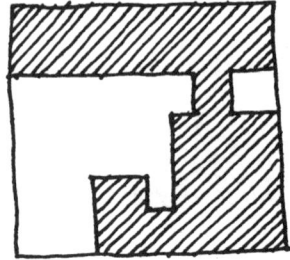

4. Villa Savoye 萨沃伊别墅

图 8-19a   勒·柯布西耶的 4 幢住宅的设想

勒·柯布西耶可能是 20 世纪最多产的建筑创新家。关于他的创作，专著甚多，颇值一读。约在 1922 年到 1932 年之间，柯布西耶设计了四幢住宅，各有各的独特设想。这些住宅是：拉罗什住宅（Maison La Roche）——增添型；萨沃伊别墅（Villa Savoye）——削减型；斯泰因住宅（Villa Stein）——封闭的立方体；位于迦太基的别墅（Villa at Carthage）——骨架暴露。在柯布西耶将这四种方法加以图解叙述之前已建造了许多住宅可用作例子。这种设计方法已经超越了住宅的实用功利，增加了新的内容。

本页也列举了这类意图与措施在其他例子中的应用。可以从中看出在任何单体设计的限制内如何增加构思成形的数量。

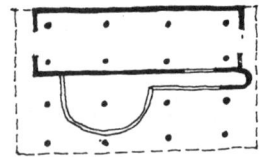

Small - Car Dealership
小型汽车商店

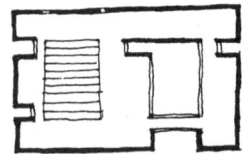

Library 图书馆

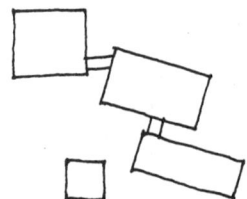

Museum 博物馆

图 8-19b   这些设想的应用

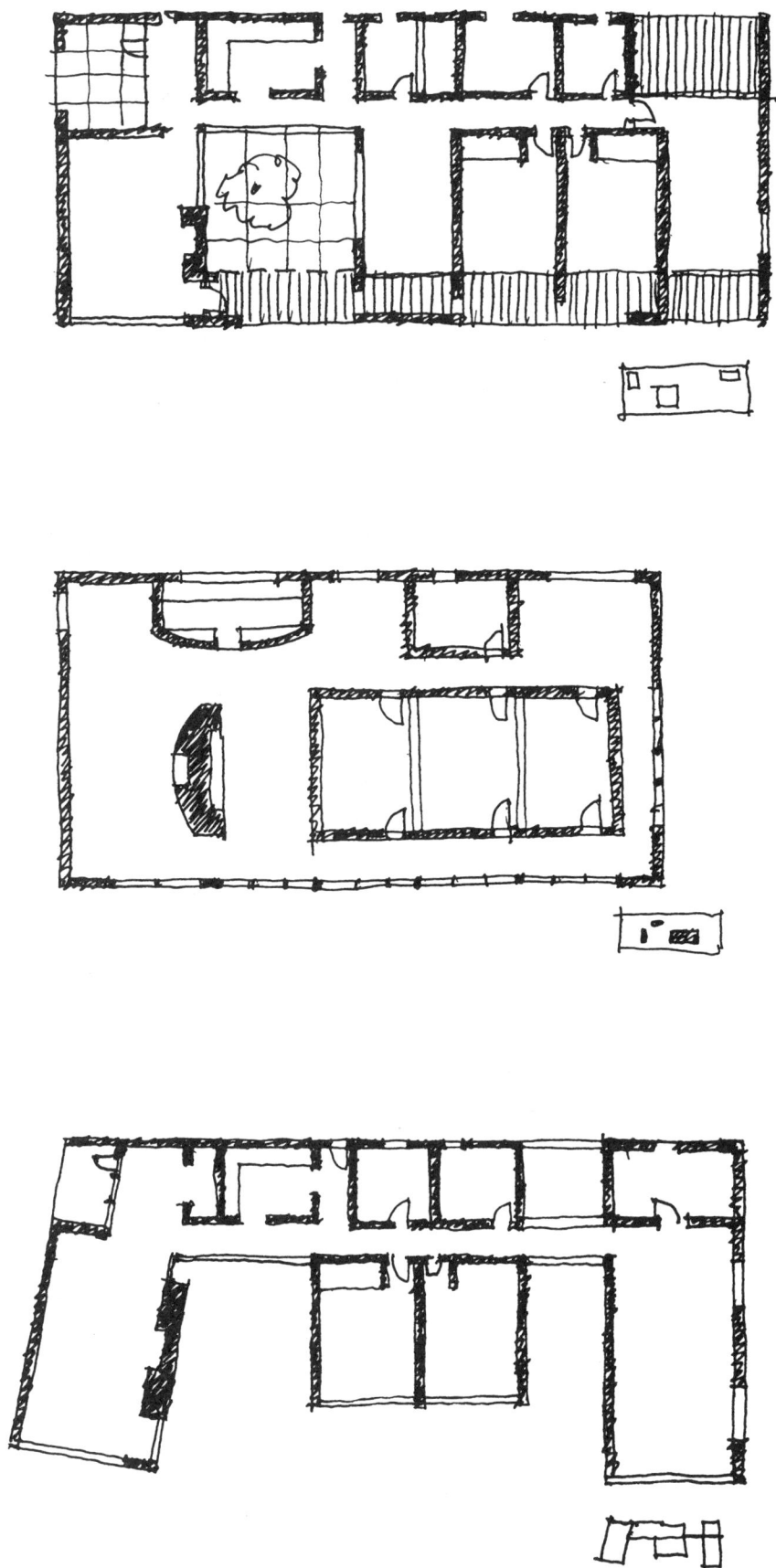

图 8-19c　这些设想的应用

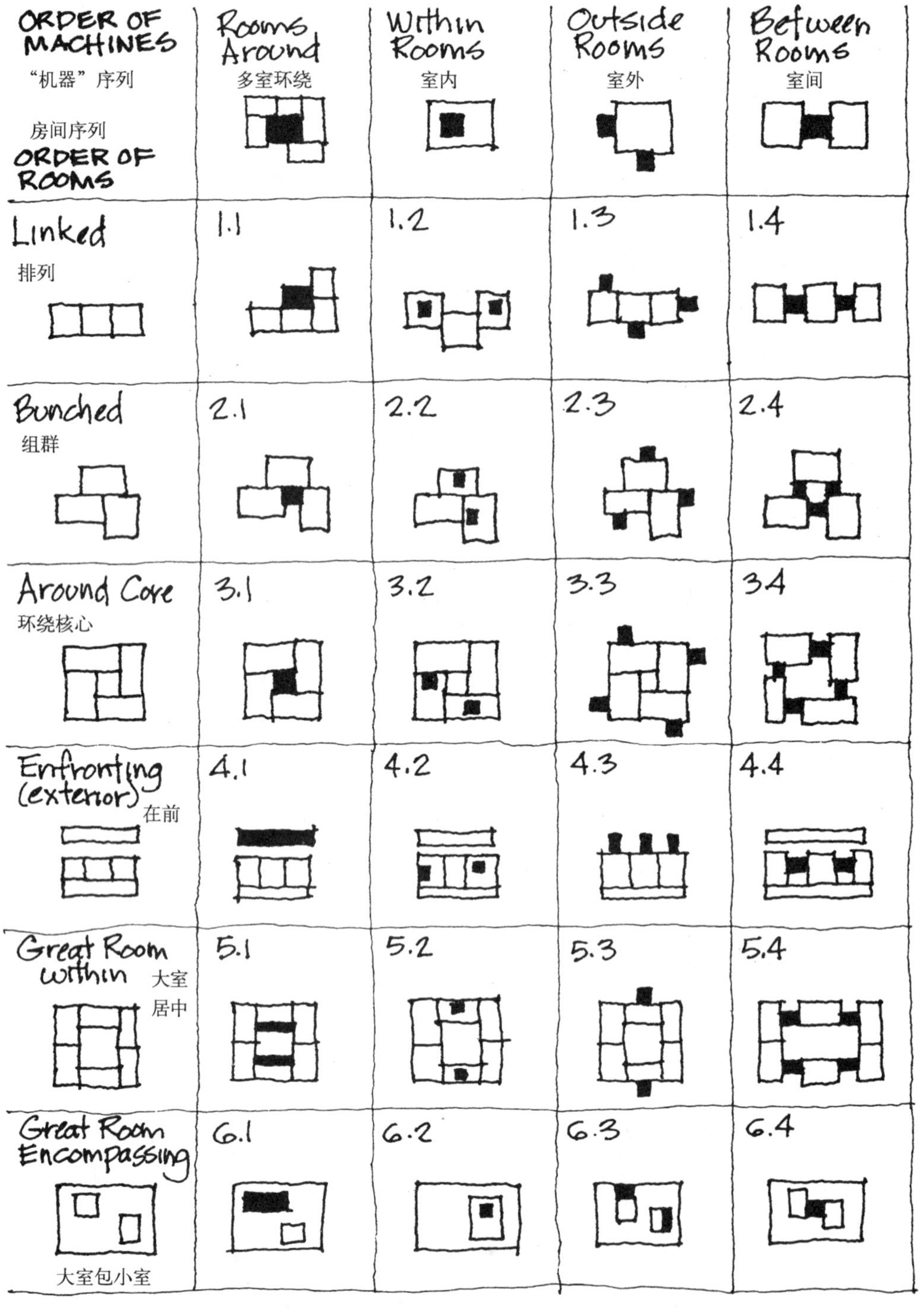

ORDER OF MACHINES "机器"序列 房间序列 ORDER OF ROOMS	Rooms Around 多室环绕	Within Rooms 室内	Outside Rooms 室外	Between Rooms 室间
Linked 排列	1.1	1.2	1.3	1.4
Bunched 组群	2.1	2.2	2.3	2.4
Around Core 环绕核心	3.1	3.2	3.3	3.4
Enfronting (exterior) 在前	4.1	4.2	4.3	4.4
Great Room within 大室居中	5.1	5.2	5.3	5.4
Great Room Encompassing 大室包小室	6.1	6.2	6.3	6.4

图8-20 摩尔(Moore)、艾伦(Allen)和林登(Lyndon)的矩阵图，可变化出24种住宅组合方式

在摩尔(Moore)、艾伦(Allen)和林登(Lyndon)的著作《住宅位置》(A Place of Houses)中阐述了组织住宅各类房间的六种不同方法和配合"机器"(指水卫设施)的四种不同方法。构成矩阵的右图，其变化的纵横二列可相互组合成24种提供选择的组合雏形。还可有其他的一些"图表"也可对组织房屋的方法加以分类，也可排列成矩阵从中取得更多的选择。下页为由若干组合雏形发展而成的，适应前述基地、特定房屋工程限制条件的住宅设想图。

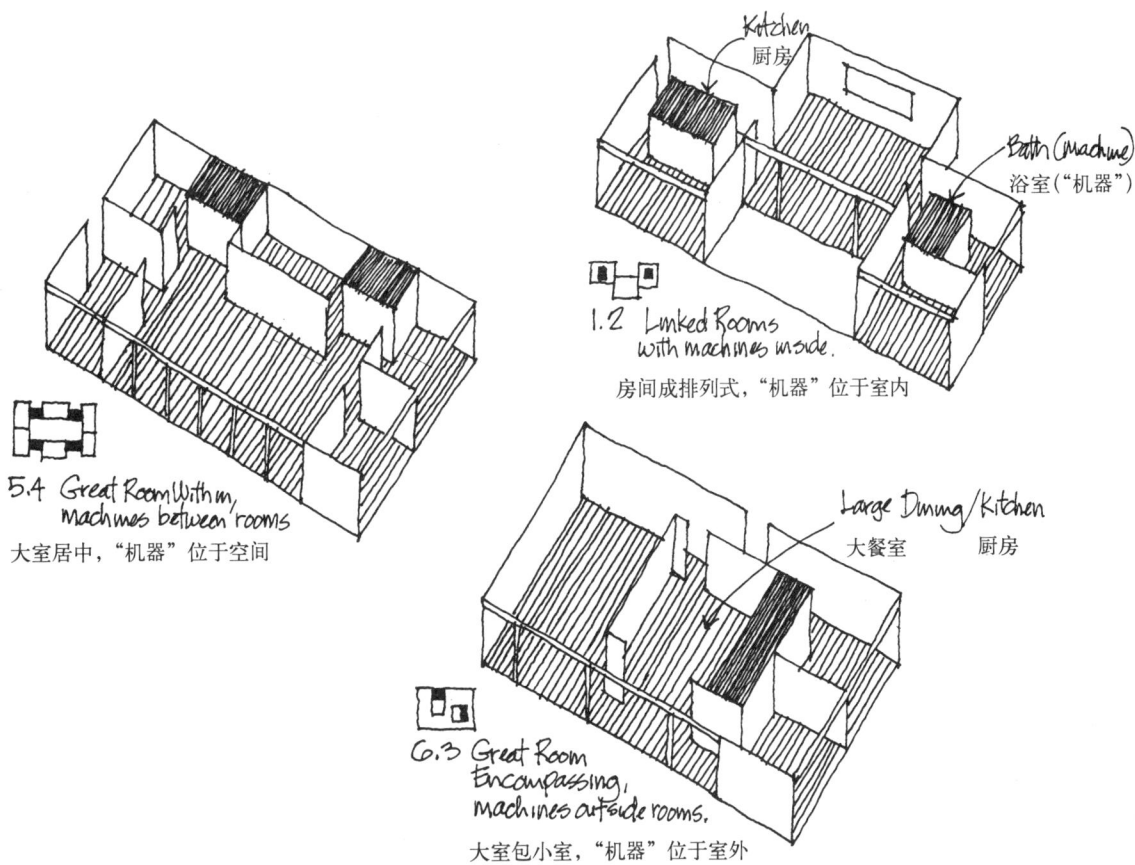

5.4 Great Room Within, machines between rooms

大室居中，"机器"位于空间

1.2 Linked Rooms with machines inside.

房间成排列式，"机器"位于室内

Kitchen
厨房

Bath (machine)
浴室（"机器"）

6.3 Great Room Encompassing, machines outside rooms.

大室包小室，"机器"位于室外

Large Dining/Kitchen
大餐室 厨房

图 8-21a   由矩阵图发展而成的三种假日住宅的组合

Great Room Within

在大房间内

图 8-21b   房间组合的空间表达

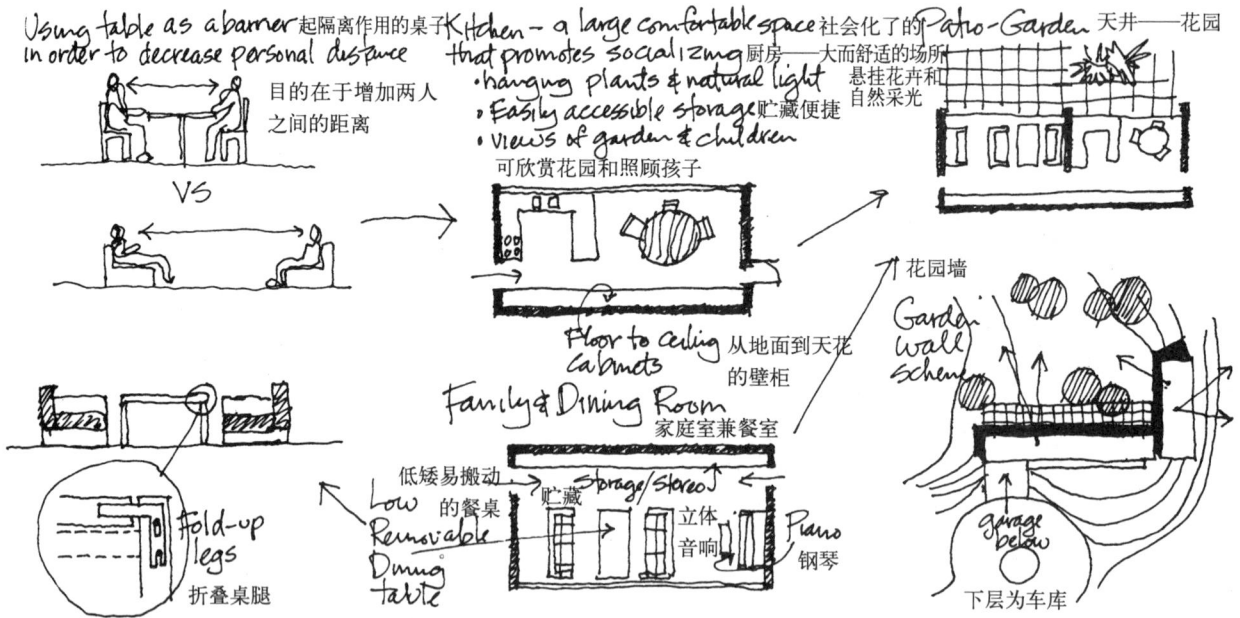

Using table as a barrier 起隔离作用的桌子 Kitchen - a large comfortable space 社会化了的 Patio-Garden 天井——花园
in order to decrease personal distance 目的在于增加两人 that promotes socializing 厨房——大而舒适的场所
之间的距离 · hanging plants & natural light 悬挂花卉和
· Easily accessible storage 贮藏便捷 自然采光
VS · views of garden & children
可欣赏花园和照顾孩子

花园墙

Floor to ceiling 从地面到天花 Garden
cabinets 的壁柜 Wall
Scheme
Family & Dining Room
家庭室兼餐室

低矮易搬动 Storage/stereo
Fold-up 的餐桌 贮藏 立体
legs Low 音响 Piano garage
折叠桌腿 Removable 钢琴 below
Dining 下层为车库
table

图 8-22

图式语言（Pattern Language）

加利福尼亚大学伯克利分院(Berkeley)在克里斯多芬·阿历山大(Christopher Alexander)领导下从事"图式语言"(Pattern Language)的建筑设计方法的探索迄今已经好几年了。这种方法基本上以组合建筑各细部的雏形着手构成设计意图。以分主次等级的雏形为手段，组合使用区成房间，组合房间成房屋，组合房屋成社团，组合社团成城市综合体，以此类推。图式语言对完善设计环境似乎称不上什么妙方，是一种形成建筑设计构思的便捷方法。任何建筑师都可随意提供他自己的细部雏形。自然，所选定的雏形得具有一定的优点。

图式语言的应用法，按最简化的水平，就前述假期住宅设计作为例子，其步骤如下：

1. 以往昔经验为基础，从一系列不同空间的雏形着手，选出最符合本设计要求的雏形，这些雏形图解为了识别和处理的方便可加上精练的文字说明。
2. 组合图解使成图形，表示房屋各部分的要求并且显示总的设想。

3. 图形至此已被处理成能满足特定的基地脉络和特定的业主需要。

按较高的水平应用时，则如对面页的图例。空间的雏形或空间图形更为适应特定条件，并考虑三向度的经验。空间的特征成为雏形本身的焦点所在。前面讨论过的表现技巧在此显然是很有用武之地的。

我发现两种收集房屋图形并用之于设计的有效方法：

房屋类型记录本：把空间设想画在8¹/₂英寸×11英寸纸张上。纸张用活页夹保存，作为往后设计的参考本。
分析卡片：房屋图形记录在小卡片上，尺寸与第4章"抽象化与解决问题"一节所述相同。分题合编成册，可随时抽取用作设计参考。不论采用卡片还是采用标准纸张，大小总以通常的开本为宜。

基本信息包括：设计要求和脉络的简略说明（"小城镇公寓的用餐空间"）；用简洁的文字和图解说明雏形与要求；较详细的说明或对图形的讨论记录在卡片或纸张的背面。

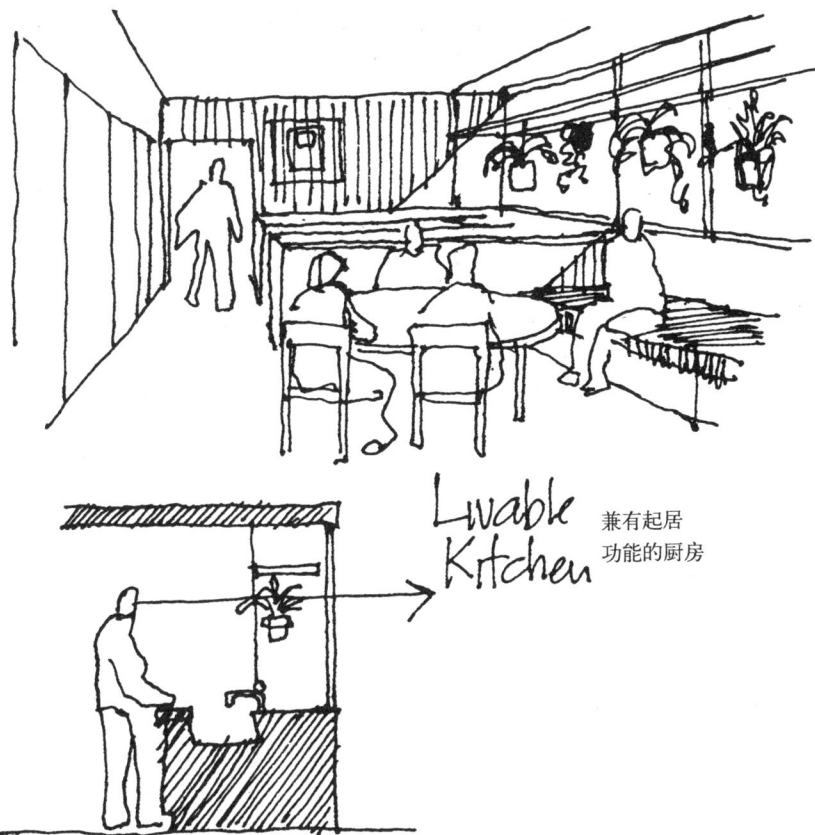

Livable Kitchen

兼有起居
功能的厨房

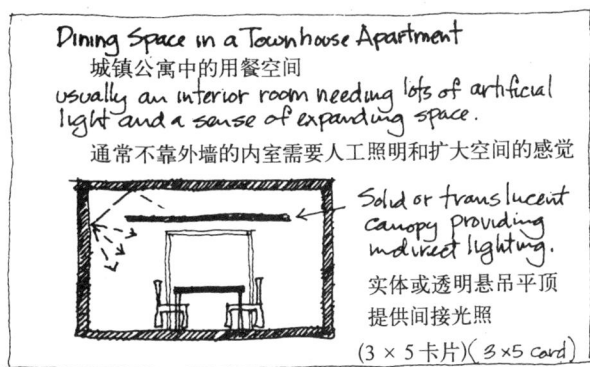

Dining Space in a Townhouse Apartment
城镇公寓中的用餐空间
usually an interior room needing lots of artificial
light and a sense of expanding space.

通常不靠外墙的内室需要人工照明和扩大空间的感觉

Solid or translucent
canopy providing
indirect lighting.

实体或透明悬吊平顶
提供间接光照

(3 × 5 卡片)(3 ×5 card)

图 8-23

当建筑师对房屋设计组织构思时，可把有关的搜集卡片和纸张摊开在桌面或者墙面上。建筑图形或者种种细部的设想因此就能组合起来观察了。但是建筑师必须超越简单的加添过程。"这样就有可能把图形按下列方式处理，即将几个图式重叠于同一明确空间：图面就显得非常稠密，小空间因此包含有大量意义，通过这样的稠密化，空间也就变得意味深长了。"[7]要获得图形中的这种综合性或者"压缩"，可以采用图解思考过程，采用卡片或者纸张夹边浏览边组织构思。

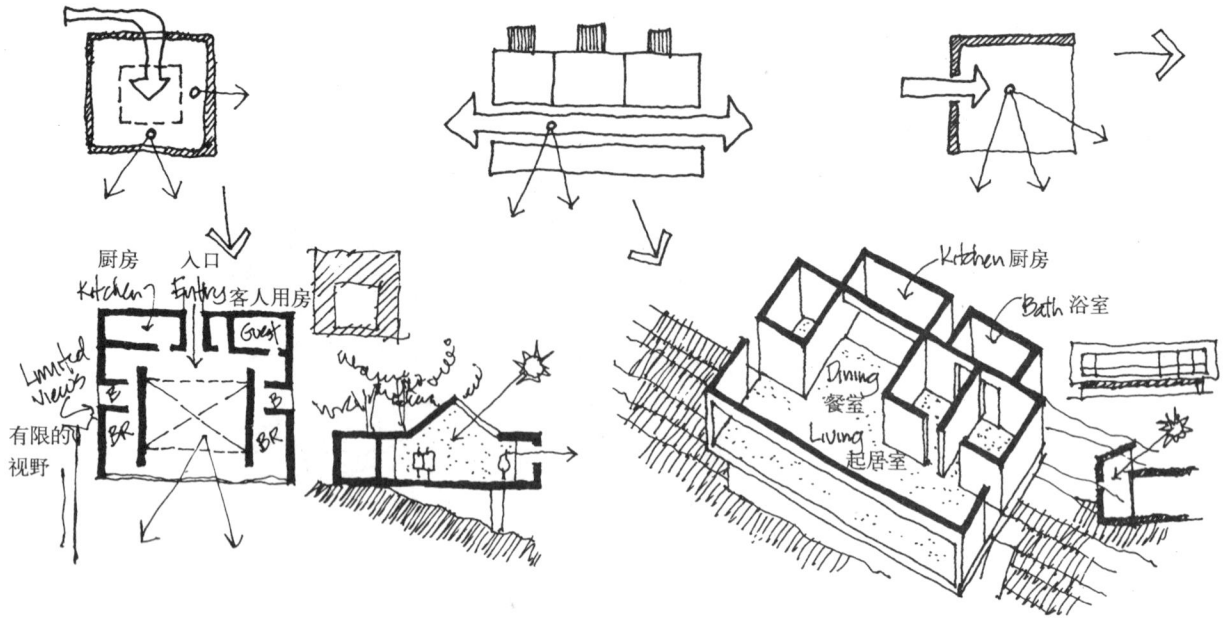

厨房　入口　客人用房
Kitchen　Entry
Guest
Limited views
有限的视野
BR　　BR

Kitchen 厨房
Bath 浴室
Dining 餐室
Living 起居室

图 8-24

实例研讨 1

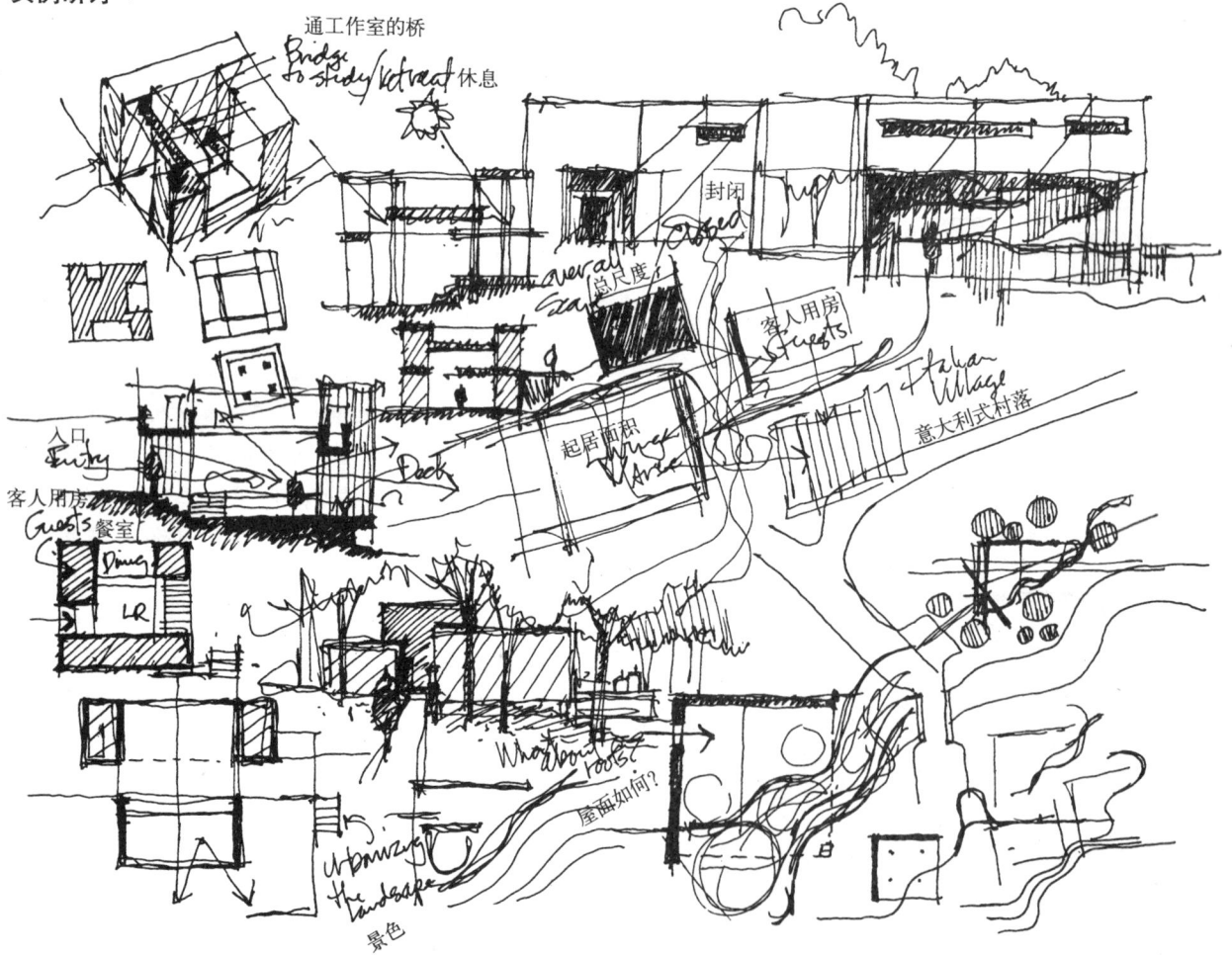

通工作室的桥
Bridge to study/retreat 休息
封闭
closed
总尺度
overall size
客人用房
guests
意大利式村落
Italian Village
入口
Entry
起居面积
living Area
Deck
客人用房
Guests 餐室
Dining
LR
What about roofs?
屋面如何?
urbanizing the landscape
景色

图 8-25

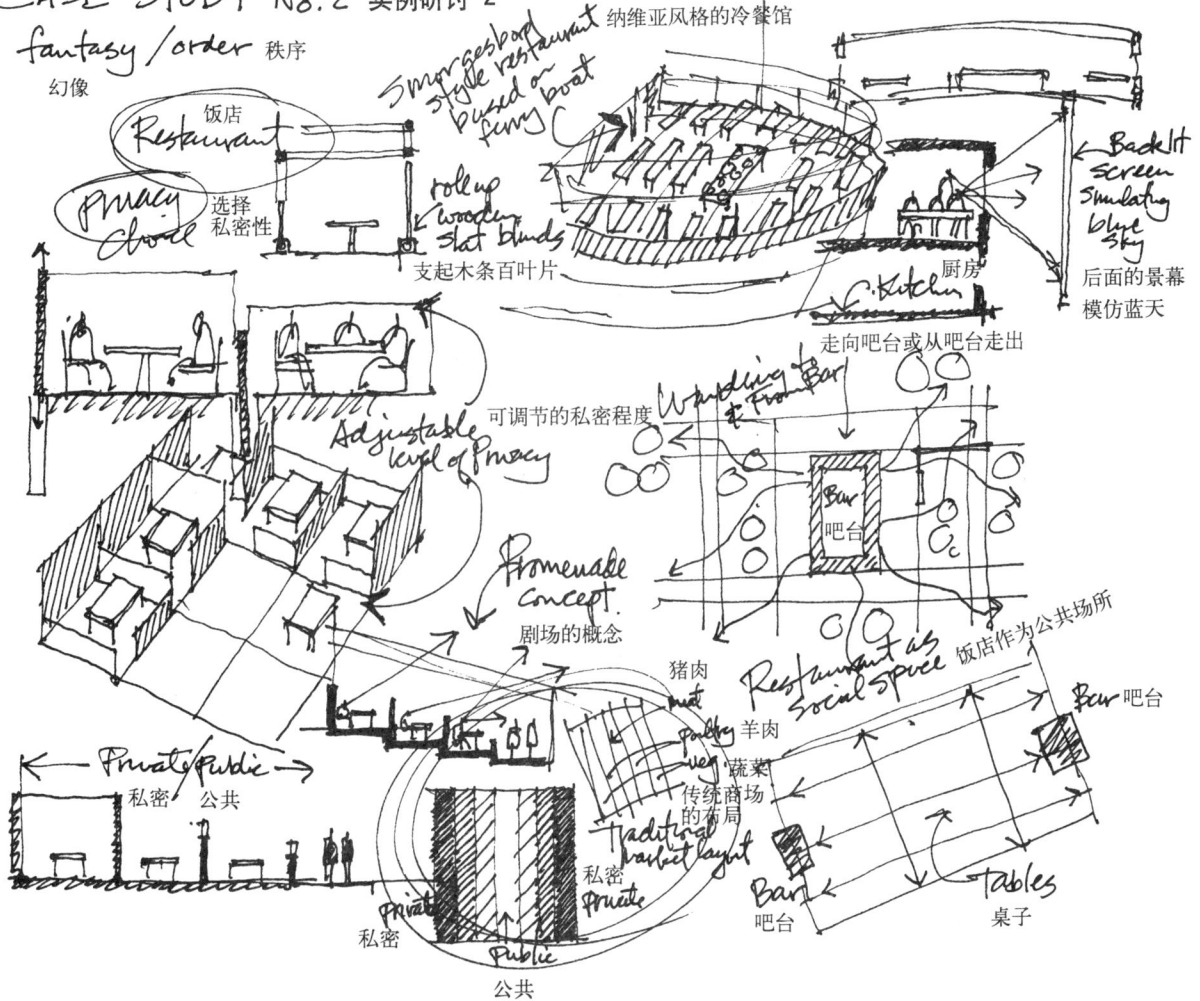

CASE STUDY No. 2 实例研讨 2
fantasy / order 秩序
幻像

坐落在泊船上的斯堪的
纳维亚风格的冷餐馆

Smorgesbord style restaurant based on ferry boat

Restaurant 饭店

privacy Choice 选择 私密性

roll up wooden slat blinds 支起木条百叶片

Backlit screen simulating blue Sky 后面的景幕 模仿蓝天

C. Kitchen 厨房

走向吧台或从吧台走出

Wandering to from Bar

可调节的私密程度

Adjustable level of privacy

Bar 吧台

Promenade concept. 剧场的概念

猪肉

Restaurant as social space 饭店作为公共场所

Private / Public 私密 公共

羊肉
蔬菜
传统商场
的布局
Traditional market layout

私密 Private

Bar 吧台

Bar 吧台

Tables 桌子

私密 Private
公共 Public

图 8-26

实例研讨（CASE STUDIES）

以构思图解发展构思而成的假期住宅的实例研讨参见后面四页。构思图解曾见于第6章中的需要、脉络和形式，见于第7章，也见于本章。在这一构思的形成中，从一个源泉汲取的构思须进行调整以适应其他要求。例如，设计雏形加以调节使之适应基地或者从基地产生的构思加以调节使适应建筑设计方案。在后面几页附加的实例分析中说明了这种取向的各种变化。

实例研讨 3 CASE STUDY NO.3

Reversals 反转

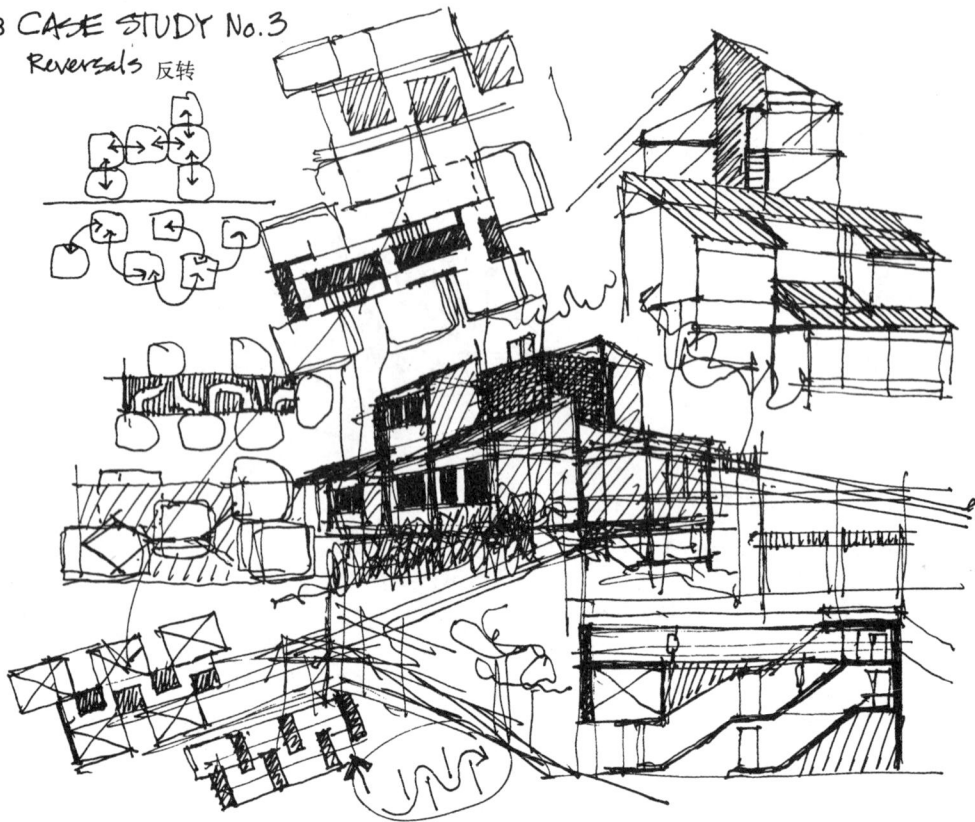

图 8-27

实例研讨 4 CASE STUDY NO.4

structure/analogy 类比
结构

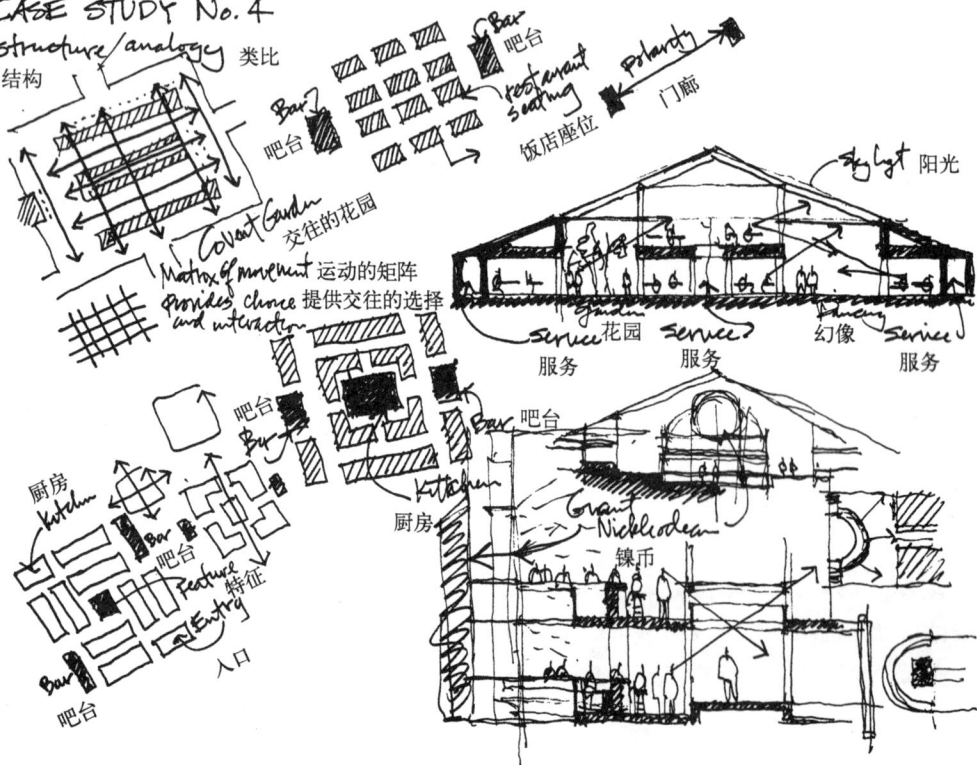

Bar 吧台
Bar 吧台
restaurant seating 饭店座位
Polarity 门廊

Covent Garden 交往的花园

Matrix of movement 运动的矩阵
provides choice 提供交往的选择
and interaction

Skylight 阳光

Garden 花园
Service 服务
Service 服务
Service 服务
Fantasy 幻像

Bar 吧台
Bar 吧台

厨房
Kitchen
Kitchen 厨房

Bar 吧台

feature 特征

Bar 吧台

Entry 入口

Grand Nickelodean 镍币

图 8-28

160 ● 发现

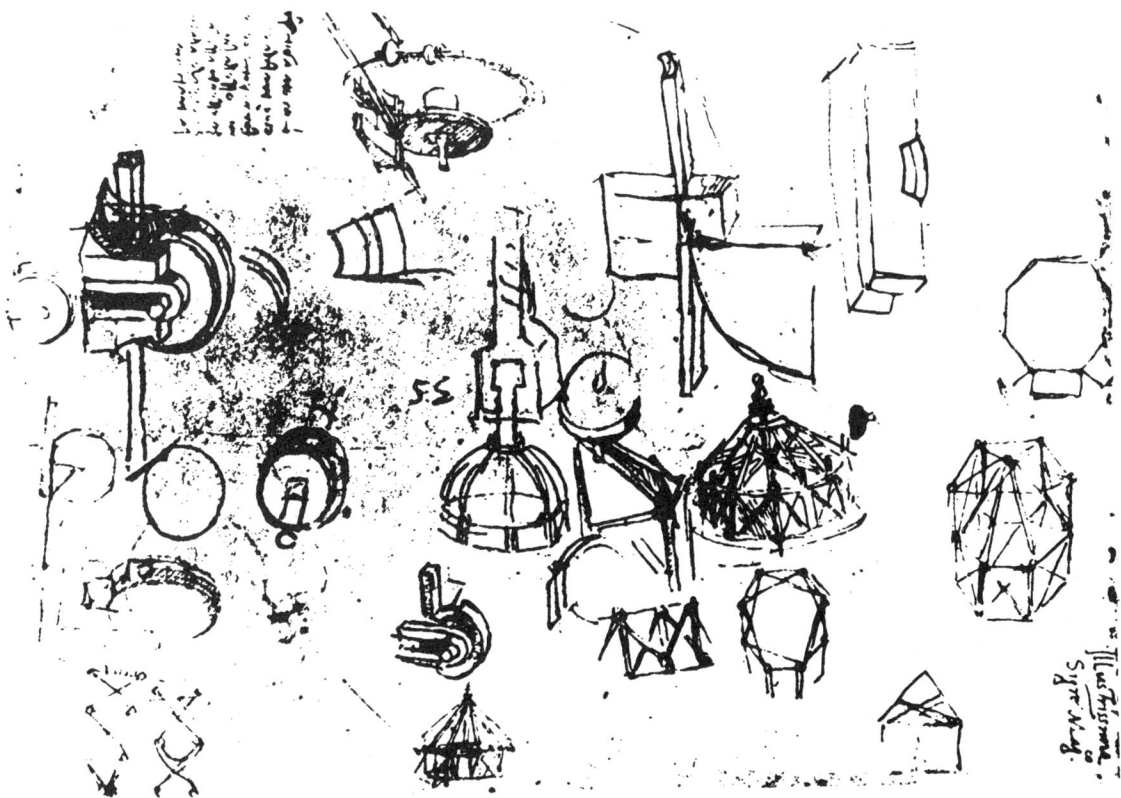

图8-29　节日临时建筑的研究。莱奥纳尔多·达·芬奇绘

　　建筑师所应用的图解思考速写可验证设计过程中所采用的相似处。这些速写往往尺寸很小，便于在同页纸面相互比较众多不同的相似物。这样就允许设计师无拘束地随意描画，勾勒出各种各样的想法。原先的思路得以记录保存，可随心所欲地反馈；又便于把速写的种种形象集中加以比较，由此可取得进一层的变化。

图8-30　电子诗篇的研究。勒·柯布西耶绘

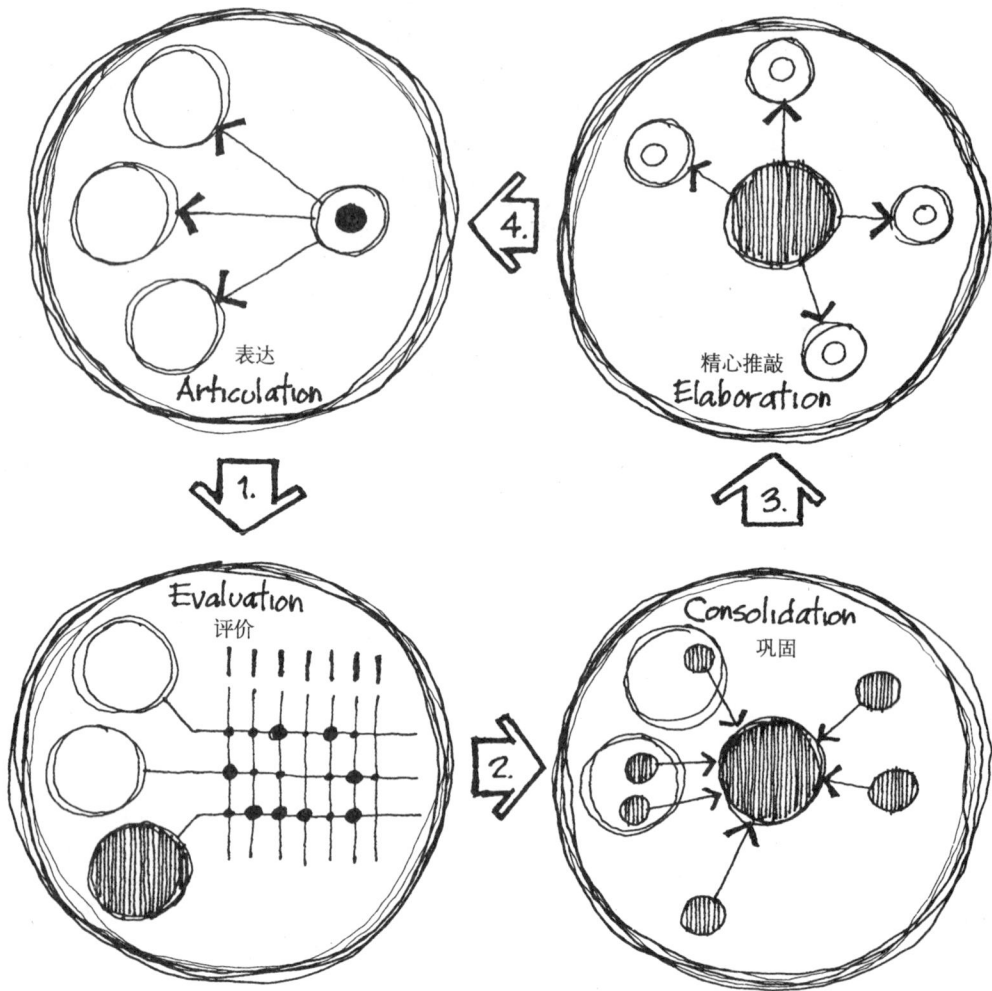

图 9-1　验证图

9 验证 (Verification)

在建筑设计领域内，验证涉及到设计意图对特定要求的实用性。房屋竣工交付使用后的第一手评价对验证房屋的实用性具有最大的意义。无论如何，后期居住者的评价已无助于设计和建造过程中所作的众多抉择。因此，建筑师惯常试行一种预先验证的过程。在预测设计意图的脉络内，图解思考验证法的实用性在于把设计意图从抽象形象转向较完整，较具体的形象。

验证可以解释成一种产生形象的循环过程，逐步地增加特定性或者具体化。例如，一个屋盖的形象先演变成低矮、出挑深远的坡屋顶，往后又出现暴露的木屋架，然后是具有特定颜色的木瓦。另一种形象的发展是从房屋的大处转向局部。设计质量的关键之一在于对各局部之间关系的关注程度，从作为整体的建筑物直到最详细的细部。伊里尔·沙里宁和埃罗·沙里宁被认为相信建筑设计任何部分的成功取决于对相邻不同尺寸构件的研究，要设计一间良好的房间就必须把家具和住宅作为一个整体来研究。

图9-1用以说明验证的循环过程的模式。这个模式有四个基本阶段：

1. 表达——设计形象是通过表达多方案设计意图采用表现性草图扩展的。
2. 评价——多方案表现的设计意图按一套验证标准来决定取舍。这一标准代表了建筑工程所要求的功能，对方案进行评价和比较。
3. 巩固——验证过程除取舍的抉择外，通常会产生大量有用的信息，巩固的目的是力图使所选方案与尽可能多的卓越设想结合起来。
4. 精心推敲—— 在细致深入地做出设计抉择后，形象至此显示出全新的想法。由此，设计师必须组织新的设计构思。与新概念相连结的再循环过程就再次开始运转了。

在贯穿验证过程中，如果设计师坚持对设计发展进行控制的话，形象的选择必须周密而审慎。简单地讲，你不了解的东西是无法判断其效果的。正如科比·洛卡德所说："如果构思要提供特定空间的或动感的经验，表现画必须是视平线的透视图。某些以具体脉络为基础的构思，要评价其优缺点就必须以这个脉络的透视图表现。而以人体活动为基础的构思最好在剖面图中显示这类关系。最佳显示设计基本意图优缺点的设计图是研究和评价该项设计质量的最有效的资料。"[1]因此，设计师有必要掌握多方面的速写草图技巧：从抽象到具体，从随意松弛到细致谨慎；并有必要理解技巧所产生的不同形象的特有效果。

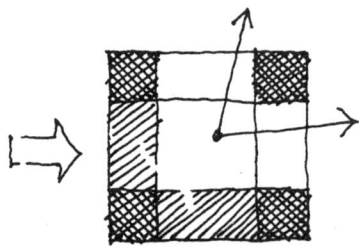

Parti 意图与措施

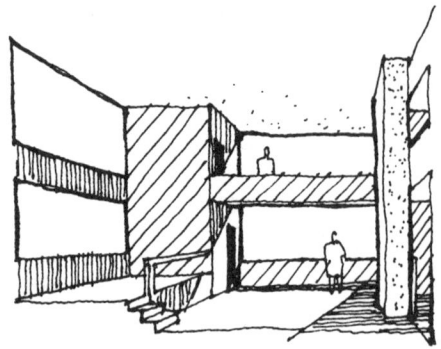

Perspective 透视

← Views 视觉
light 光线
texture 质感

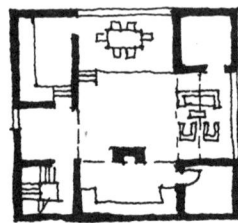

1st Floor 一层   2nd Floor 二层

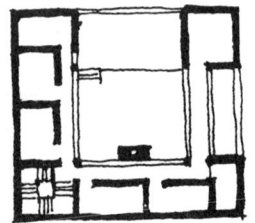

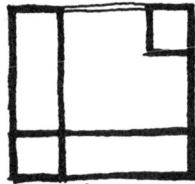

Plan 平面

← order 序列
structure 结构
Module 模式
Zoning 分区
Proportion 比例

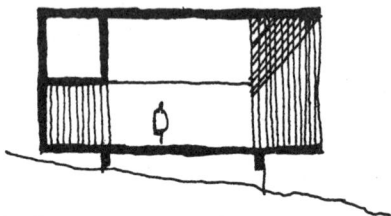

Section 剖面

← scale 尺度
proportion 比例
light 光线

图 9-2　一个意图三种表达方式

图 9-3a　透视的三种表现法

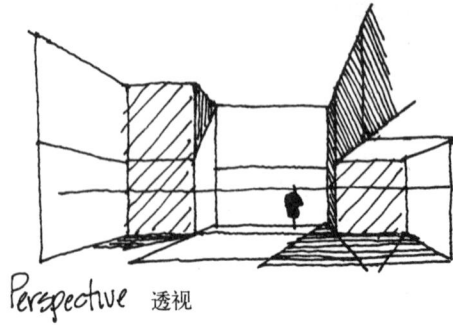

1st Floor 一层   2nd Floor 二层

图 9-3b　平面的三种表现法

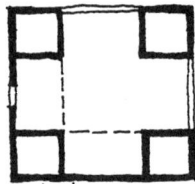

图 9-3c　剖面的三种表现法

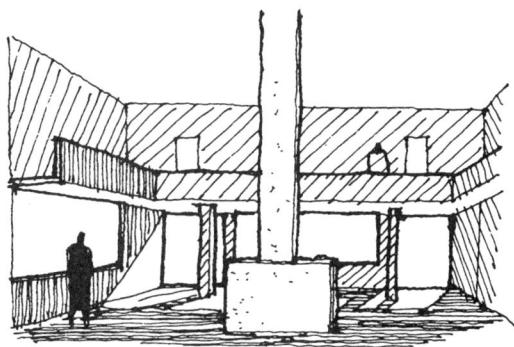

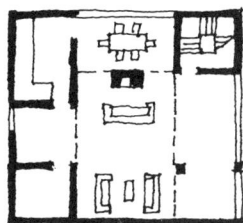

1st Floor 一层   2nd Floor 二层

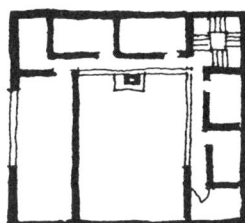

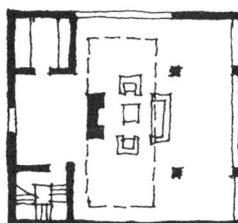

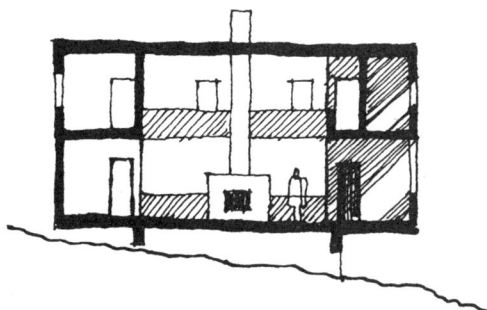

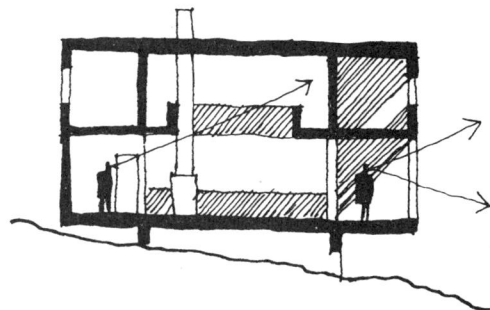

1st Floor 一层   2nd Floor 二层

表达 (ARTICULATION)

为体验表达设计意图时所需的若干图像，图
9-2反映了设计意图的某些特性，其质量和特征用
文字注于各图上。图 9-3a,b 和 c 为设计草图发展
的三种方案的表现法。

图9-4为若干较复杂的设计构思，包括：体量、
尺度、想像、色彩、构造、可变性、持久性、界限
和舒适性。有经验的建筑师对某一具体工程可能并
不需要这么多的考虑，而富有创造力的建筑师却往
往应用特定的设计脉络对已被承认、接受的设计标
准进行再审查。

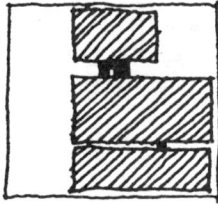

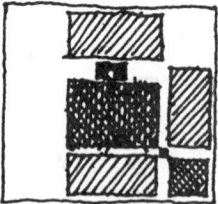

Flexible Zoning 可变分区

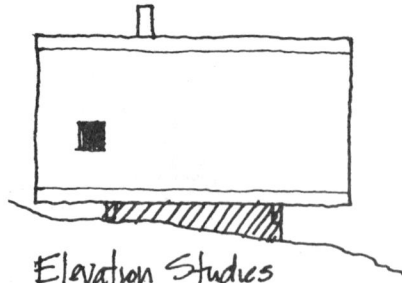

Elevation Studies
立面研究

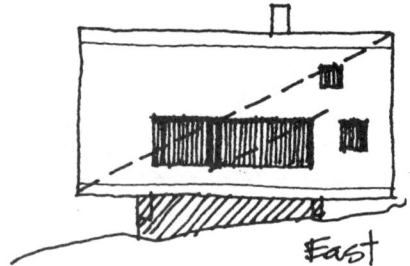

East
东

square windows
方形窗

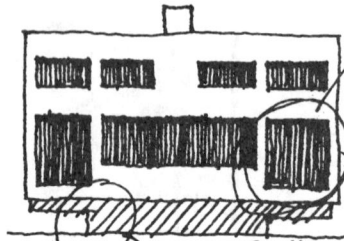

Rethink base
加厚基座

South
南

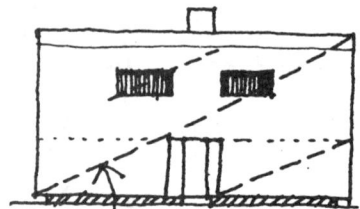

Proportion analysis
比例分析

North
北

Further Articulation
更进一层的表达

Interior Scale
内部尺度

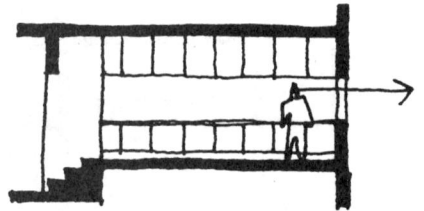

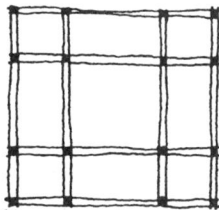

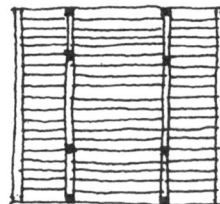

Structural Organization 结构

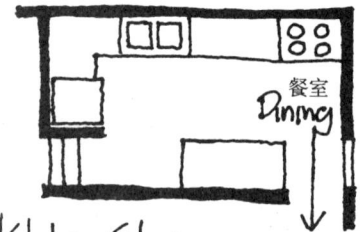

餐室 Dining

Kitchen Setup 厨房设备

图 9-4　更进一层的表达

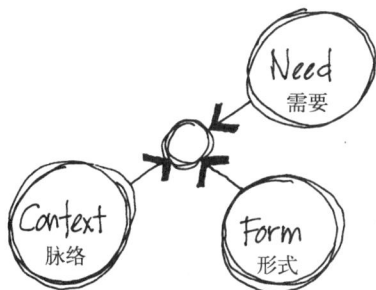

图 9-5a

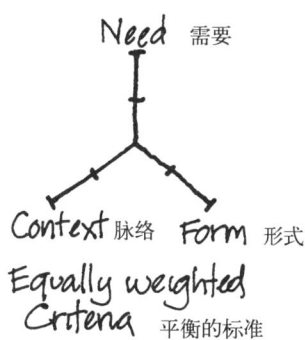

图 9-5b

图 9-5c

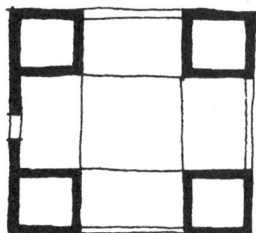

Conceptual 构思

图 9-5d

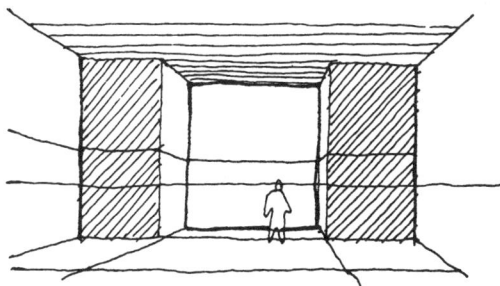

Perceptual 感觉

图 9-5e

评价 (EVALUATION)

评价的定义即对事物做出估价，意指存在着评价者关心的一系列价值。当评价一个设计时，采用设计标准代表这些价值。设计标准的首要关注应该是整体的，包罗设计各个方面的问题。为了方便起见，选用曾讨论过的设计问题作为模式。标准以需要、脉络和形式三大基本要素谨慎发展而定。如图9-6所示一个图表可保证从各个角度来观察设计意图。

其次的关注是设计如何表达以及价值是代表谁的。当设计房屋时，往往按照业主、建筑师、直接使用者，甚至以社会的一套竞争性价值(惯例或法规的形式)为基础做出抉择。列出一系列评价标准，对之进行衡量，可以看出在价值上的平衡。价值的不同意见仍须经过协商，但设计人至少可以对价值和特定设计评价之间的关系加以阐明。

设计评价的第三个关注与我们观察设计构思的不同方法有关。有些建筑师比较倾向于理性，即他们极其重视平面组织、一贯性和等级这类因素；而倾向于感性的建筑师则对室内外的个人直接经验比较感兴趣。我的意见是理性和感性两者对建造经验都是重要的，因此它们对设计意图的评价也是重要的。建筑师必须意识到设计评价中的这两种倾向，并且力求采取平衡的评价方法。

Alternative 方案 3.	Alternative 方案 2.	Alternative 方案 1.		
			◉ Superior 优秀	
			• Average 一般	
			□ not adequately addressed 不充分标记	
◉	•	◉	Communal space 公共空间	NEED 需要
	•	◉	Privacy 私密性	
◉	•	◉	Orientation 朝向	
◉	•	•	Circulation 交通	
•	•	•	Energy conservation 节能	
	◉	•	Accomodation of Functions 功能的适应	
◉	◉	◉	Views 视野	CONTEXT 脉络
			Access to site 基地可达性	
◉	◉	◉	Building Privacy 房屋私密性	
•	◉	◉	Orientation 朝向	
◉		•	Hierarchy 等级	FORM 形式
◉	•	•	Unity/Simplicity 统一/简洁	
◉	•	◉	Scale 尺度	
◉	•	•	Memorable image 可记忆的形象	
•	•	•	Expression of Functions 功能的表达	

图 9-6　矩阵评价图

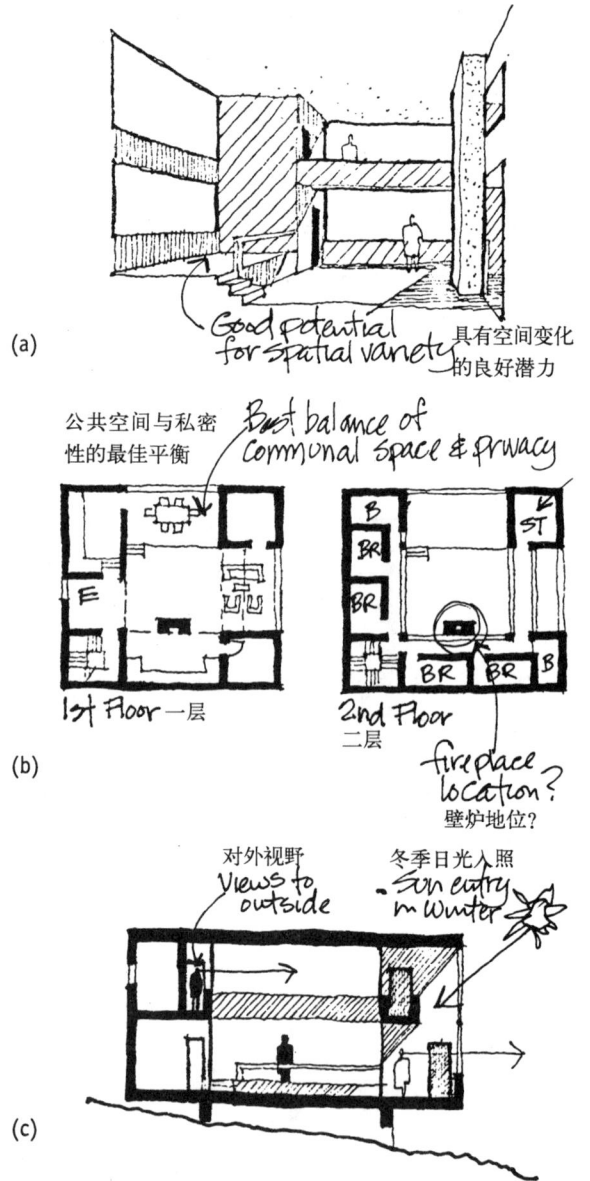

(a)

Good potential for spatial variety
具有空间变化的良好潜力

公共空间与私密性的最佳平衡　Best balance of Communal space & Privacy

1st Floor 一层　　　2nd Floor 二层

fireplace location?
壁炉地位?

(b)

对外视野 Views to outside　　冬季日光入照 Sun entry in Winter

(c)

图 9-7a　三种透视评价图
图 9-7b　三种平面评价图
图 9-7c　三种剖面评价图

此处可打开
could open up here

good views 良好的视野

Flexible space 可变空间

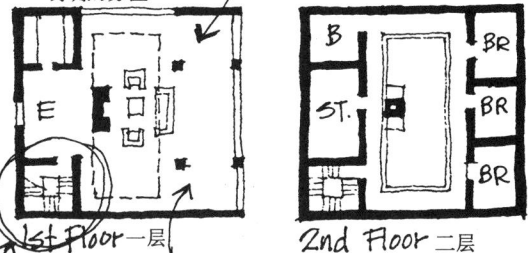

⊠ vs ⊞

最简单的组合
Simplest organization / strong hierarchy

明确的分区

1st Floor 一层   2nd Floor 二层   1st Floor 一层   2nd Floor 二层

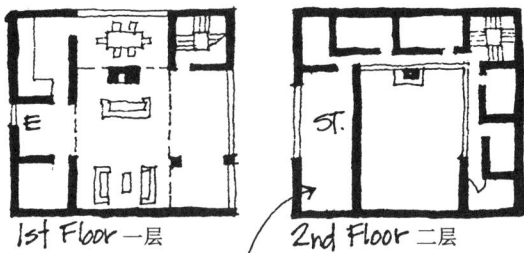

North orientation for studio
朝北的工作室

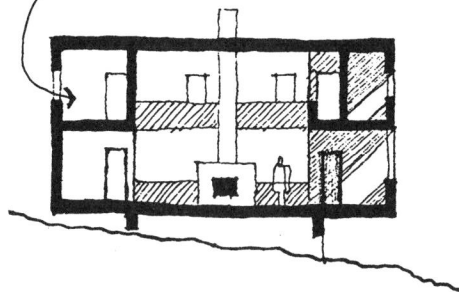

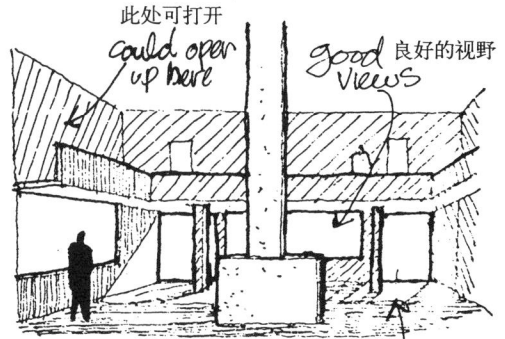

Stair position disrupts axiality?
楼梯破坏轴线?

Strong orientation to the South
正南朝向

各室都有好的朝向
Good orientation for rooms

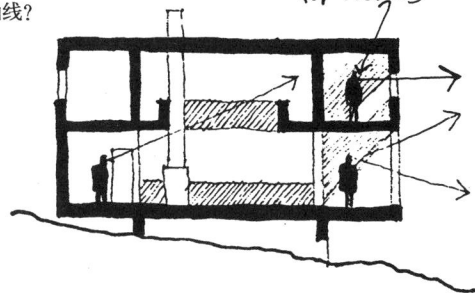

对面页所示的图表用以评比设计方案的价值（参见下页）。图表列举在需要、脉络和形式标题下的设计评价。每一标题的标准按主次从左向右排列。可从中统计各项优越性。方案1、2、3为评选对象。评价上述方案在解决各项设计问题中属优秀还是一般。空白格表示无特定要求。从图表可以全面地观察每一评选方案在设计上是否成功。

在评价过程中要做好记录，并对评选方案进行相互比较。这样才有助于深入理解各方案的优缺点。以这种方式，建筑师也往往可识别最佳设想，并以比较中发现的信息来发展该设想。

成本－效益（Cost Benefit）

用图解形象帮助评价的另一些例子刊登在下两页上。本页的图表是考迪尔·罗利特·斯科特(Caudill Rowlett Scott)建筑事务所[2]所发展的分析法。建造的相对面积和近似造价并肩排列。为业主和建筑师双方提供了有用的设计要求与造价之间的关系图。

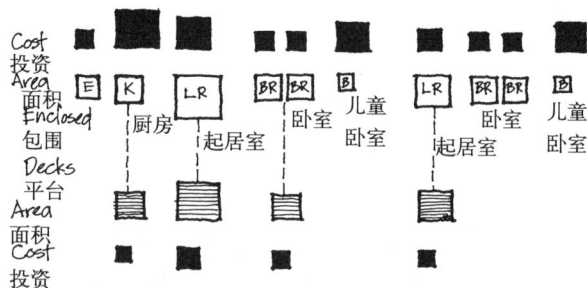

图 9-8　成本－效益分析

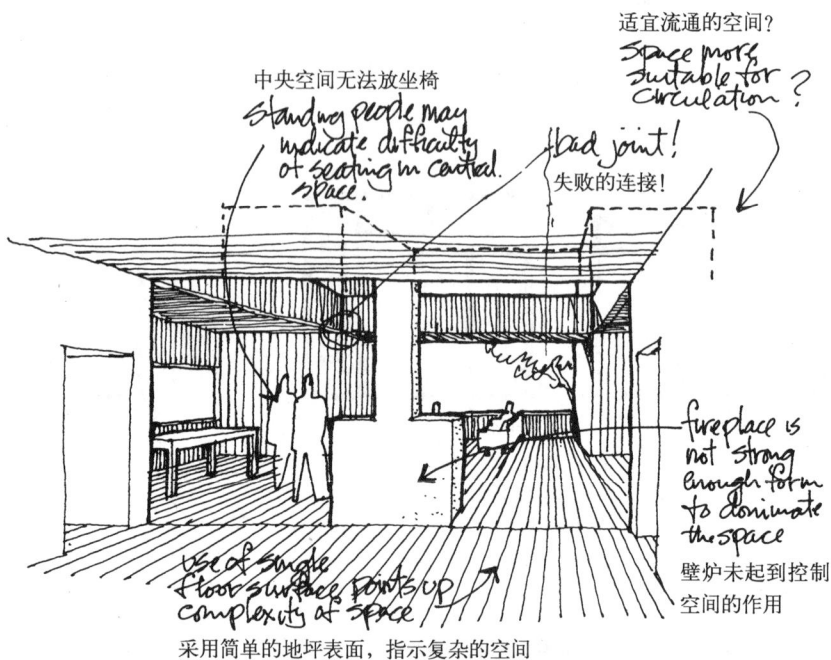

中央空间无法放坐椅

Standing people may indicate difficulty of seating in central space.

适宜流通的空间？
Space more suitable for circulation?

Bad joint!
失败的连接！

fireplace is not strong enough form to dominate the space
壁炉未起到控制空间的作用

use of single floor surface points up complexity of space
采用简单的地坪表面，指示复杂的空间

图 9-9　作为评价手段的透视图

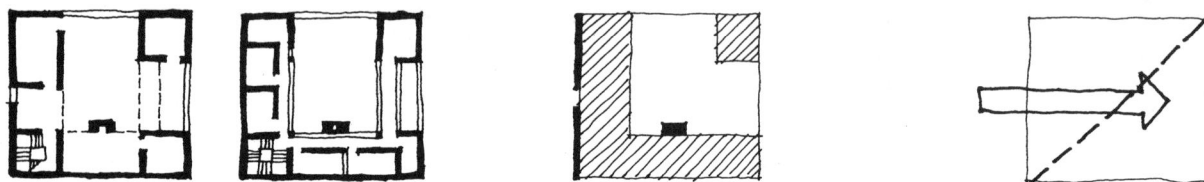

图 9-10　作为评价手段的构思草图

表现画评价（Drawing Evaluation）

透视图被极其普遍地用作"销售"手段。审阅下页的透视图可能有助于强调这一评价工具的潜力。这幅透视图属第一阶段描绘，尚未自觉注意空间设计。正从中检查错误、发现线索。这种方法也可应用在职业透视画家所完成的表现画上，或者甚至专业摄影师的建筑照片上。概念性的画也可以精简到构思图解的程度来强调设计构思的简洁和连贯。

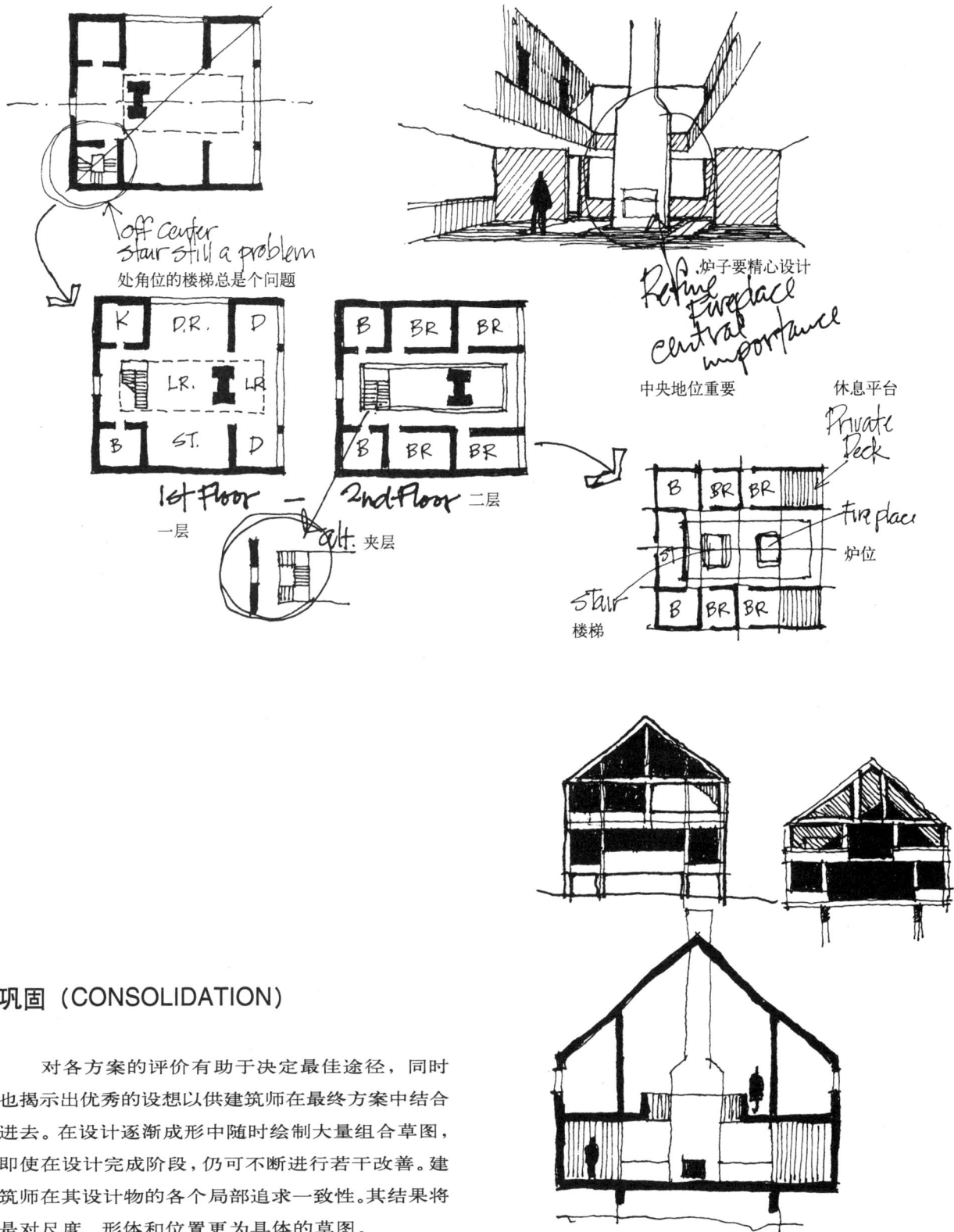

off center
stair still a problem
处角位的楼梯总是个问题

K | D.R. | D
LR. | LR
B | ST. | D

1st Floor
一层

B | BR | BR
B
B | BR | BR

2nd Floor 二层

alt. 夹层

炉子要精心设计
Refine
Fireplace
central
importance

中央地位重要

休息平台
Private Deck

Fire place
炉位

Stair
楼梯

B | BR | BR
B
B | BR | BR

巩固 (CONSOLIDATION)

对各方案的评价有助于决定最佳途径，同时也揭示出优秀的设想以供建筑师在最终方案中结合进去。在设计逐渐成形中随时绘制大量组合草图，即使在设计完成阶段，仍可不断进行若干改善。建筑师在其设计物的各个局部追求一致性。其结果将是对尺度、形体和位置更为具体的草图。

图 9-11　选择可行的设想并进行组合

巩固 · **171**

浴室
Bath
Studio
工作室

B.R.s
卧室

开敞平台
open
decks

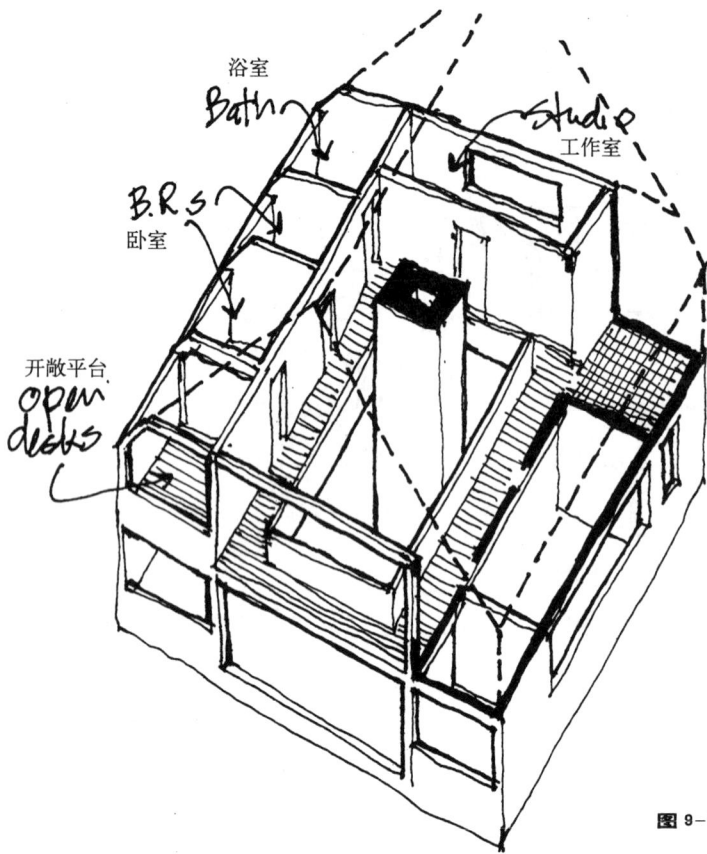

图 9-12　方案的抉择和完善

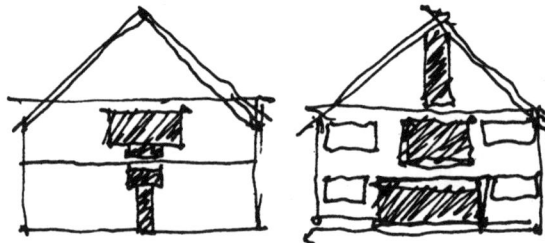

工作室平台
Deck for
Studio

Attempts to
nestle house
in the ridge.
意图将住宅窝入山脊

Stone
Retaining
Wall
挡土石墙

Covered
North Entry
有顶盖的北入口

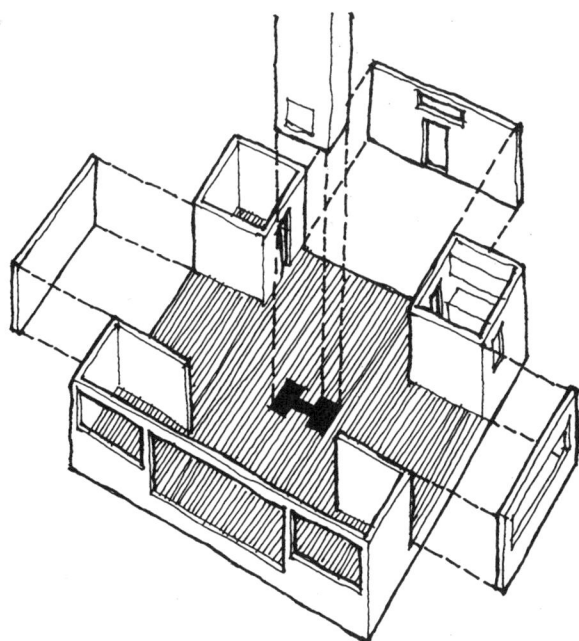

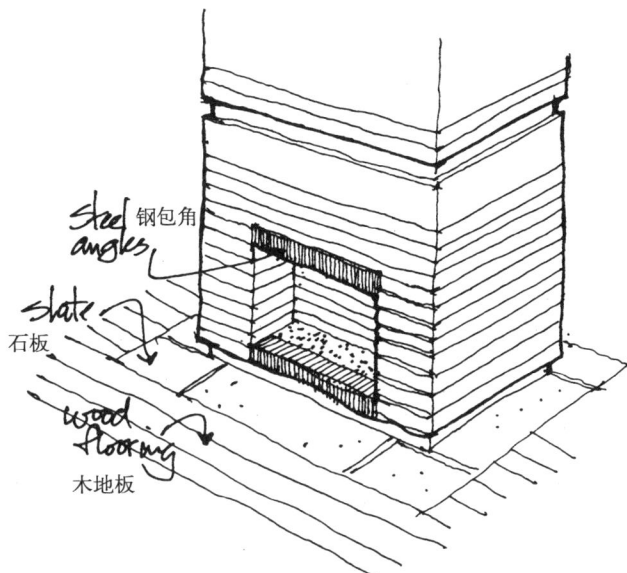

图 9-13　为进一步设计而作的各部分位置识别图

steel angles 钢包角

slate 石板

wood flooring 木地板

精心推敲（ELABORATION）

　　基本设计抉择和阐明后，即准备进行检证的下一循环。前一阶段的抉择为下一阶段提出了许多问题。例如，房间位置决定了就得研究窗户、地板、机械体系、贮藏单元以及像壁炉或者日光室之类的特殊项目。每一局部的设想均在房间整体设计的脉络之内发展。但是每一设想可以重复本章所描述的方法依次地加以验证。

Built-in Bench Detail 固定长凳细部

图 9-14　深化细部

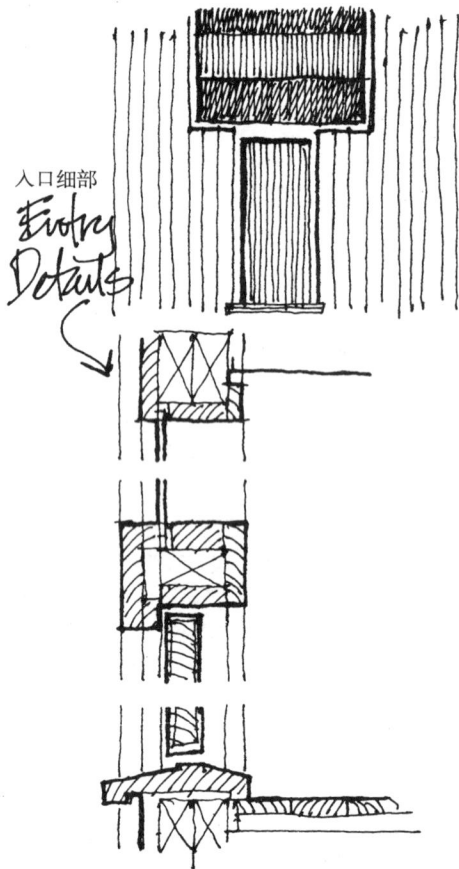

入口细部
Entry
Details

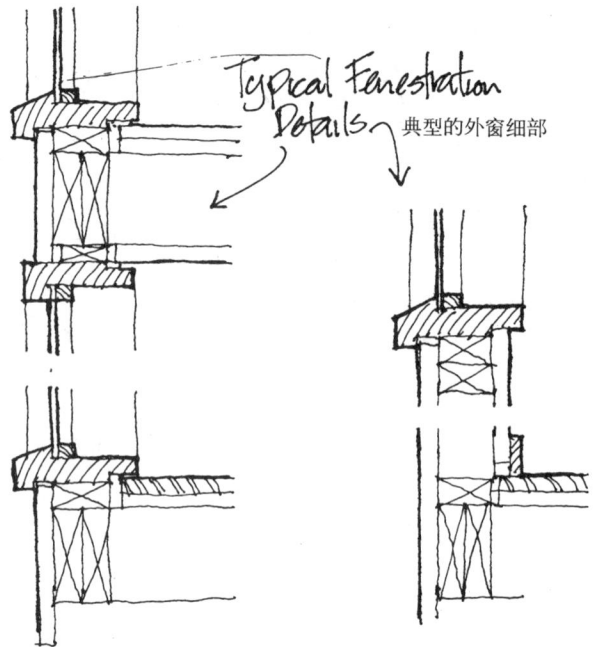

Typical Fenestration
Details   典型的外窗细部

细部（Details）

　　建筑师必须确信自己的设计构思经得起下列提问的考验：各局部造得起来吗？能够相互配合吗？细部草图能经受类如"显微镜"下的检验。这两页的草图通过不同的意图显示出如何把各局部组合起来和取得应有外貌的重要性，除了上述的图例外，节点大样和设计草图必须表示出细部的相互关系。

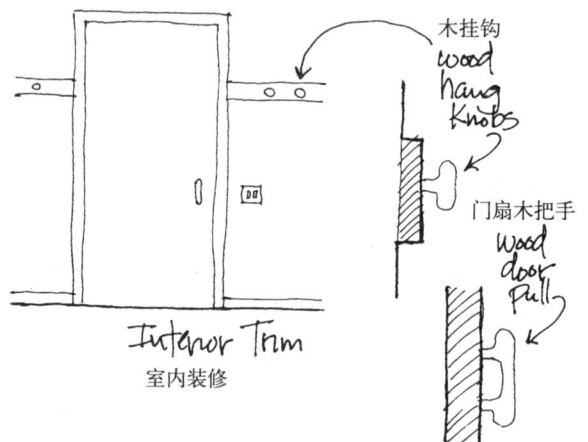

木挂钩
wood
hang
knobs

门扇木把手
wood
door
pull

Interior Trim
室内装修

图 9-15　深化细部

验证与经验
(VERIFICATION AND EXPERIENCE)

设计经验的效益之一就是在房屋建成后能取得修正设计意图的机会。建筑师拥有了亲身体验过的种种意图的脑力积累，他就懂得什么有效，什么不行。怀着一定的自信，从自己所学到的和判断过的知识中孕育新的设想。其结果，将加快抉择的过程，从而也使设计过程简化、顺利。

然而，判断才能会由于嗜好而退化，在尚未正视问题前就做出决定。特定的意图、技术、材料的重复应用也会引起与设计要求不相适应的先人之见。所以有创造力的建筑师大都经常考验已被自己接受的设计概念，他们一贯正视自己的想法，不断加以检验，并且不断发展新的设想。

更严重的问题是在不完全了解别人的本意和派生关系时而滥用他们的概念。这通常是设计师面对那么多现有的类型和影响时下意识产生的反应。F·L·赖特的草原学校的高高的大屋檐被广为模仿而千篇一律了。在郊区住宅上类型化地使用这个大

屋檐一点也没有它最初的道理了。相似的陈词滥调在现代主义和后现代主义运动中都存在着，典型的商业化立面的饭店是最易被接受的陈词滥调了。

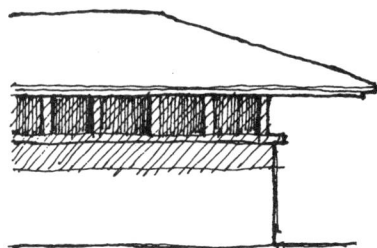

Concept 意图

Cliché 因袭守旧

图 9-16　概念与抄袭

图 9-17a　现代建筑运动的因循守旧

图 9-17b　后现代建筑运动的因循守旧

COMMUNICATION
交　流

工程任务书	设　计	施　工
业主	建筑师	承包商
用户 经营管理 财务 法律事务 公共事务 营销	规划师 景观建筑师 工艺设计师 估算员 建筑师 设备工程师 电气工程师 结构工程师 顾问	营造商 供应商 承包商 分包商 施工经理 施工监理
地产开发商 地产商 建筑经理 人类学家 社会学家	房屋体系开发商	施工财政 规范执行人

图 10-1　当前建筑设计过程的参加者

10 过程（Process）

在这一部分，我们关注交流对设计活动现在和将来的影响，目的是更深入地了解个人设计、小组设计和公众参与设计的过程，以及如何应用图解思考技巧。

显然，建筑专业正处于根本性变化与基本延续的变革之中。建筑的传统方法对解决环境问题是重要的，但是，对已认识的环境问题的范畴正在迅速扩大。建筑师面临两种明显的选择：扩大专业概念以包容正在出现的新要求，或者在环境设计之类的名称下取得专业活动的新的统一。无论采取哪种方法，新的变化都要求对设计进程中的信息交流进行重新估价。

设计和施工过程中的变化是立时可见的：因为各阶段都牵涉到许多的因素，这些因素都是其他专业或者业务脉络的有关部分，因此也受其影响。为了掌握市场、生产和供应不断发展的形势，营造商不会局限在任何单体建筑物或者某一个开发工程中来观察问题。分区委员会的建设计划在土地利用上必须把调节公共和私人利益间不断发展的关系考虑进去。

设计的三项主要条件压倒了实践者和实践的这一复杂的网络：

1. 业主概念的变化，须包括房屋使用者和(或)公众。
2. "设计队伍"的扩大，按工程要求包括业主、承包商、营造商、研究人员等等。
3. 设计和施工过程的有关事宜日益繁忙、复杂。

这样就对三种不同规模的设计组织提出了可预见的新要求：

1. 个人设计——要求发展对应于日益复杂的问题进行自我快速交流的才能。承认其复杂性。同时尽可能地对它们进行综合而有系统的观察。
2. 小组设计——要求交流设想、共享目标和充分发挥每一组员的专长和对工程的关注。
3. 公共参与设计——要求发展交流手段，跨越传统专业语言的界限，允许公众平等地参与设计和施工过程。要是我们乐意发展这一必须的技巧的话，我相信图解思考将是适应这类交流要求的宝贵工具。

图 10-2　设计小组成员的相互作用

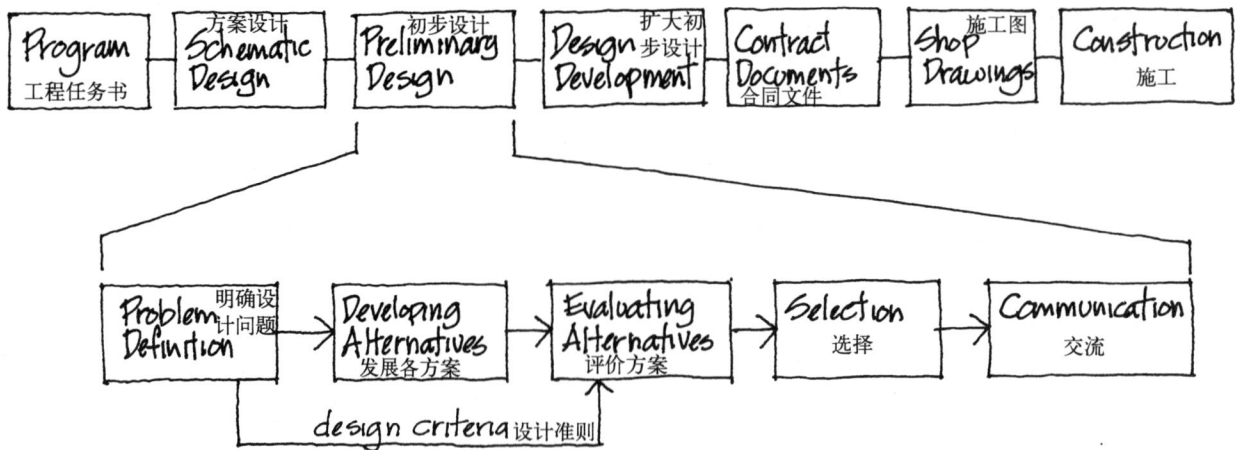

图 10-3　设计程序与解决问题的步骤

一个设计过程（A DESIGN PROCESS）

不论是什么设计工程或者由谁来设计都有个共同目的，那就是：把业主的工程要求转化为具体房屋或者符合他所要求的其他实体。在建筑实践中一般涉及到下列步骤：工程任务书、方案设计、初步设计、扩大初步设计、合同文件、施工图、施工。在上述每一步骤中所必须解决的问题都要求设计师采取有效的解决措施。对此，有许多好的模式，我较喜欢以下的五步模式：

1. **明确设计问题**　确立所需解决问题的具体界限，然后通过对问题的各个部分的分析，明确它的要求、限制和源泉。最后，设计师提出特定的各项设计目的。
2. **发展方案设计**　设计师对原有的与新的解决办法探讨比较，从中发展若干可行的方案。
3. **评价设计**　评价标准以设计目的为基础，然后按设计标准对各方案进行评价。
4. **选择**　取决于评价的结果，从中挑选出一个最优方案。如果没有出类拔萃的方案，可以选择两个或两个以上的并列方案加以合并。但是在任何情况下，选定的方案往往采纳其他方案中某些较成功的局部处理来进一步修改。
5. **交流**　最后的抉择方案必须附有详细说明，以利下一阶段的设计。

这一模式不像初看那样复杂，下文试以一个初步设计阶段作为例子：

1. 以住宅居住空间的围护体为题。其要求包括视野、通风、阳光控制和出入口；其限制包括住宅的总平面和朝向、起居室各使用区的位置，以及气候条件对空间的影响，对策手段有：建造技术、材料和各种围护的手段。特定的设计目标为：当在炉边休息时能欣赏室外西南方向的全部景观；房间需能遮挡炎热的夏季阳光，特别是西晒阳光，但是又可接受冬季的阳光照入，以暖和室内大部分面积；可以便捷地通向室外平台，夜晚又能保证安全。
2. 发展方案有：传统处理的窗和门；附有上下卷动保护门的滑动门；附有遮阳百叶的玻璃墙。
3. 方案比较，遮阳百叶提供最佳光线控制，但是遮挡了视野；传统处理的门窗虽不遮挡视野却无法控制阳光，又不能保证夜晚的安全；而上下卷门能提供安全却又无法控制阳光。
4. 选择了上下卷门，但是去掉了从地板直达天花的玻璃墙，采用部分百叶来控制阳光。
5. 在设计进入下一阶段前须做出最后抉择。其围护体的主要草图必须全部完成。

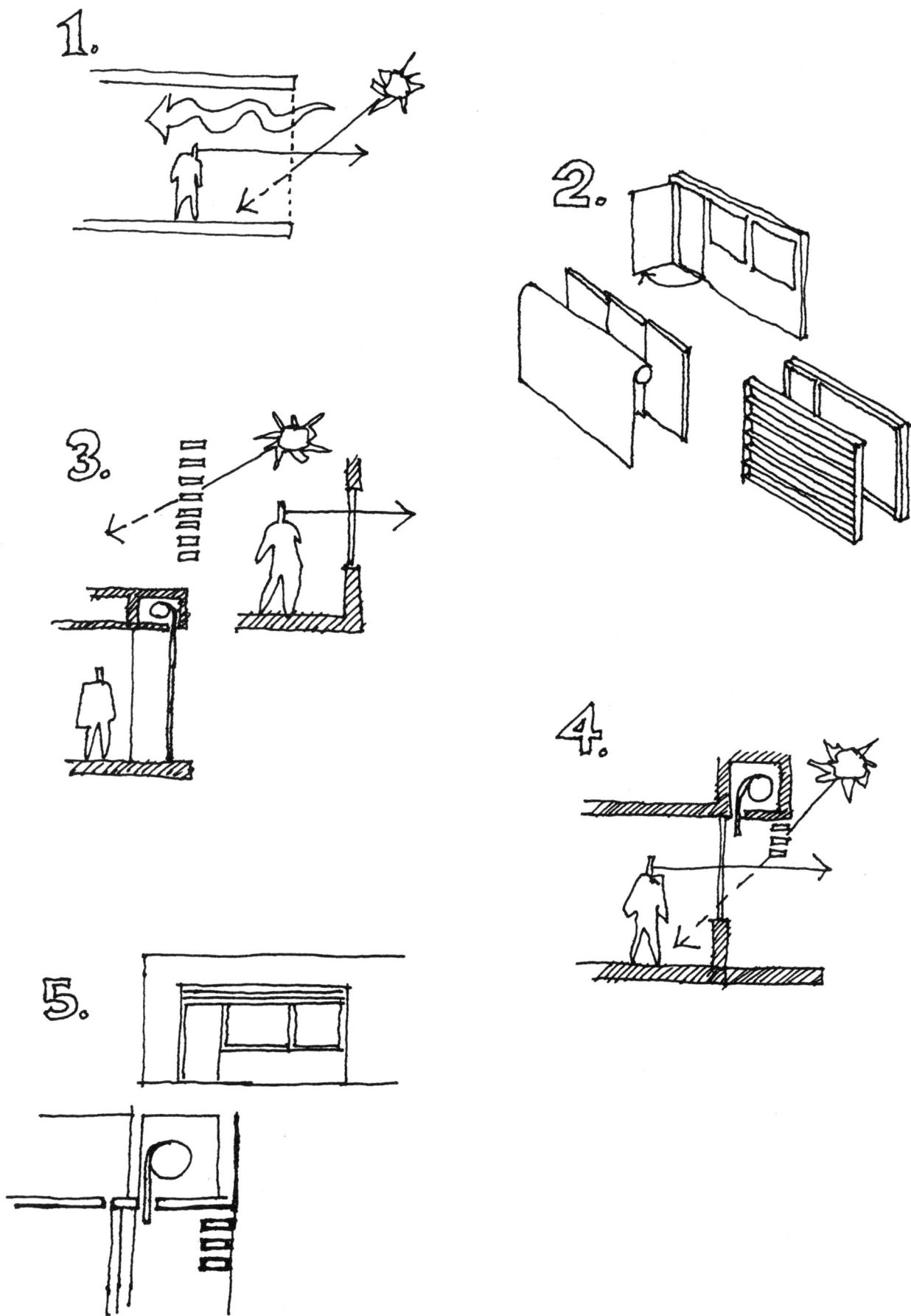

图 10-4　解决问题步骤的应用

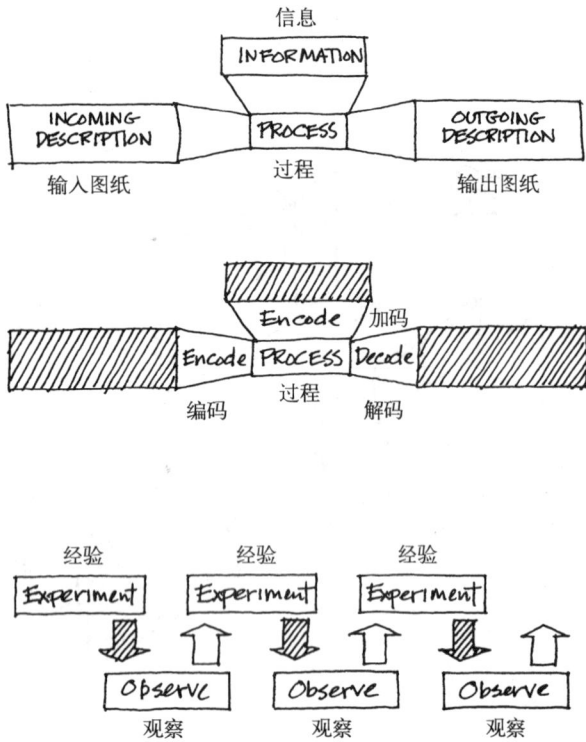

图 10-5 设计过程模型

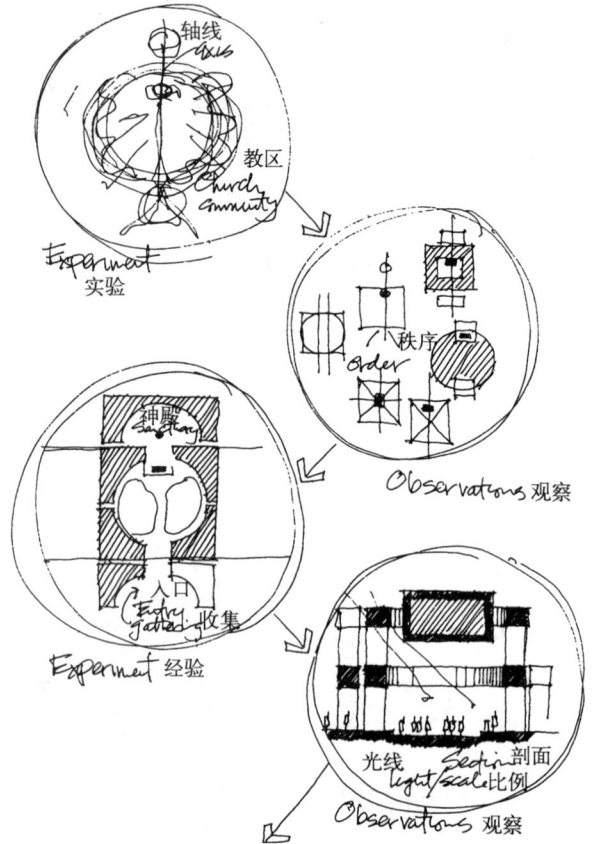

图 10-6 过程草图

设计过程中的交流
(Communication in the Design Process)

设计过程中的每一个阶段基本上都是一个交流工作,它通过前一种类型的图纸传递给下一个阶段的另一种类型的图纸。在纲要设计阶段,是用图解和文字的方式把设计问题描绘成可行性方案的草图,供业主做决策。在另一个阶段,承包商把建筑师的详细设计交给画施工图的单位,设计出建筑构件和施工方式,在交接图纸的过程中,设计师要处理大量用以支持思考和决策的信息。

在这些过程中存在着两种观点,一种是认为设计师用图解交流来处理大量信息,用简洁的图形语言编码可以使设计师能应付各种变化,并从中找出概念性的解决办法。信息经过处理后,就被转译为适当的图解语言传递给下一个设计阶段。

另一种观点认为设计过程是实验和观察的不断重复的过程,有实验状态中,设计师使用有助创造性的图解语言来探索。在观察状态,设计师使用有助于理解和评价实验结果的图形和图表。

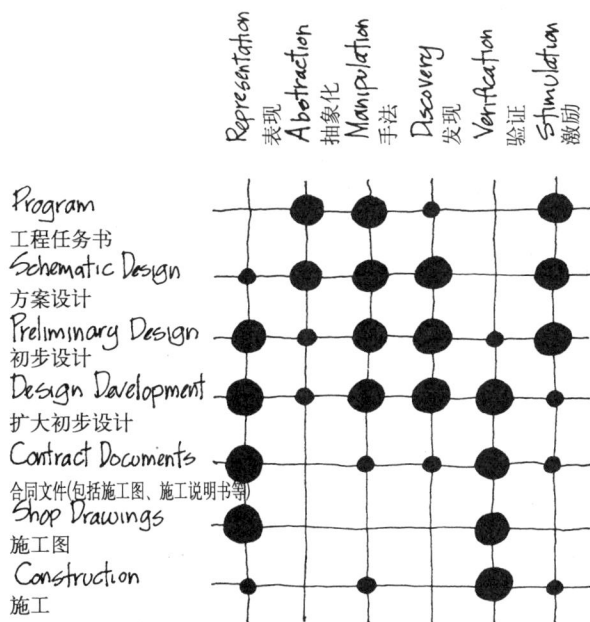

图10-7 设计各阶段与图解思考各不同模式间相互关系的矩阵图

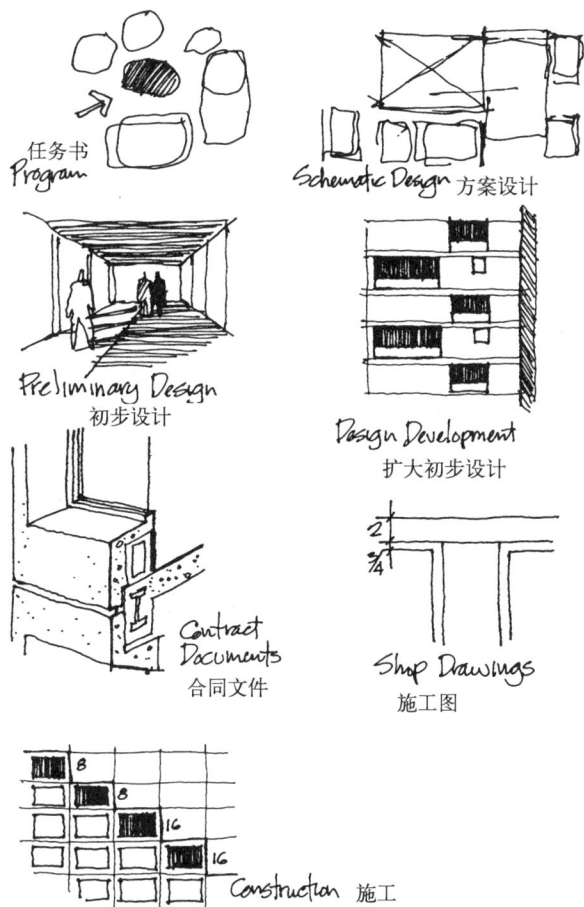

图 10-8 工程设计在不同阶段的草图示意

应用图解思考
(APPLYING GRAPHIC THINKING)

虽然设计过程中各阶段的绘图，从开始的抽象草图到最终的工具线条图，都不尽相同，但都是通过前几章所介绍的各种草图来促进思考过程。左边的矩阵图显示了图解思考的模型的主要用途。图10-8是一些草图例子，适用于设计过程中的每一阶段。

下面几章将讨论一些创造性思考的实践问题，会在设计过程中经常遇到。我将尽力说明图解思考工具是如何有助于建筑师和设计师。然而，这些工具作用的真正考核将从我们各人所发展的设计过程的脉络中来证实。

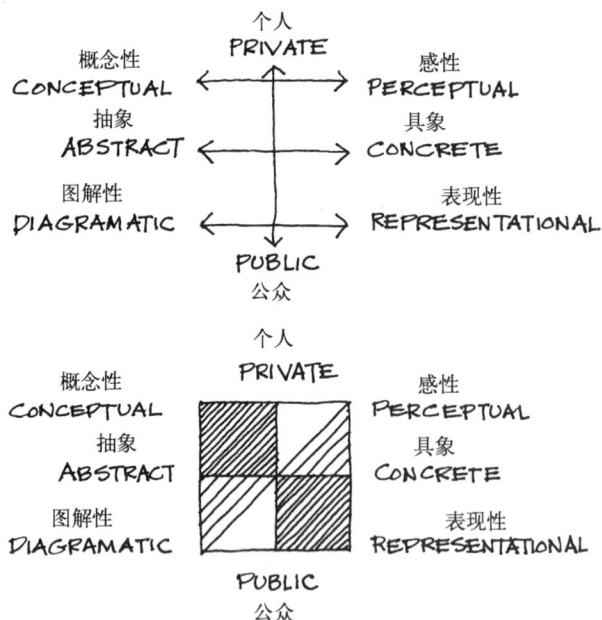

图 10-9 图解的功能

图 10-10 二维图形

图解思考的选择 (Graphic Thinking Options)

在本书中讨论了很多图解思考的技巧和工具。视觉交流的世界为设计过程提供了各种各样的,甚至还未被发现的机会。保罗·史蒂文森·奥利斯(Paul Stevenson Oles)认为视觉交流的范围由四对极端对立的概念来划定边界:抽象－具体,私人－公众,概念性的－表现性的,图解性的－感性的。奥利斯不同的图表展示了图解的种类,有的是最普通的,有的是在某种程度上使用的,或还未被使用的。概念性和抽象性图解在设计师个人领域内最常用,它们形成简洁的图形,可以用于快速的设计思考,也能对各种变化做出判断。具象和表现性的图解在公众领域内最常见,它清晰地表现了设计的产物。在抽象的概念性过程中有时用到图表式的图解;而用透视图那样的感性图解表达具象的、表现性工作。我们刚刚开始在更加个人化设计过程中探索使用感性图解的潜能,或在更加公共的工作中使用图表性语言。计算机图形的迅速发展扩展了感性和图表性图解的使用。一方面,绘制具体的、感性图解的时间大为缩短;另一方面,图表化的交流也由于易于实现而变得很普遍。

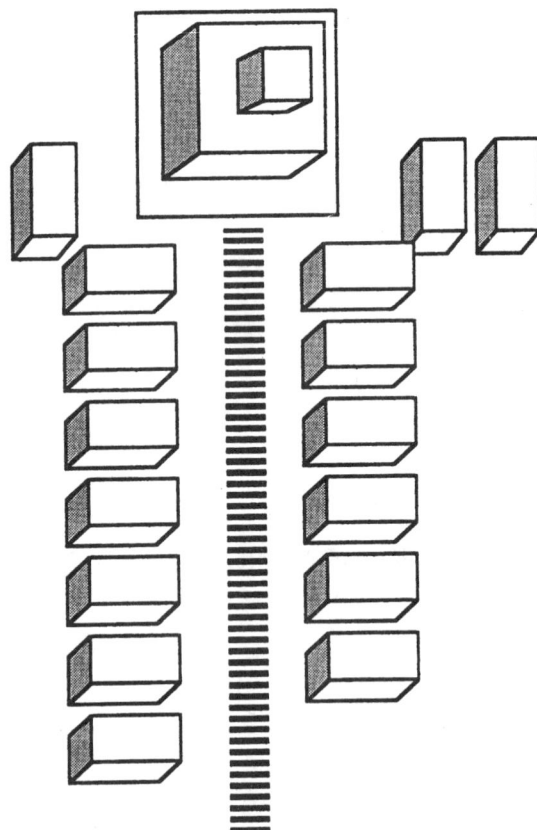

图 10-11 三维图形

184 • 过程

图 10-12　雷蒙德·加埃唐绘制的计算机模型图

图 10-13　雷蒙德·加埃唐绘制的计算机模型图

图 10-14　雷蒙德·加埃唐绘制的计算机模型图

图 10-15　印第安纳州曼西图书馆内景，蒂姆·特雷曼绘制

图 10-16　印第安纳州曼西图书馆内景，蒂姆·特雷曼绘制

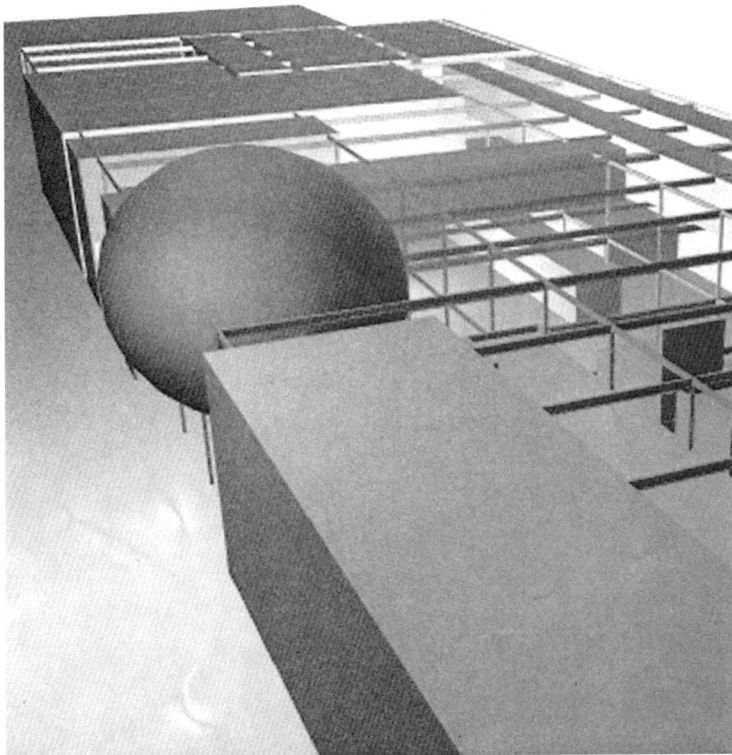

图 10-17　雷蒙德·加埃唐绘制的计算机
模型图

图 11-1(上图)　阿尔瓦·阿尔托绘
图 11-2(下图)　布法罗市滨水区再开发计划。戴维·斯蒂格利兹绘

11 个人设计
(Individual Design)

个人设计思考的发展由于个人设计师的努力而得到极大的促进。许多建筑师喜欢像阿尔瓦·阿尔托一样，用轻松的多重线条绘图，它有一种让人几乎可以触摸得到的感觉。表现工具的选择非常重要，精心选择的工具和界面可以顺畅地表达思想。当使用计算机绘图时，也有相似的感觉，这是提高工作效率的关键。

其他建筑师可能使用更系统化、更精致的或更简洁的方法。他们应用前几章中讨论的理论模型来建立秩序。这其中可能包括模数格网，主题变异或者元素的相互关联处理。

为了提高效率，每个设计师都必须对自己的思考方式应付自如。这意味着他必须仔细选择工作方法、工具和适合自己思考风格的环境。本章就探寻在个人设计阶段中可选择的风格和一些用于有效思考的手段。

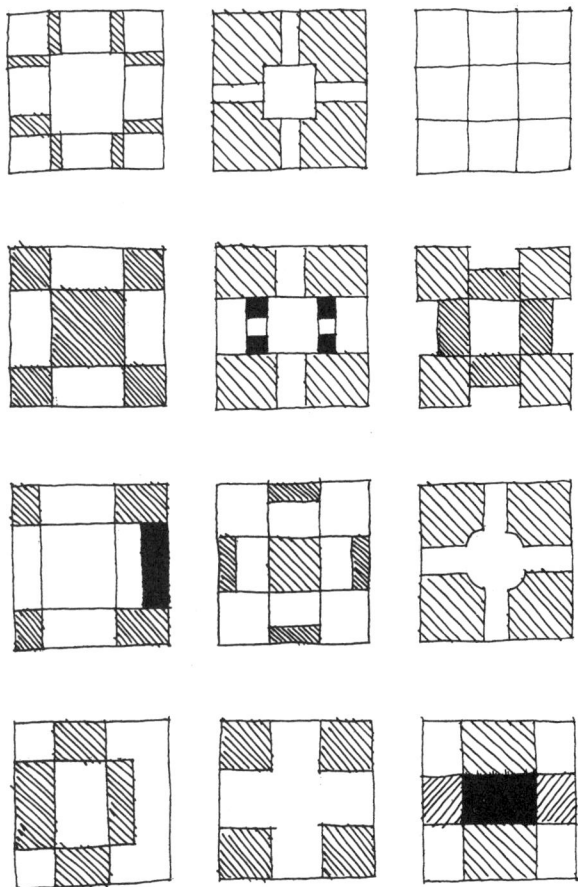

图 11-3　主题变异

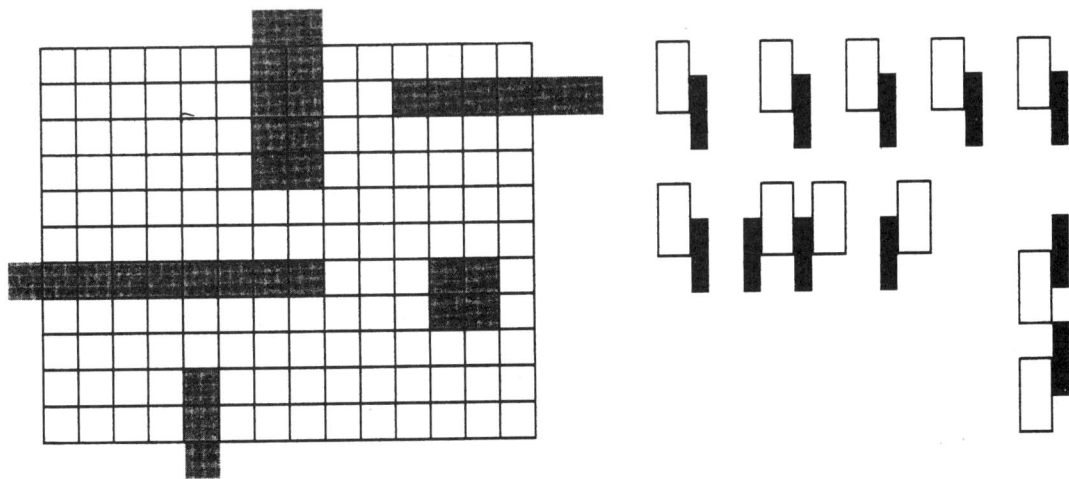

图 11-4　秩序设计

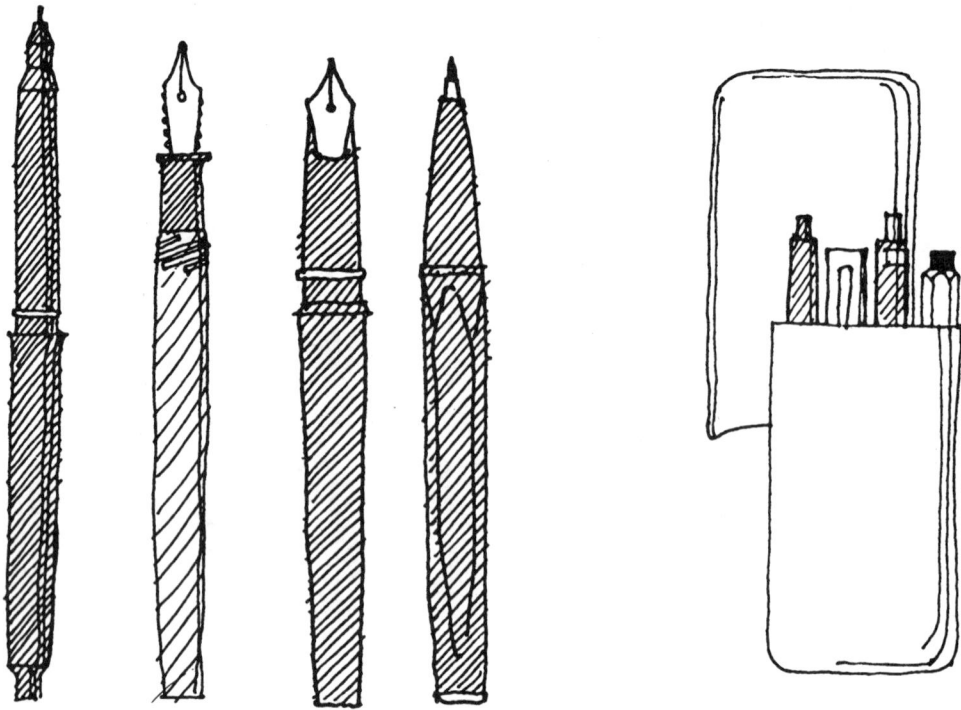

图 11-5 绘图工具

设计准备
(PREPARATION FOR DESIGNING)

　　表现思维的作图工具虽然种类繁多(有整本整本的书籍专门讨论各种绘图工具),但是设计师应该选用自己得心应手的材料和工具。要不惜花费时间试验应用这些不同的工具。工具应该便于应用和维修,并且推带方便。就我而言,喜欢钢笔,不喜欢铅笔。因为钢笔可产生高度对比的形象,又易于画高质量的连贯的线条;它墨迹持久,可防止擦橡皮重画,浪费时间。我找到符合我要求的四种类型的钢笔:

　　墨水绘图笔——选用不褪色的、乌黑发亮的墨水,可使线条光滑、流畅。但笔尖极易磨损。所以我总选购价廉、细、圆的笔尖。手头宜多贮备几个笔尖。

　　毡尖笔——可采用最普通的毡尖笔。其优点是可利用笔尖侧面画较粗的线条。但是往往墨色趋淡。使线条不够鲜明清晰。

　　细端毡尖笔——这类笔大多有根细金属管,大大降低了笔尖的磨损或变形。采用深

黑色墨水。

　　超细毡尖笔——这类笔过去画出的线条不稳定,但现在改善多了,并且能用很长时间。

　　为了取得良好的效果,绘图工具还须配上合适的画纸。虽然大多数纸张都适用于墨水笔,但无孔、表面光滑的纸张对一切画笔都是适用的。我购买便宜的白色纸张,$8\frac{1}{2}$英寸 × 11 英寸,500 张一包。画纸选择的办法是:试试笔尖是否能在纸面流畅地纵横、倾斜划行,不钩纸张,画出的线条无跳漏。

　　许多建筑师用软铅笔或者颜色铅笔或两者兼用取得良好的效果。各人的兴趣和意图不同,所以各人应该尽力为自己的图解思考找到简单而有效的手段。

环境 (ENVIRONMENT)

　　建筑学专业旨在为人类的需要创造适宜的环境,而建筑师的工作却很少研究环境问题,确实令

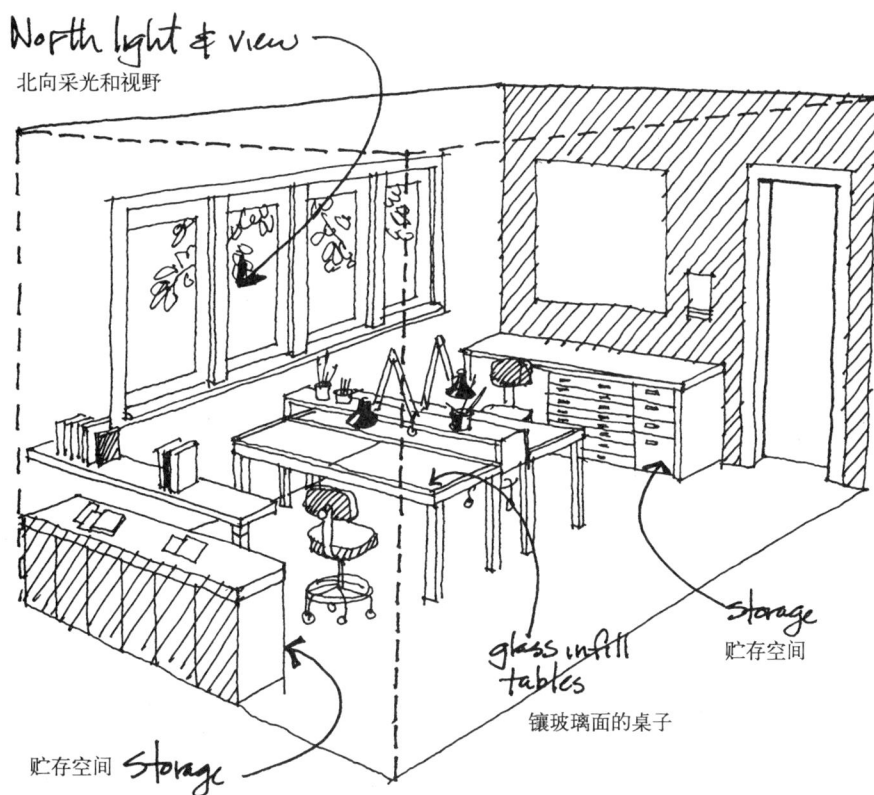

North light & view
北向采光和视野

Storage
贮存空间

glass infill tables
镶玻璃面的桌子

贮存空间 Storage

图 11-6　建立工作环境

人惊奇。罗伯特·麦金说得好：

　　"个人的视觉思考环境也应该设计得如同现代厨房一样精致。工作面照明应良好，最好有北面自然采光，无阴影或炫光。画桌台面宽敞，高度和角度可自由调节。配备有附加桌，便于三向度工作。溅出的胶水和刀痕容易损坏画桌表面。分类的贮存柜应紧靠每一工作面，以减少令人心境烦躁的杂乱。椅子或凳子应有适于工作的靠背。为了减轻背部劳累和为了变化这一要素应设置垂直作画面：采用黑板、画架或者挂在墙上的纸卷。展示即时的构思速写需要一大块可粘、钉的墙面。虽然工作要求静着眼睛和采取垂直姿势，但视觉思考者仍需走一个安静的地方供他休息和沉入默思——或者完全停止思考：一把躺椅，长沙发，甚至一次消除疲劳的沐浴！"[1]

　　建筑师和设计师应自觉地选择适应自己思考方式的视觉环境。一切可见物都会影响我的思维，所以我选用一张清洁的桌子，正面竖立一块空白板面，以便全神贯注于设计。其他设计师可能需要一个刺激性的环境。

脑力/体力条件 (MENTAL/PHYSICAL CONDITION)

　　合适的器具和环境必须配以良好的精神和物质状态才能使个人进行有效的思考或解决难题。每个人在工作中都会感到紧张和压力，对开业建筑师尤其如此。有经验的建筑师尽可能地为自己定下进度，因为他们知道错误往往出自过分的紧迫。经常锻炼身体和娱乐是精神饱满的基础。但是，设计师也可以采用独特的方法来消除疲劳为提高工作效率做准备：如闭目转珠休养眼睛；贴背直坐，头部渐渐向前，然后再向后。并做两侧运动来缓和颈部的酸痛；伸展和深呼吸可以松弛全身。

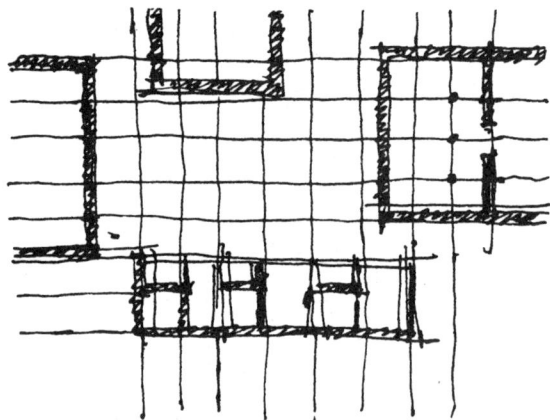

图 11-7a　具体草图

图 11-7b　抽象草图

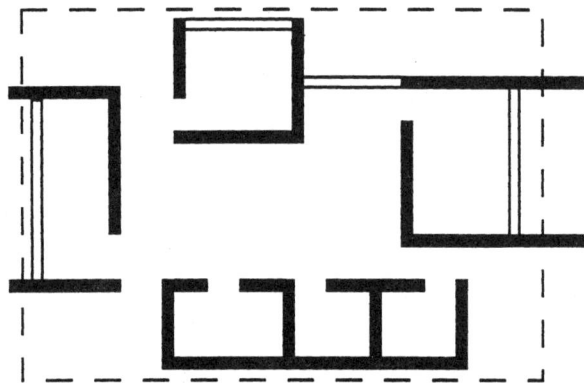

图 11-7c　工具草图

从抽象到具体的思考
(ABSTRACT TO CONCRETE THINKING)

当图解思考服从于人类基本思考过程时最为有效。劳伦斯·库贝断言："在不受其他影响干扰时，思考过程实际上是自动的、敏捷而冲动的。所以我们需要学会如何不干扰人类思维的内在本能。"[2]因此，建筑师用于图解思考的绘图工具和类型与建筑设计通常应用于"线条挺括"绘图的工具和类型截然不同。图解思考速写必须快捷、可变，思考过程不受约束。

这类速写(草图)有两个基本倾向：探索性的抽象速写和决定性的具体速写。根据麦金的观点，二种不同的速写和两种类型的思考是相符合的。"第一种是快速的、粗糙的、整体的和平行的。而第二种是谨慎的、仔细的、有细节和有序列的。"[3]设计师一般倾向于思考类型的一种或另一种，有时也可能两者都稍有应用。为了增强效果，设计师都应该意识到他自己的基本思考形式，能觉察何时适宜采用另一种形式。

从概念性到感性的思考（CONCEPTUAL TO PERCEPTUAL THINKING）

概念性思维是从错综复杂的经验中理出基本潜在的结构、秩序或涵义。它充分占有经验，并和其他经验相比较，然后把它用现实世界的知识描述出来。感性思维则要表达对环境的直接反映，它标注环境的组成元素和唤起的个人反应。通常这两种思维模式被视为孤立的，甚至是相对立的。创造性的、动态的思维依靠概念性和感性的完全融合，因为这两者的涵义是互通的。众所周知，法国生产400多种奶酪，每吃一种就能增加你的经验，但如果不去品尝它，那么关于这些各种各样的奶酪的知识也就毫无意义了。哥特教堂的建造史，包括主流和变体，给人最强烈的感觉是从教堂中厅的黑暗到明亮的过渡，它提供了一个完整的意识，这一点上，概念性和感性缺一不可。

设计师必须能够在概念性和感性思维之间运行自如，准备多样的图解手段来综合它们。

按照理想形式变形

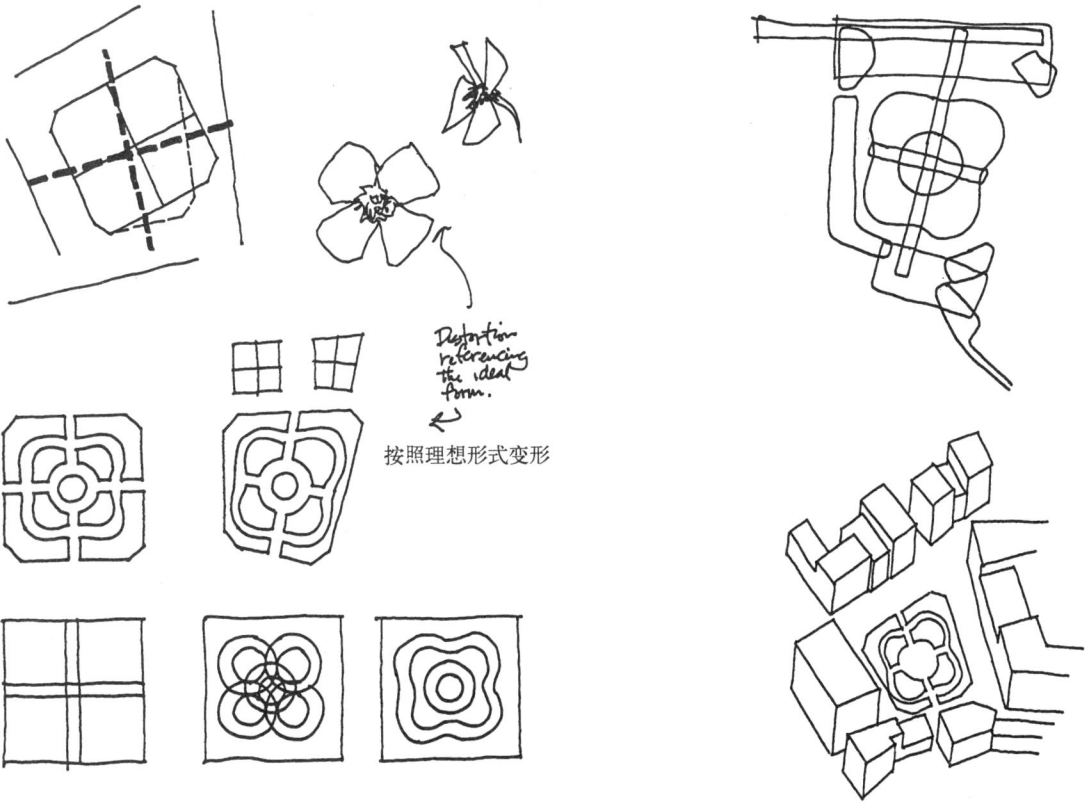

图 11-8　莱斯特广场，伦敦

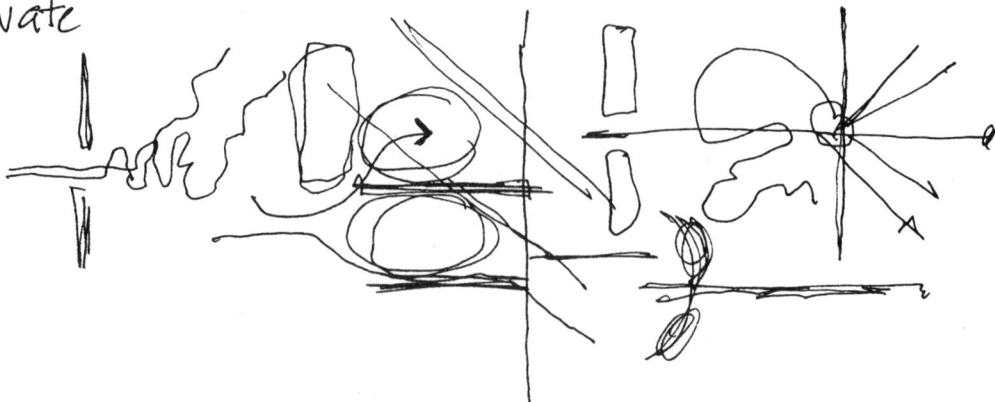

图 11-9a　私密性的草图

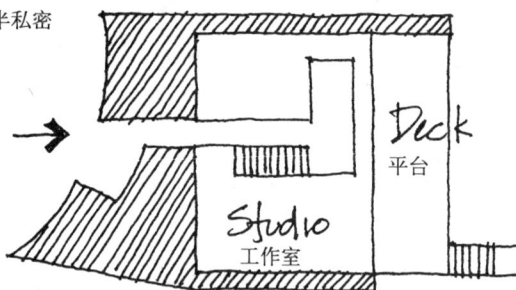

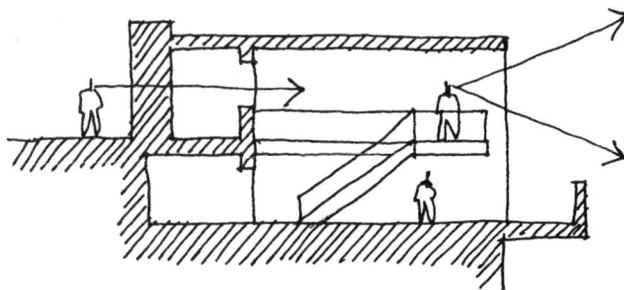

图 11-9b　半公共性的草图

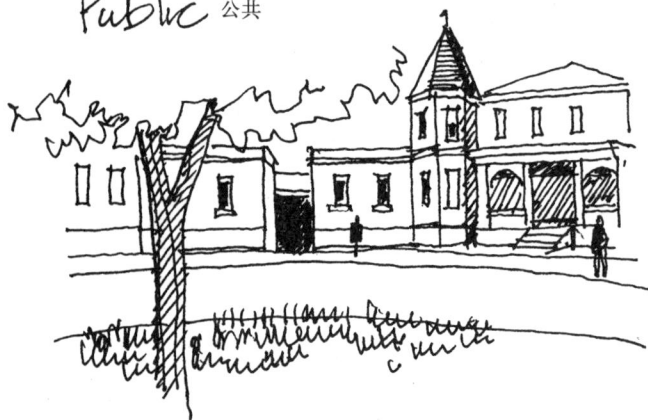

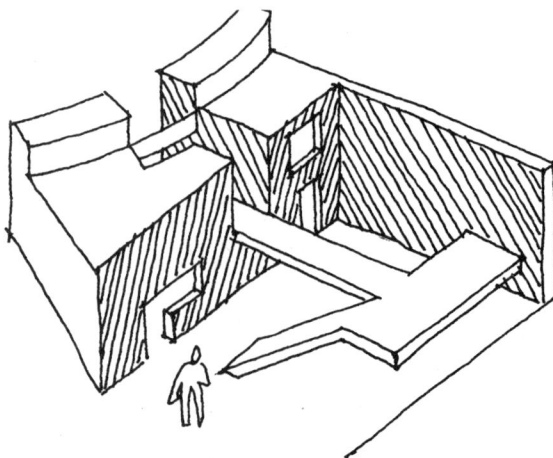

图 11-9c　公共性的草图

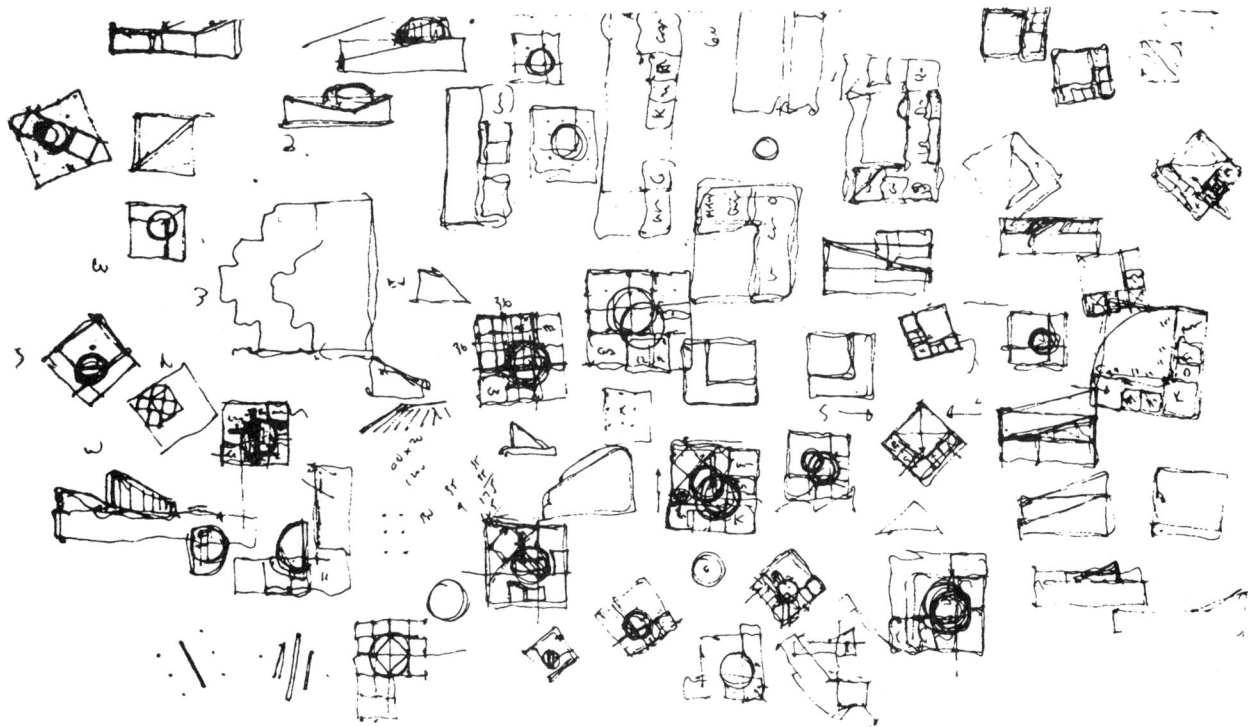

图 11-10　赛法特住宅探讨。托马斯·比贝绘

从私人思考到公众思考
(PRIVATE TO PUBLIC THINKING)

　　设计思考和可能要求的交流有两种模式。在公众模式中，个人依靠与他人交流而发展自己的设想。科林·切瑞指出："**交流**本质上属社会性活动。……交流这个词含有'共享'的意思。正如就我们此时此刻相互交流而言，我们是一体的。……我们所共享的，双方都无法占为己有，……"[4]从这个意义上讲，既然没有人生活在真空里，一切设想都具有公共的性质。我们心里所有的一切都出自与周围环境和人们的相互作用。

　　在私人思考模式中，个人隔离于他人单独地发展设想；这种形式的交流直接返回本人。有些建筑师不乐意出示自己发展设想的草图，有的甚至不愿加以讨论。设计草图与表现画不同，都是试探性

的、简单粗糙的，所表达的又往往是不全面的想法。但正是这些草图反映了大量的艰苦探索和尚未取得全面解决的心境。某些建筑师由于以为有创造智慧的大脑会即时、完美地涌出伟大的设计构思这一错觉，而感到困恼。或许更甚于此，构思草图的私人属性几乎如同日记。使人直觉地认为这类速写、草图能揭示纯属私人的感觉、关注或者幻想，与他人无关。

　　虽然个人设计活动要求私人与公共两方面的交流，但其选择的模式是个人性的。每一设计师发展促进他本人思考的速写风格。有些人选择发展清晰的画法以便与其他人交流，而有些则可能发展私人的图解语言。但是，不论哪种方法，必须运用得轻松自在。要是设计师感受到速写的乐趣，往往思考也就更令人愉快了。

克服障碍 (OVERCOMING OBSTACLES)

最好的准备工作也不能保证设计的成功。建筑学专业学生,有时甚至建筑师都会碰上思考或者解决问题的障碍。下面列举若干比较普遍的障碍以及一些可能的解决方法。

1.无从着手——如果需要解决的设计问题过于庞杂,因而感到不知所措,试试把问题分解成几个不同的部分。如先不着手设计整个学校,而分析学校所包含的各个部分:教室、文娱、行政、办公等等……当这些问题取得控制后,再探讨如何把各部分组合成学校。

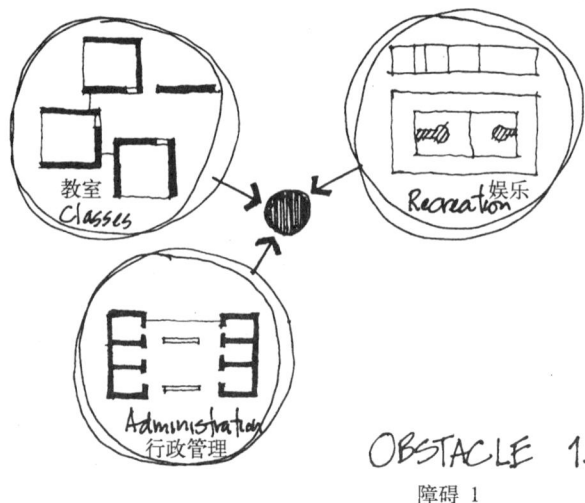

图 11—11a

2.百思不得佳策——有时会产生一种"深恐失败"之感,害怕结果会被他人贬低,失去信任。这就要求建筑师把个人和设计问题分别开来。如果生活中的失败就意味着生命是失败的,那么我们全都处于困境了。幸而,生活在不断延续,而问题很快就被遗忘了。未来同样存在困难的问题,也存在简易的问题。把所需解决的问题看作运动比赛中的挑战或许是很有益处的。尽最大的努力,应用一切有效的方法。采用一些本书讨论过的手法技巧,并且从新的角度去观察问题。要是不能在自己设想的基础上前进,那么干脆改变你的设想;要是似乎不可能有适当的解决办法来处理厨房,可以考虑该住宅没有正规厨房。这样可能不是个妥当的解决办法,但是可能引向一个解决办法。

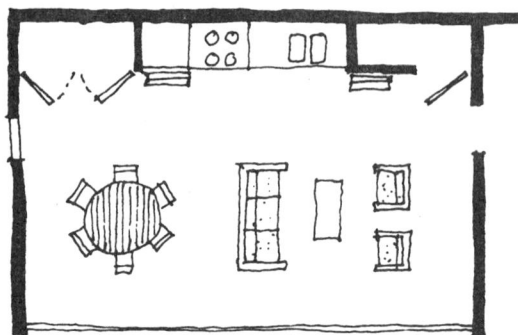

图 11—11b

设计准则

Design Criteria

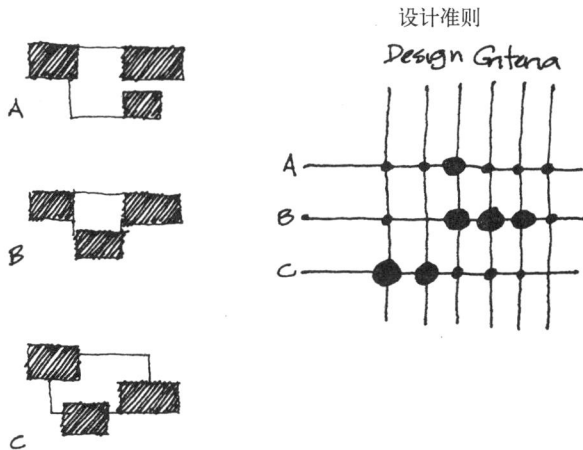

3.无法做出抉择——有时设计师处于深入不下去的局面，因为感到难以下结论或者定不下设计方向。详细阐明各种适用方案，然后与少数基本评价标准相比较，就便于做出选择了。采用图解形象来代表评价标准和各比较方案的优缺点，使能成为抉择所需的一幅信息图画。

OBSTACLE 3.

障碍 3

图 11-11c

任务书

Program

优先主次

Priorities

1
2
3
4

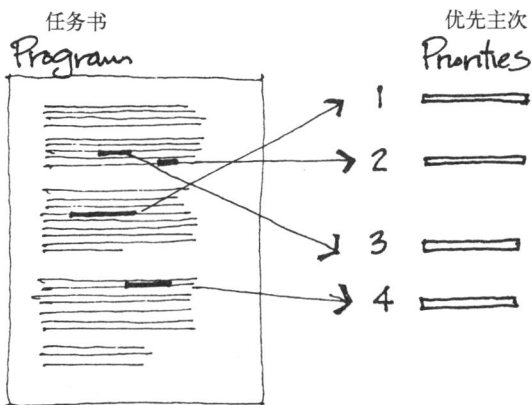

4.无力完成——一位建筑导师曾告诫说要是我们在精疲力竭下工作，两耳听见嗒、嗒的响声，就应该停下来看看这是否是自己在画面上点草皮的声音。他认为这是确切的讯号，表示设计人员正在回避设计的关键问题。要是发觉自己正在这样消磨时间或者不过是无目的的动作，那么最好回头重新研读建筑任务书和问一问自己设计的基本目的是什么；设计必须达到的不失败的最低要求是什么。十之八九有可能发现不足之处，为往后的工作避免了大量的麻烦。

OBSTACLE 4.

障碍 4

图 11-11d

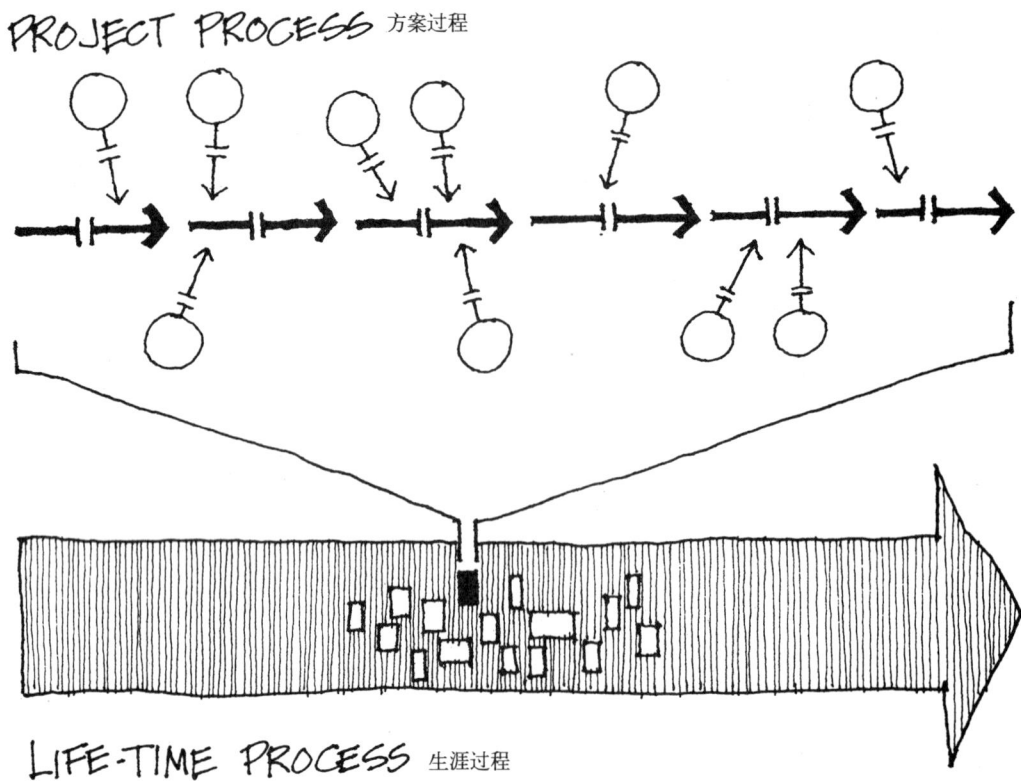

PROJECT PROCESS 方案过程

LIFE-TIME PROCESS 生涯过程

图 11-12　个人方案设计过程与生涯关系

设计作为一个终身的过程
(DESIGN AS A LIFETIME PROCESS)

设计的方法学存在一些难题，如着重于单体工程，采取相当机械的设计模式。似乎信息在一开始和中途要点时蜂拥而入。然后称为逻辑思维的机械就体验、咀嚼这些信息，最后完成合适的产品。如果设想这机械有几个键钮可以控制各部分的发动或者停止，加速或者减慢，那么设计过程的实际复杂性有可能被更好地理解。此外，每一键钮都有一个控制可随意使之向前或者向后。这些控制即代表了人的思维在设计过程中的活动。因为人的思维处于不间断的活动中并对特定设计的整个环境作出反应。在许多情况下，有成就的建筑师的设计过程，当看作为建筑师生活的一个小部分时就可以理解了。他的设计过程是受无时不介入的思维、兴趣和价值观的形式所统辖的。

图解思考对这类发展是个重要的帮手。查尔斯·詹克斯(Charles Jencks)提到勒·柯布西耶时

说："他一开始建筑生涯就准备了速写本，口袋大小的小册子，用来记录想法、视觉印象和建筑轶事。速写本的数量多至 70 册以上。记满了柯布西耶一生的所想、所见。是让纳雷特(Jeanneret)成就的富有意义的补充。因为这些速写本已成为建筑表现的新颖介体和设计参阅的手册。"查尔斯·詹克斯还摘录了柯布西耶的原话，"当人们与形象化的物体——建筑、绘画、雕塑—— 一起旅行和工作时，为了留下对所见之物的深刻记忆，人们就应用他的眼睛和画图，一旦印象被笔所记录，它就进入大脑，铭记不忘，为了美好而永远留下了。"[5]

有创造力的建筑师往往着迷于他们研讨多年的特殊问题或者特殊形式，力图使之纳入自己的基本思想或者关注之中。例如 F·L·赖特一生追求过许多意图，平面组合、结构、材料，并将探索成果组合进如同流水别墅那样的单体设计中。流水别墅的成功实际上是通过众多探索的结果。

198　•　个人设计

图 11-13　由 F·L·赖特所做的设计构思的积累

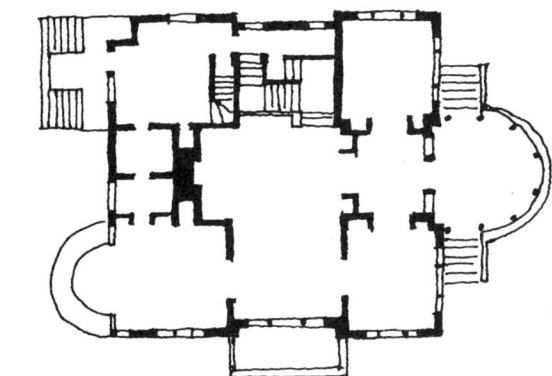

Unity Temple 联合教堂

图 11-13b　有入口通道的双节组织

Blossom House 布洛瑟姆住宅

图 11-13a　封闭空间的交叉平面

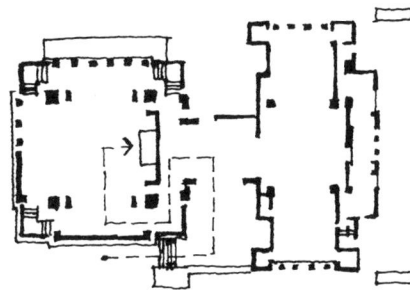

Winslow House 温斯洛住宅

图 11-13c　三段水平组合的立面

Falling Water
流水别墅

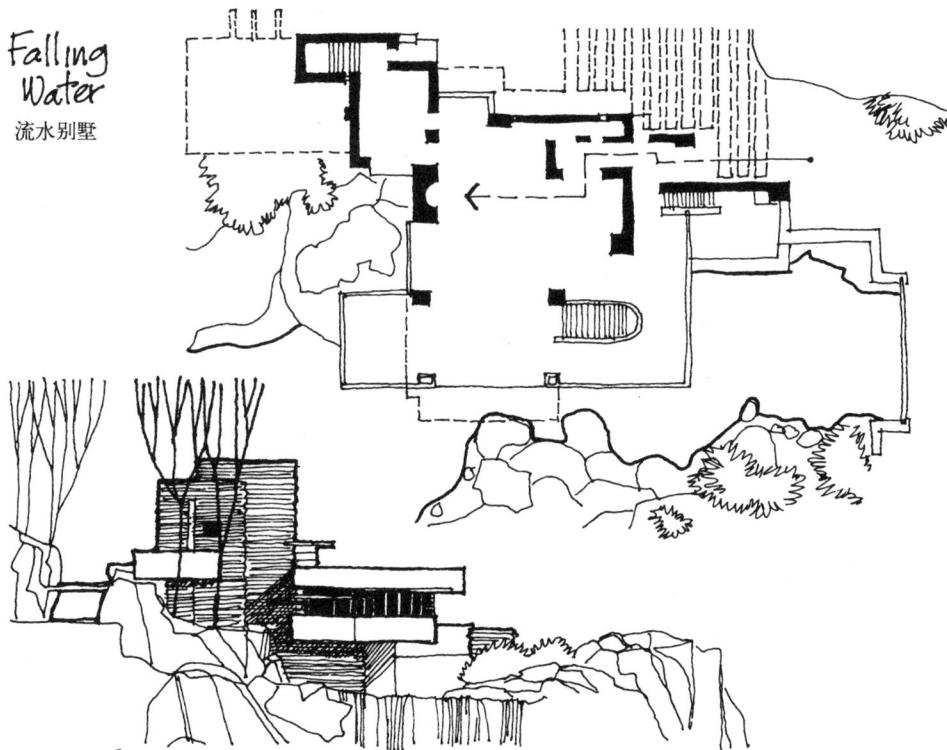

图 11-14　在新的竖向联系中应用新材料的基本单元组合

图 11-15　古根海姆博物馆，立面草图

当前及将来的设计师会极大受到数字媒体的影响。如果我们牢记设计的含义是终生的过程——对理想的追求和对知识的渴望——数字媒体就提供了无穷的机会。有影响的新工具包括：

1.大量的表现物体的工具和以像素为基础的图形处理工具。

2.文件选择有了极大的扩展，包括打印、声像和投影设备。

3.对获得和处理各种视觉图像来说它是无穷无尽的资源。

这些新功能直接影响到我们在思维过程中处理图形的能力。

图 11-16　古根海姆博物馆，立面草图

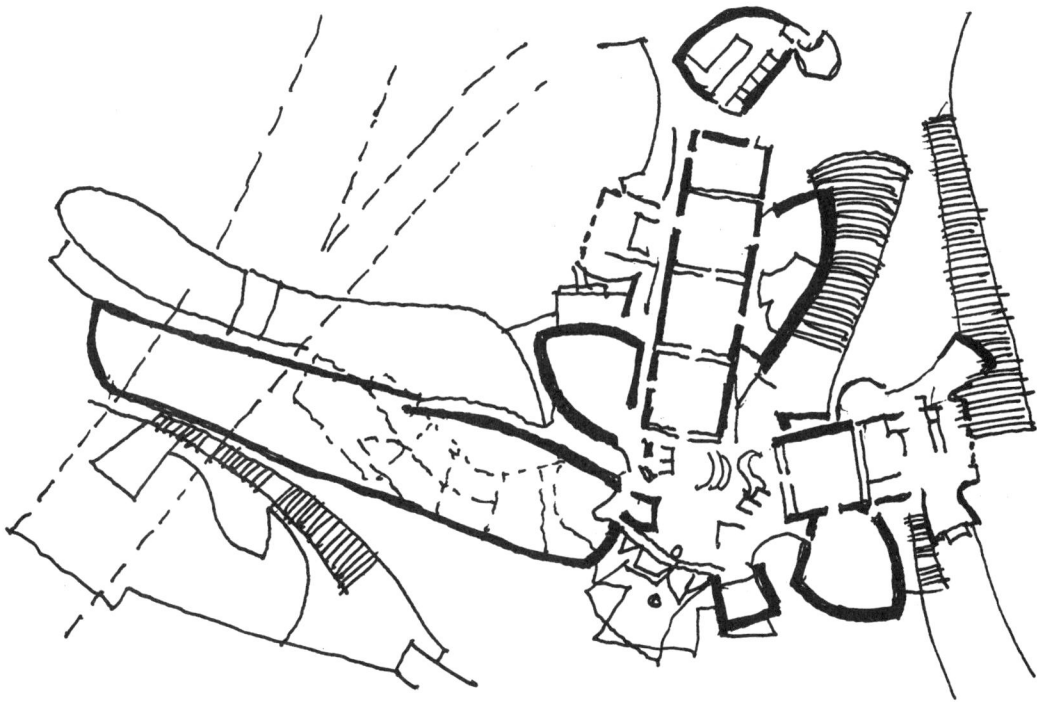

图 11-17　古根海姆博物馆，平面草图

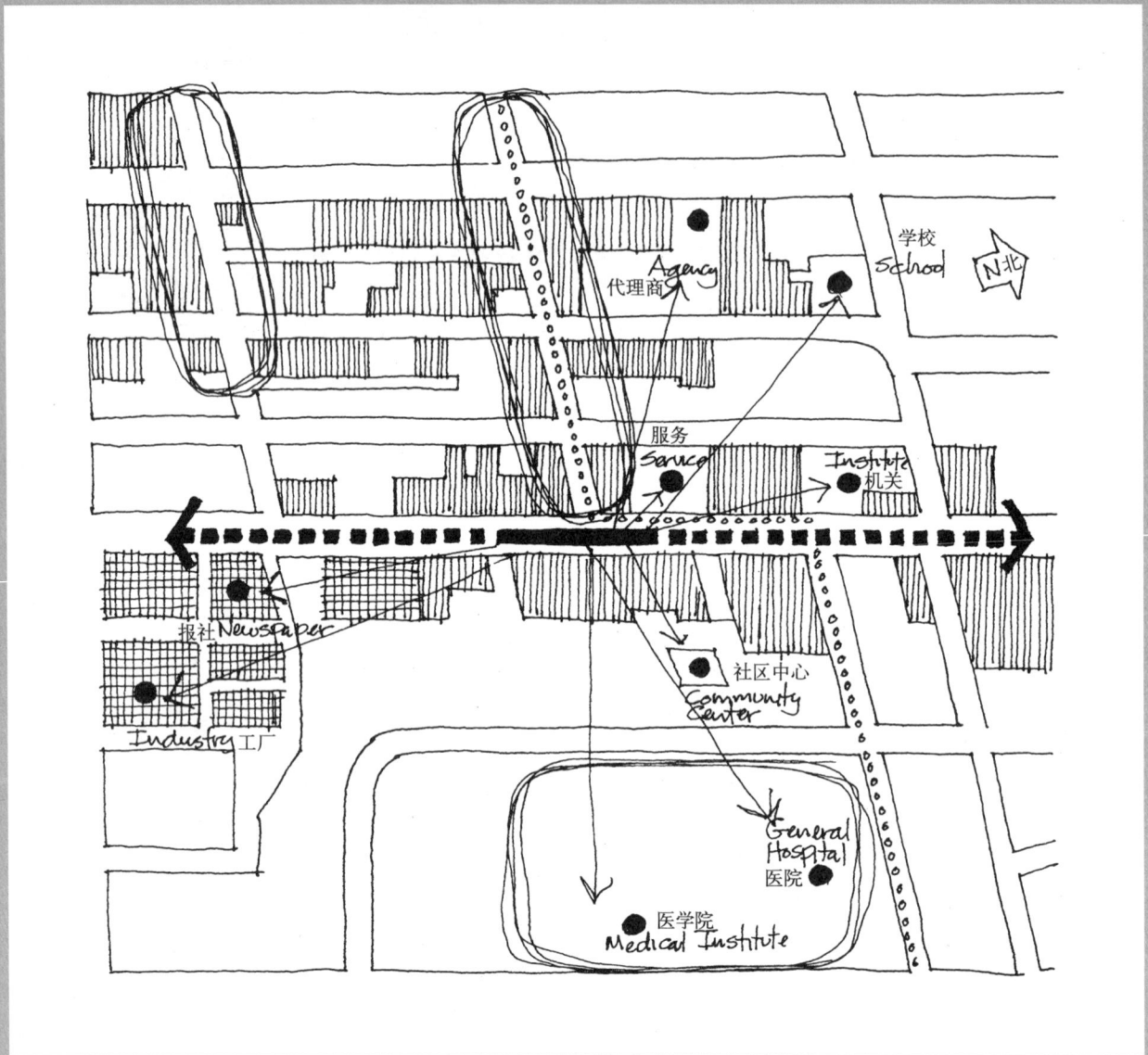

图 12-1　交通运输分析小组的规划草图，交通站点区域

12 小组设计
(Team Design)

虽然本书所述及的大部分属于个人的设计思考，但是在这一世界上，设计极少处于孤立的地位。杰弗里·布罗德本特强调指出："就建筑设计的本质而言，任何建筑师不与其他人充分合作是无法发挥作用的。除了极个别的例外，建筑师不可避免地属于设计小组的一个成员。不论他个人的品格如何，他依旧需要为数众多的其他人员——建筑师、技术专家、顾问、承包商等等——把自己的设想转化为现实。"[1]

以工程项目分类的设计小组一直是现代美国建筑设计公司的主要形式之一。但设计事务所如S·O·M事务所、协和建筑师事务所[①]和C·R·S事务所[②]对小组概念的发展做出了具有深远影响的贡献。证实了以专题分类小组的四项优点：

1. 应用到工程上的专门知识大大超过个体建筑师的能耐。
2. 可以提供考虑的建筑形式广泛多样。
3. 通过小组工作能激励思维，促进创造力。
4. 基于组织原则的公司比基于个人品格的个体建筑师具有更多的生存机会。

小组概念已经远远超越传统建筑设计小组的局限。小组如今包括业主、用户、承包商、金融家、社会科学家、营造商和各项专家。我们已经懂得一项设计的成功与否往往依赖他们全体的贡献。小组设计也克服了时间与空间的局限。通过互联网的应用，小组可以由分散在世界各地的建筑师、顾问和业主组成。

小组交流 （TEAM COMMUNICATION）

图解交流对小组工作的成败起重要作用。为了效益，小组成员必须始终共享信息和设想。应用了图解思考技巧，就把个人的贡献迅速提供给小组并且保留下来作为再次参阅和处理的有效资料。此外，图画有助于排除专业术语所引起的障碍。因此不同行业的人们，如下页图例所示，就有可能在工程设计小组内相互交流。小组包括一名建筑师、一名规划师、一名体系工程师和一名交通专家。

科学研究对"研究团体"的重要意义是普遍公认的。科学家探索同一课题，共享思维。例如，化学已经逐渐演化成一种图解语言，具有广泛的思想领域，遍及种种复杂的问题。DNA(脱氧核糖核酸)分子的图解描述是图解与思考一体化的重要而惹人注目的实例。DNA分子的双螺旋体结构的发现被作为主要的突破而受到欢迎，从而开辟了有机化学科研的新纪元。图解思考在下列几方面帮助了DNA的研究：

1. 中心课题研究的模式对一切研究机构都是有用的和可以采纳的。
2. 代表新要求和提出新的挑战及新问题的一种模式。
3. 为在不同专业领域的个体研究者提供方向的模式。

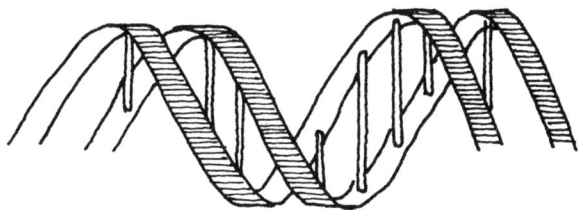

图 12-2　DNA 分子双螺旋体模式的图解

---

①The Architects Collaborative.
② Caudill Rowlett Scott.

PERFECT 全优
EXCELLENT 优
FAIR 良
POOR 差
FAILURE 失败

STRENGTH IS
MEASURED EMPIRICALLY
凭经验评价优劣

三边为 10-10-10
的三角形的面积
THE AREA OF A 10-10-10
TRIANGLE IS:
130

三边为 5-5-5 三角形的面积
THE AREA OF A 5-5-5
TRIANGLE IS:
32

最高量值的三角剖分
BY TRIANGULATING THE THREE
FORCES OF THE GREATEST
MAGNITUDE:
10   10
10
WE GET THE TRIANGLE
OF PERFECTION.
得到完美的三角形

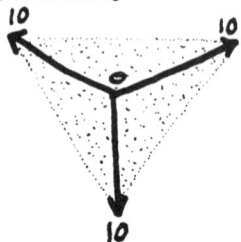

三角剖分 2-8-3 三角形的面积
TRIANGULATION OF THE
2-8-3 TRIANGLE AND
IT AREA IS:
2   8
3   20

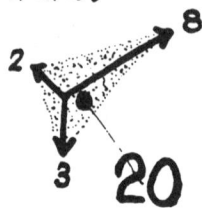

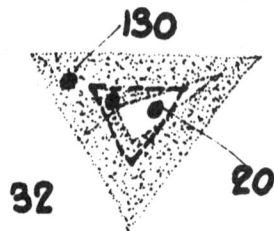

130
32   20
EACH AREA OF THE THREE
TRIANGLES IS CALLED THE
QUALITY QUOTIENT.
三个三角形的各自面积称为质量分额

图 12-3   评价设计的图解。威廉·考迪尔绘

近来，若干建筑设计公司正在致力于发展图
解技能以协助设计小组。C·R·S事务所在小组交
流中处于领先地位。威廉·考迪生在《小组建筑学》
(Architecture by Team)一书中阐述了C·R·S
事务所用以分析问题、导致解决和评价结果的图解
技术。他强调说："一旦在小组成员之间发生移情
作用和相互交流，小组就活跃起来，每一成员都会
受益。缺乏这两者，人们就无法共同工作，也就不
存在什么小组了。"[2]

共同的设计目标是小组成功的重要组成部分。
虽然在项目的初期，目标还不很清楚，但团队可以
确定对最终结果有影响的因素。图 12-4 是设计过
程中追求确定目标时留下的记录。

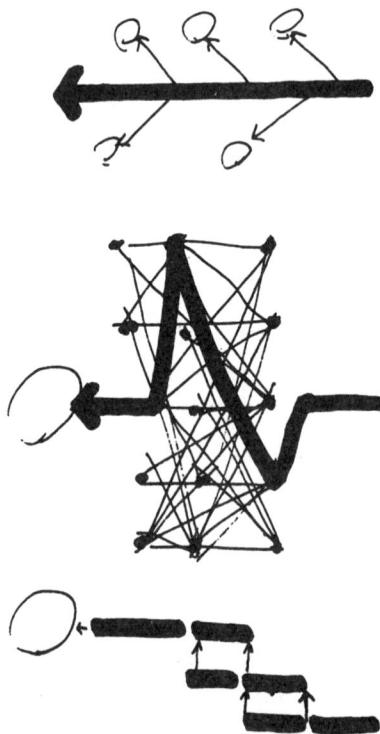

图 12-4   设计过程的图解。威廉·考迪尔绘

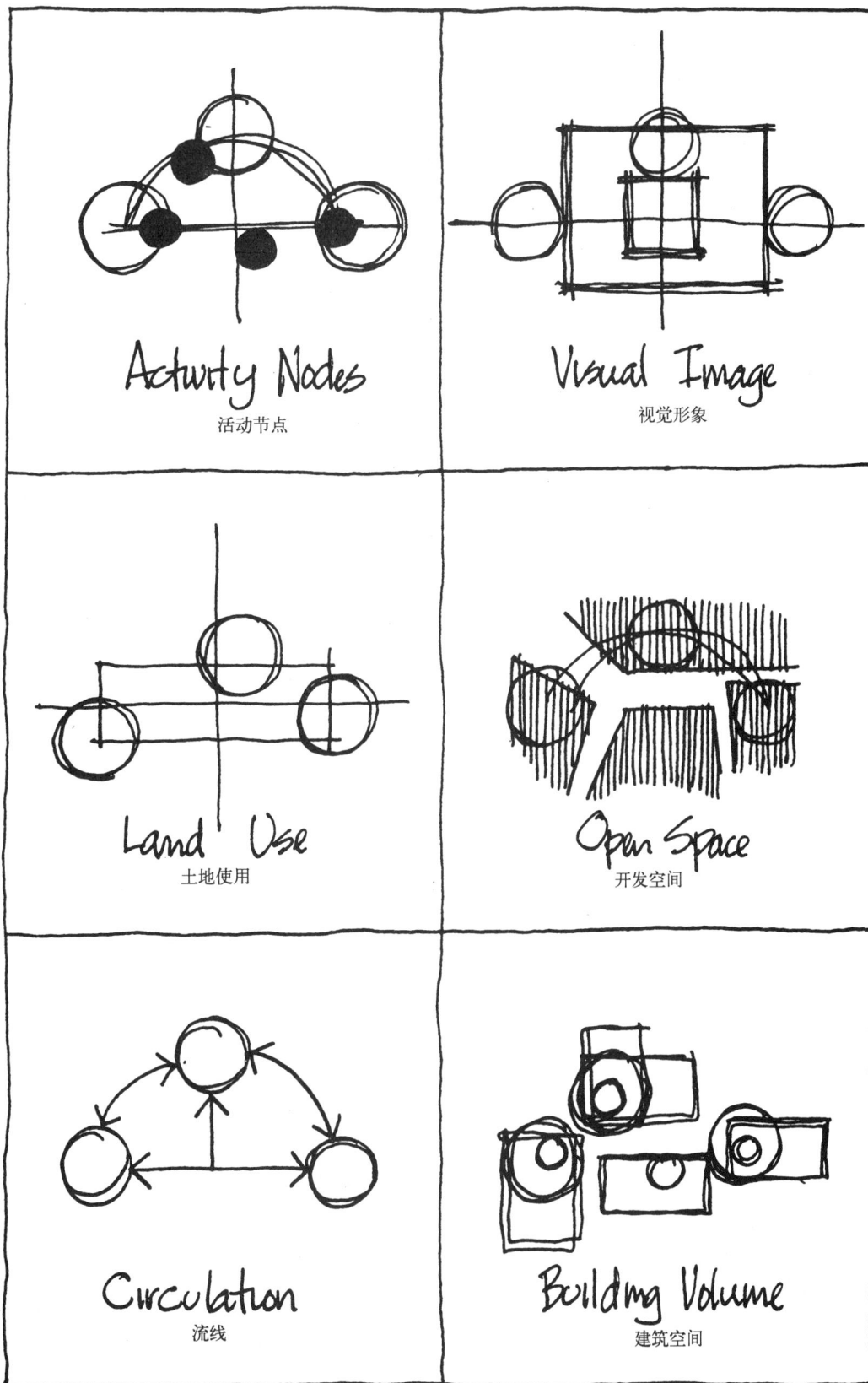

Activity Nodes
活动节点

Visual Image
视觉形象

Land Use
土地使用

Open Space
开发空间

Circulation
流线

Building Volume
建筑空间

图 12-5　分析图表

应用图解 (APPLYING GRAPHICS)

　　图解注释在小组设计中的贡献可用两项重大需要来说明；一是信息，一是解决设计问题的工程过程。完成设计所需的大多数信息包含在设计概要之中。这一术语与设计任务书应区别开来，设计任务书又可能与功能任务书相混淆。设计概要包括对房屋设计有用的全部信息。

The program of functions　功能任务书
Description of users　用户意见
Client's objectives　业主目标
Financial constraints　经济限制
Time constraints　时间限制
Zoning restrictions　分区限制
Site analysis　基地分析
Site access　基地出入通道
Macro climate　小气候
Building prototypes　建筑类型
Special planning considerations　具体规划
Construction system　施工体系

　　这两页的图例说明从设计概要中来的信息是如何向全小组提供的。

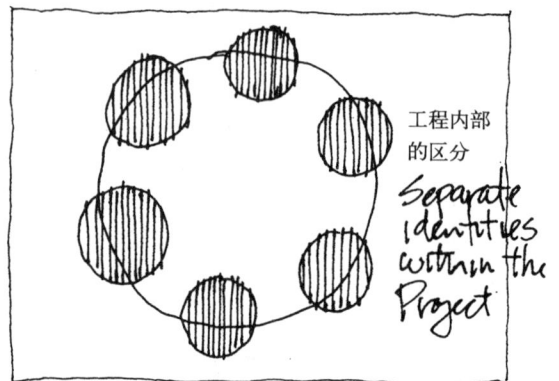

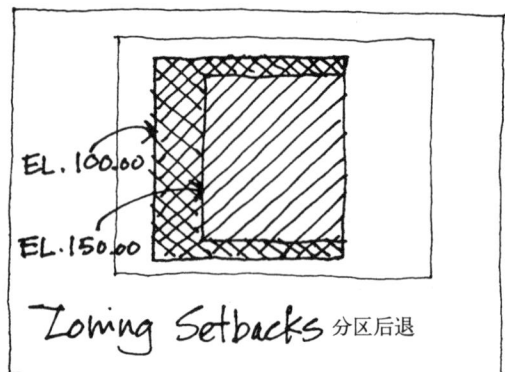

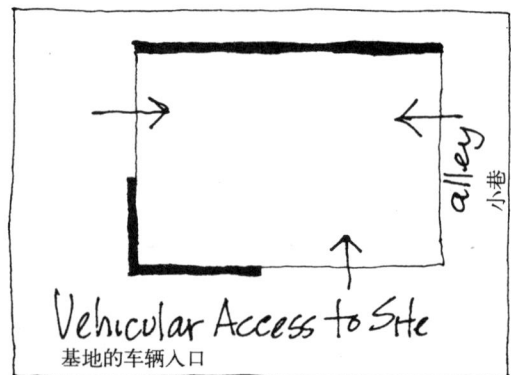

Obstruct through views from outside the site
阻挡基地外部的视线

工程内部的区分
Separate identities within the Project

EL. 100.00
EL. 150.00
Zoning Setbacks 分区后退

alley 小巷
Vehicular Access to Site
基地的车辆入口

图 12-6　分析卡片图例

Infill & intensification
填充 与 增强
VS 反之
Removal & loss of density
去掉 又 低密度

Casual 可随意照顾孩子
Supervision of children

Shifts in apartment sizes
公寓面积的变化
1 br.
2 br.
3 br.

Family Groupings 家庭成员

居住单元的等级
Hierarchy of Dwelling Units

中庭
Inward oriented Atrium

VIEW
视野
N

Terraced Housing 平台住宅

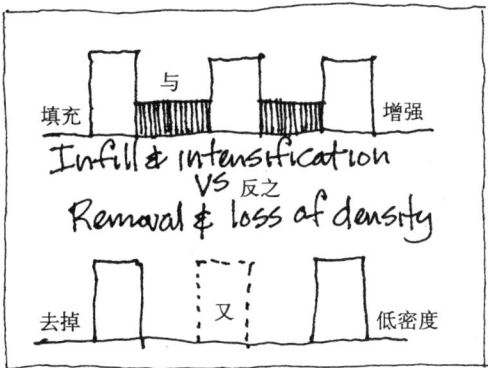

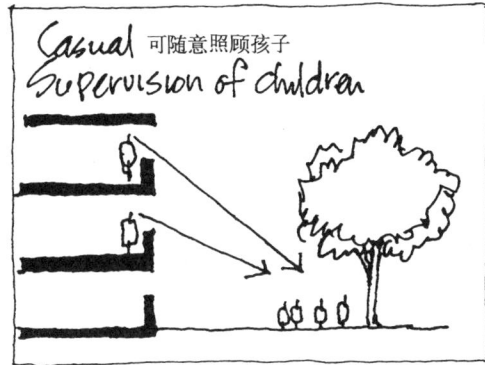

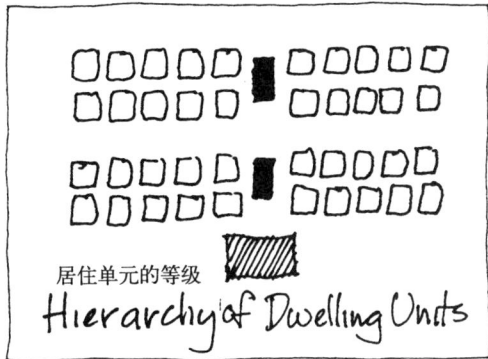

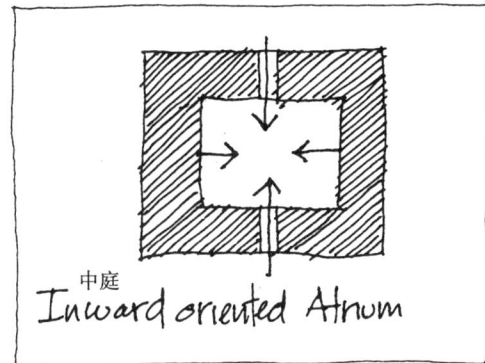

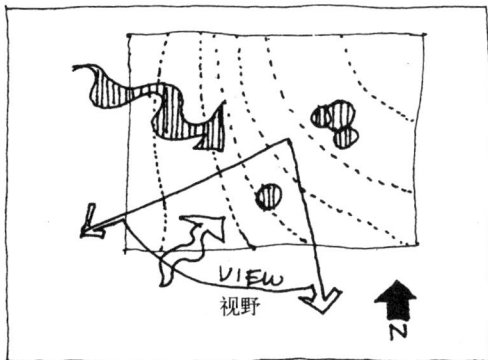

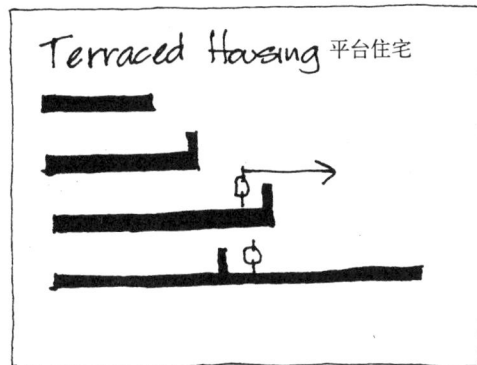

图 12-7 分析卡片图例

图 12-8 网络图的发展过程

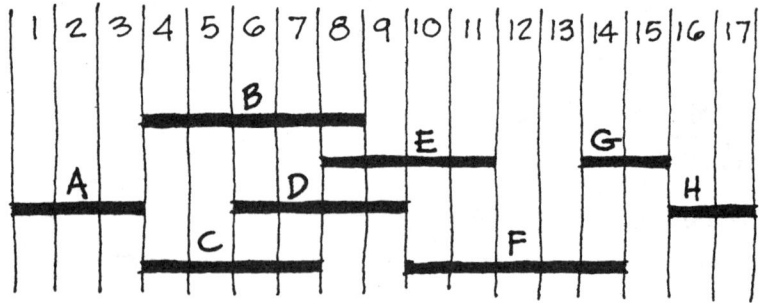

BARCHART 粗线图表

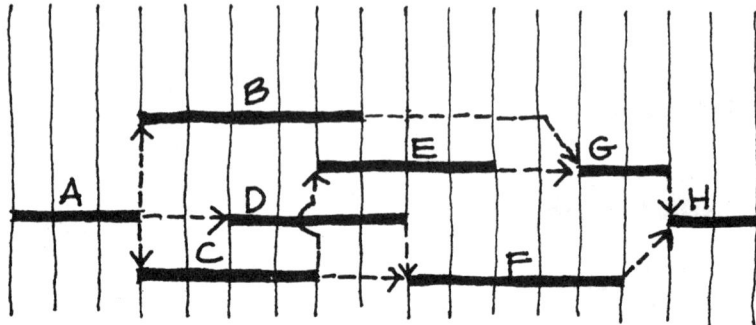

BARCHART SHOWING PRECEDENCE

显示先后次序的粗线图表

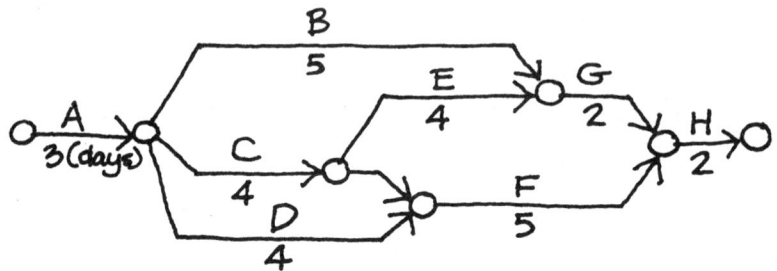

NETWORK 网络图

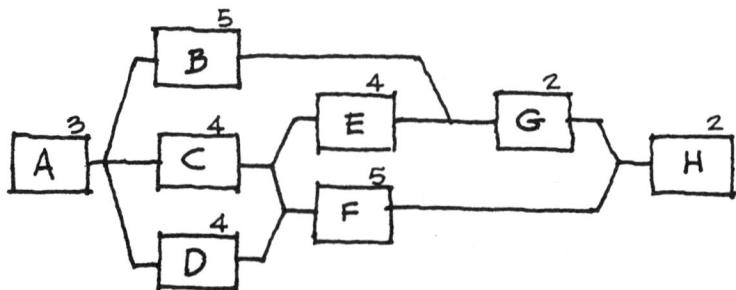

TASK-ORIENTED NETWORK 各工种进度的网络图

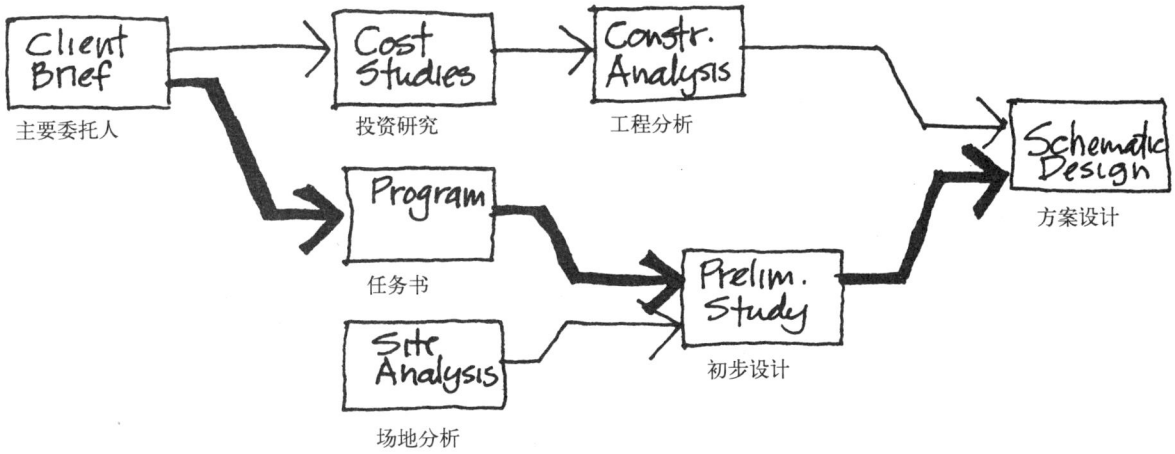

图 12-9a　简化的网络图

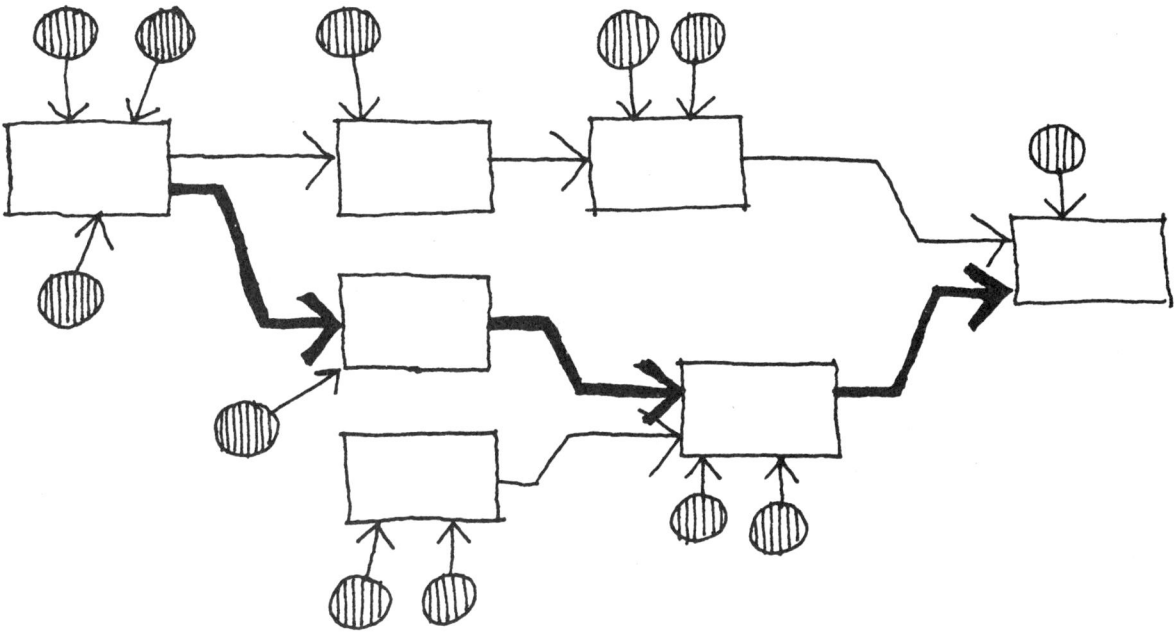

图 12-9b　在网络图上加载信息

小组设计过程——建立网络
(TEAM DESIGN PROCESS——MAKING A NETWORK)

当小组共同工作人员较多时，往往需要编绘一幅总工作量和各类专业人员进入设计项目的作业时间图。网络系统从工作表的粗线图表发展而成，通过表达设计工作的主要次序，初步网络图就在此基础上建立。

要是把大部分占时很短的设计项目都包括在内，网络图就会太复杂。因此得简化，仅只纳入最主要的设计项目。简化了的网络图像一块挂物板，板面悬挂各项设计所需的信息。既然复杂的建筑物或者复杂的设计过程要求设计小组的组合随设计阶段而变动，网络图正是指示在何时、何处需要专门人员的便捷方法。

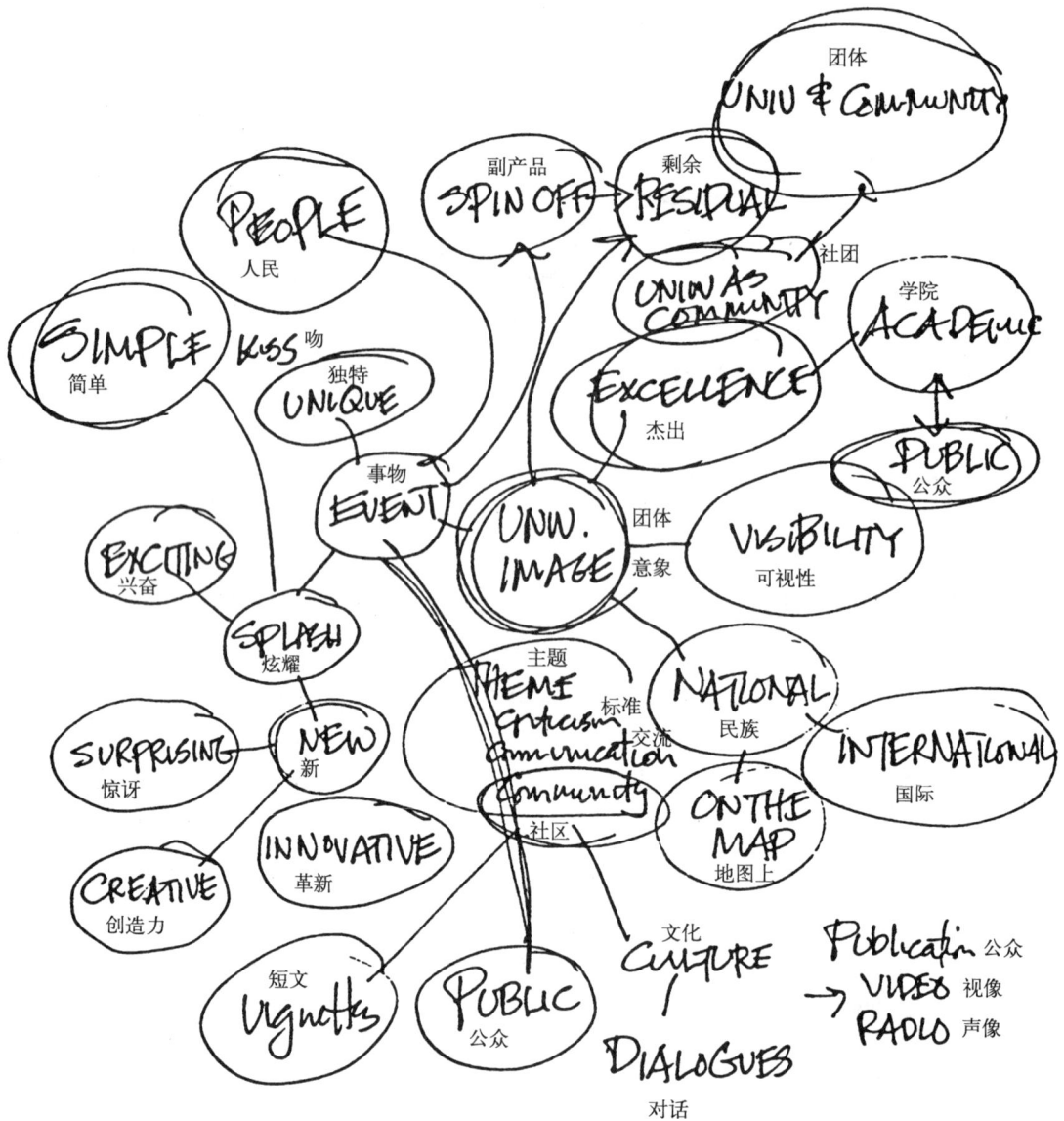

图 12-10　标注集会的概念

小组的创造力（TEAM CREATIVITY）

　　既然图解思考有助于活跃个人思维，假定小组成员人人都能采用这种方法来相互交流，那么小组思维的活跃就可成几何级数地增长，亚历克斯·奥斯本(Alex Osborn)[3]发展了一种称之谓思维激发的方法。有助于思维渠道畅通无阻。他认为在思维激发时，小组思维的活跃必须遵循四项规律：

　　1.不急于对任何人的设想下判断。
　　2.放任自流，让每一成员的想像随意漫游。
　　3.设想越多越好。
　　4.相互从他人的设想上建立自己的设想。

　　如果正处于思维激发状态小组的一个成员画出已定构思的速写图，那么这一已经富有想像的设想通过小组每个成员反馈的信息就更为完善了。因为由此而引起的新联想数量至少会增加一倍。速写应该如图所示那么快捷和不求过分明确。请记住，尽可能只采用一个简单的可识符号；在有些例子中，可能仅只是一个字或者一句短语。

探索问题：更适用的工作室
 ·多一些附加工作面
 ·有工作室感
 ·照明
目的：
 ·便于学生相互影响
 ·作品可即时展出
 ·社交气氛

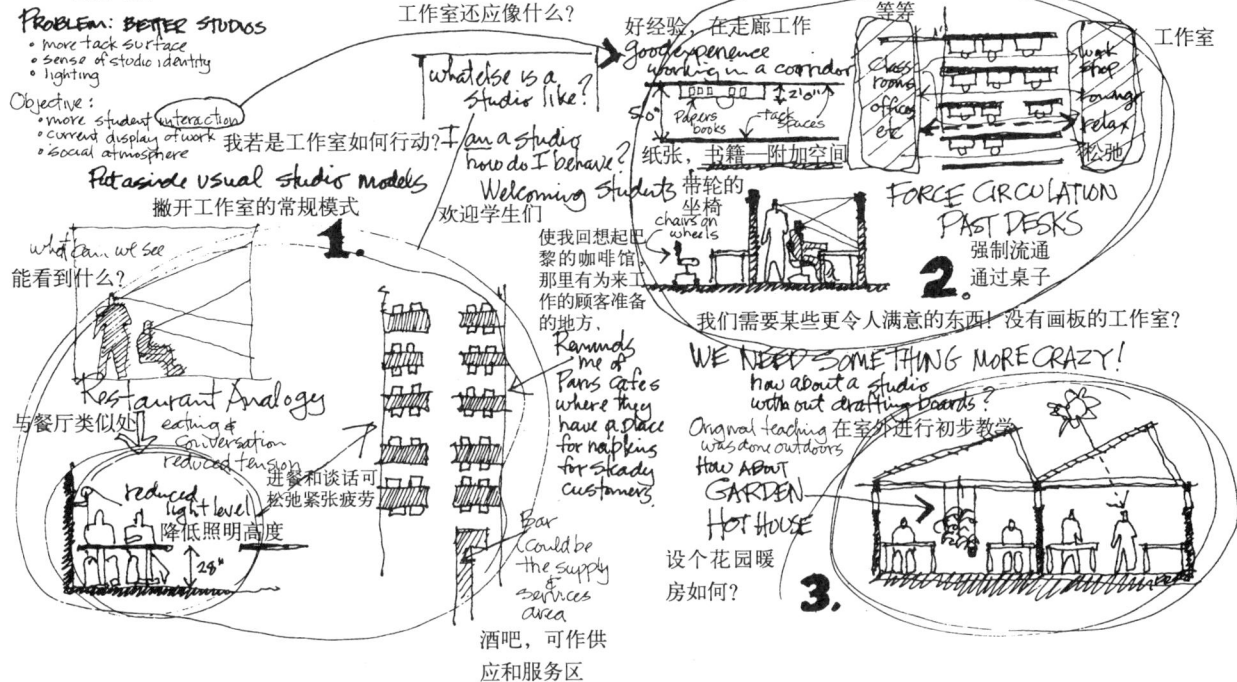

图 12-11　"思维激发"期的图面注释

发展小组技能
(EVOLVING TEAM TECHNIQUES)

小组思考在创造性探索中还处于发展阶段，新的方法正处于不断地探求中，视觉的交流对发挥小组潜力起有重要作用。随着技术的发展进步(图解模拟和复制)，图解手段和反馈的速度大大增加了。模拟现实，大屏幕投影，三维计算机模型以及光盘图库带来了前所未有的视觉工具。其可能性确实是令人鼓舞的。

小组思考的实用效果和其实际进展取决于小组成员间的相互关系的质量。下列提议可能对工作有所裨益：

1.以同等地位接受相互的贡献。

2.个人目标服从小组目标。

3.集中每一成员的设想，相互帮助提高。

4.经常保持幽默感，时时反映在言谈、行为之中。

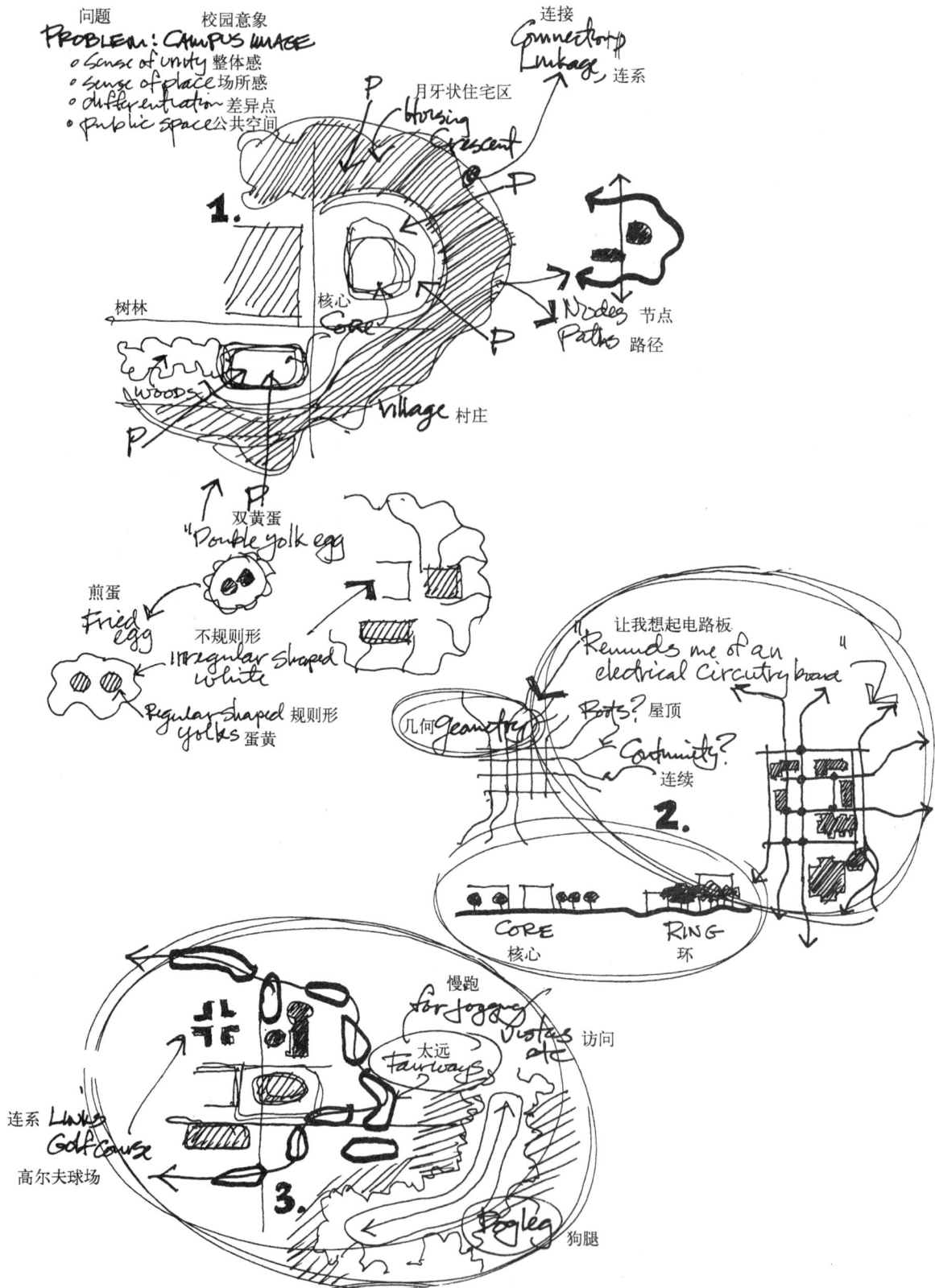

问题　　　校园意象
PROBLEM: CAMPUS IMAGE
o Sense of unity 整体感
o Sense of place 场所感
o differentiation 差异点
o public space 公共空间

1.

连接
Connector &
Linkage 连系

月牙状住宅区
Housing
Crescent

P

P

Nodes 节点
Paths 路径

核心
Core

树林
WOODS

Village 村庄

P

P

双黄蛋
"Double yolk egg"

煎蛋
Fried
egg

不规则形
Irregular Shaped
white

规则形
Regular Shaped 蛋黄
yolks

让我想起电路板
"Reminds me of an
electrical circuitry board"

几何 Geometry

Roofs? 屋顶

Continuity? 连续

2.

CORE
核心

RING
环

3.

慢跑
for Jogging

太远
Fairways

Vistas 访问
etc

连系 Links
Golf Course
高尔夫球场

Dogleg 狗腿

图 12-12　校园研究

212 ● 小组设计

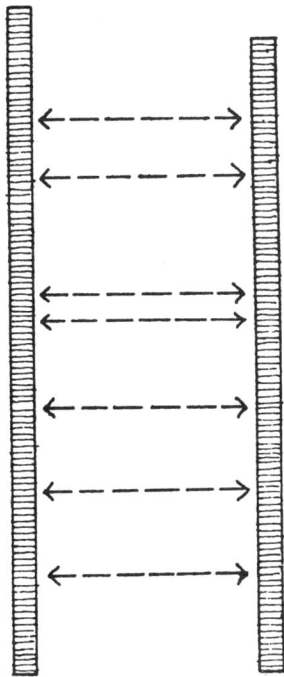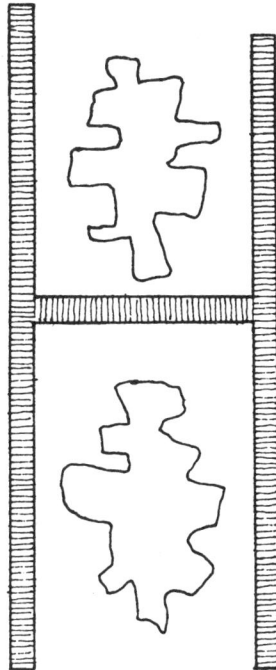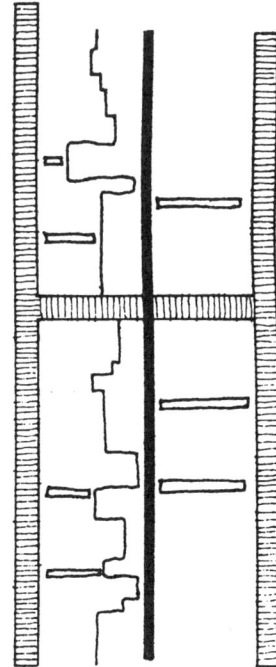

MOVE MENT
运动

IDENTITY
特性

DATUM
资料

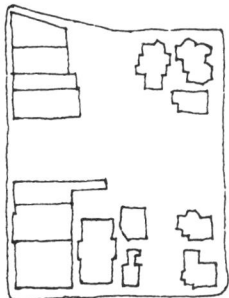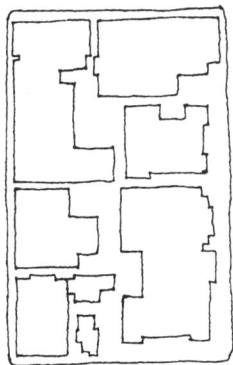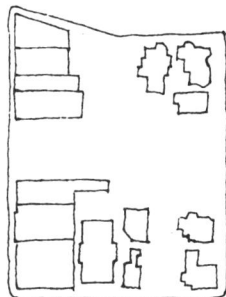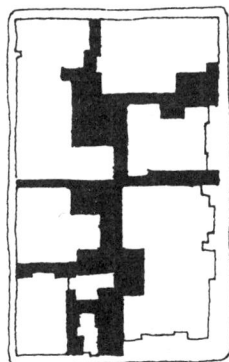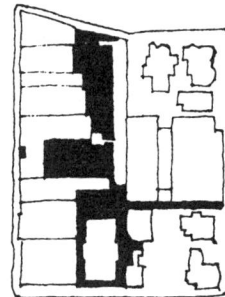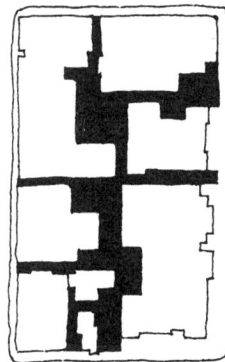

PHASE 1
阶段 1

PHASE 2
阶段 2

PHASE 3
阶段 3

图 12-13 城市核心研究

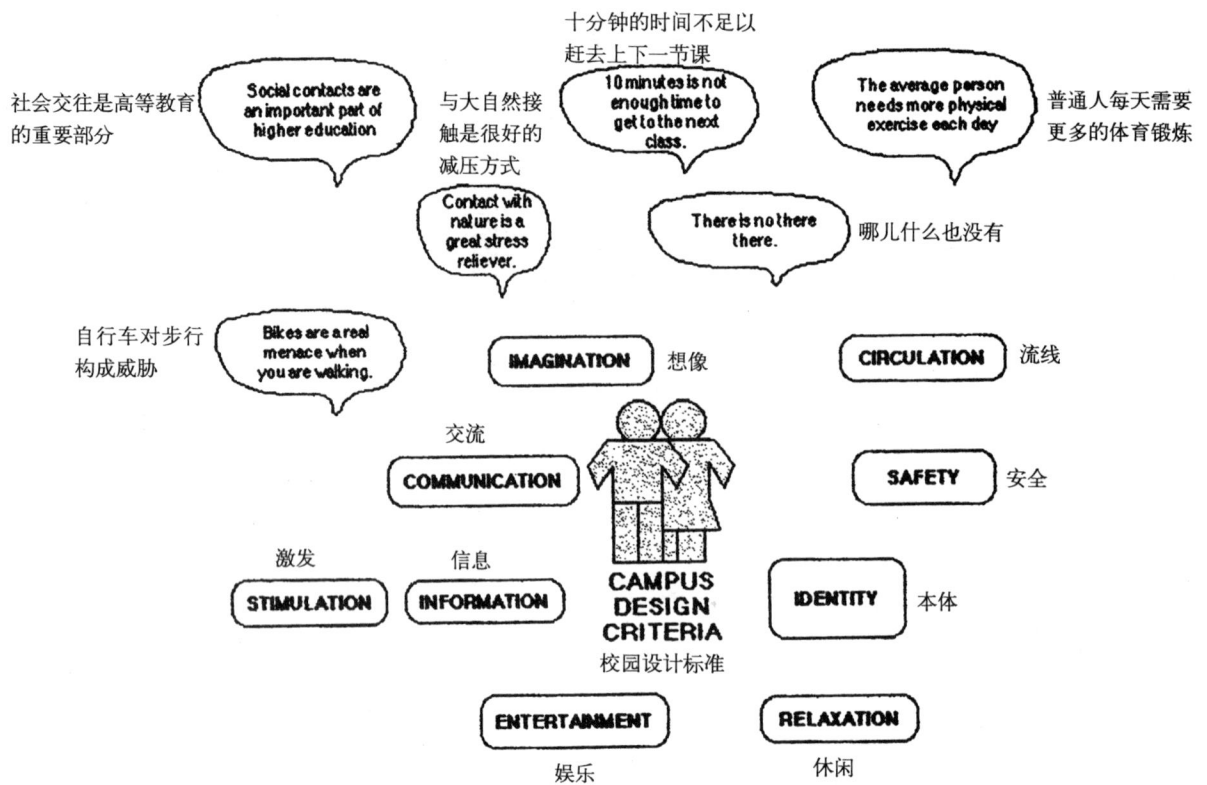

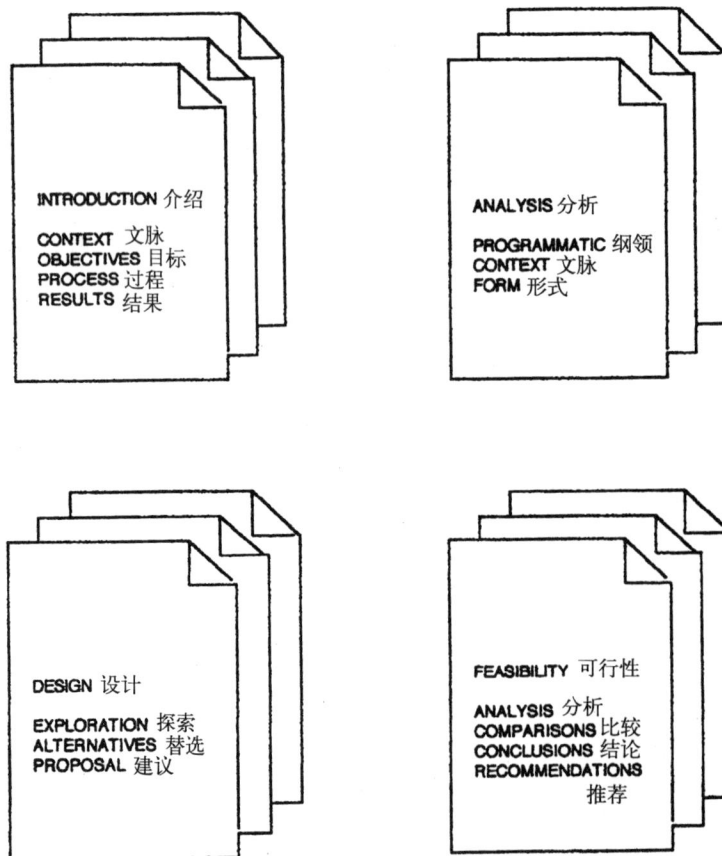

图 12-14　用计算机绘制的小组记注

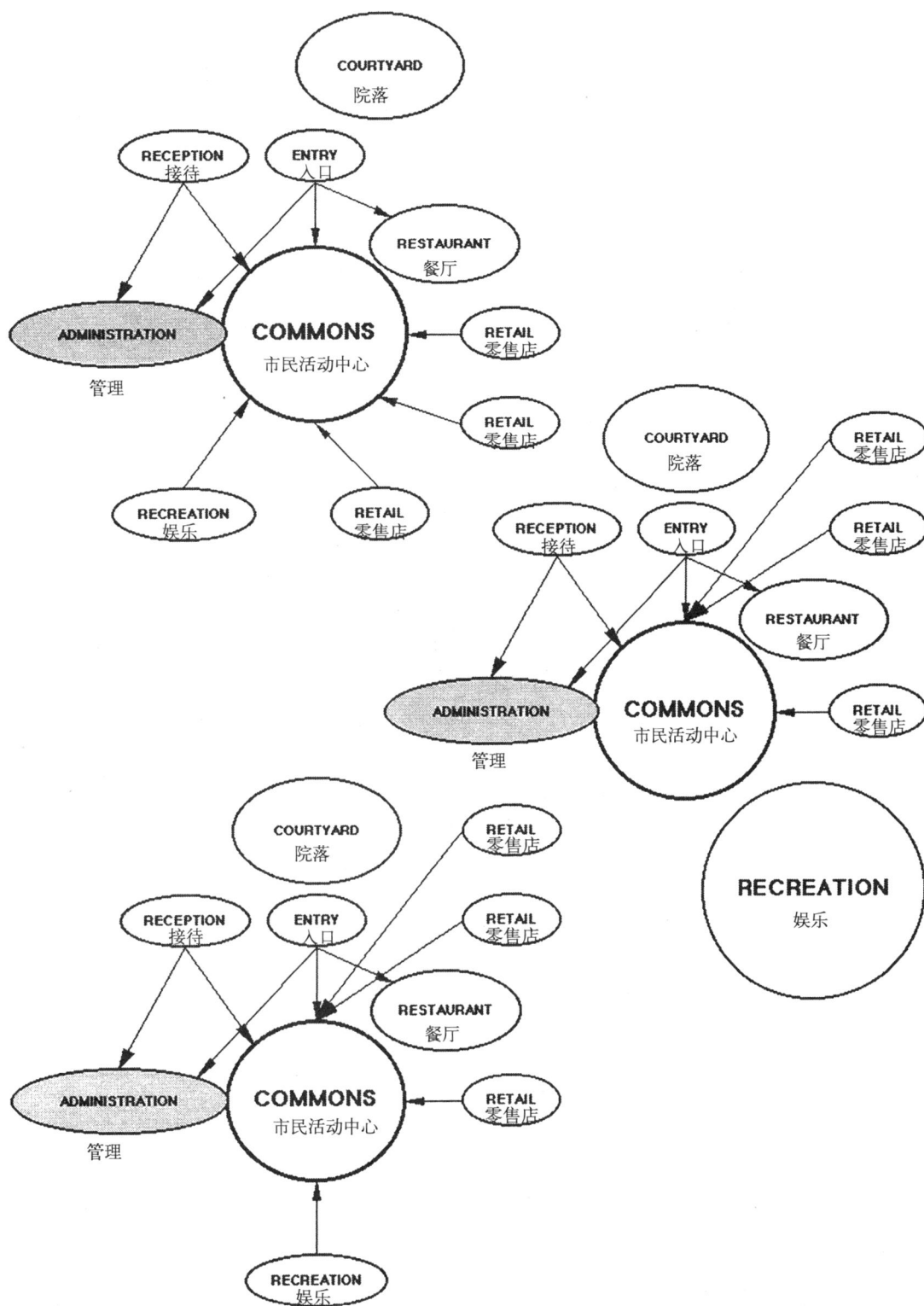

图 12-15　用计算机绘制的小组记注

图 13-1 俄亥俄州阿森斯城市设计研究，适应公众口味的图解。保罗·拉索和 G·K·内施绘

13 公众参与设计
(Public Design)

一般公众对个人团体的设计正在起着积极的作用。公众参与建筑设计与专业人员共同工作正日益密切化，图解思考也应作相应的变化以适应这一新发展。本章将讨论公众态度的根本变化和这些变化如何支持设计和解决问题的过程。

15世纪和16世纪的探险家证实了关于地球形体的新概念，从而永远地改变了人与地球关系的感觉。至本世纪，宇宙的探险家把地球看作一艘"空间船"，一座奇妙辉煌、飘浮在无限黝黑太空中的岛屿。由于这一概念，人与地球的关系就加添上另一向度。人类与环境、地球关系的概念再次受到根本性的影响。其他令人注目的变化也改变了我们的世界观：例如，火箭、宇宙飞船替代了马匹和轻便马车；原子弹替代了毛瑟枪。此外，电信学，微型电子计算机，能源危机，大范围的空气和水源污染，电力不足，等等。

《间断时期》(The Age of Discontinuity)、《未来的震荡》(Future Shock)和《临时社会》(The Temporary Society)[1]等类的著作竭力赞扬这些变化。60年代后期的学生运动表面上也反映变化是有益的。在建筑和环境设计领域，有益的变化在历史保护运动中显得最为令人注目。如今，这一变化已经成为我们生活的中心特征，人们开始对什么变化是称心合意的，什么变化是不受欢迎的做出自己的判断。他们把具有历史意义的房屋看作社会不断延续的源泉，发展了自己对此的新感性认识。人们似乎要在来势汹涌、压倒一切的变化中寻觅稳定性。

我相信，我们正在为自己和我们的社会寻觅一种新的一致感。环境领域价值的增长早已对经济体系产生重要的影响。各公司寻找人口汇集的地点设立企业，而不是把人口迁移到工作所在地。响应维护运动早期成功的设计如在旧金山的吉拉尔代利(Ghirardelli)广场和坎内里(Cannery)商场[2]已经在全国各城镇使主要街道的再发现运动和维护运动达到高潮。作为维护运动的团体发展协会如雨后春笋，数量不断增加。人们确信他们自己可以做些什么来改善他们的生活和他们的环境，这类人数正在日益增加。

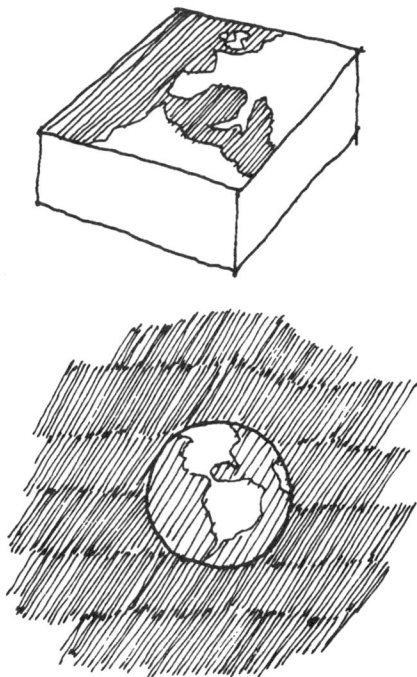

图 13-2

One-Way Communication

单向交流

(a)

VS

Two-Way Communication

双向交流

(b)

图 13-3a、b　二种相反的设计交流方式

图 13-4　表达设计意图的徒手画透视图

图13-6 剑桥东部的居住区规划。哈里·埃金克（Harry Eggink）绘

图13-5 剑桥东部的购物街探讨。哈里·埃金克（Harry Eggink）绘

社区设计（COMMUNITY DESIGN）

吉姆·伯恩斯说，建筑师必须更直接地与公众共同工作，以免重犯往昔的错误。

"有些环境变化……具有消极的影响，但并非一开始就能识别。把博物馆迁移到新的地址或者添置新住宅，在公园中放一个运动场地似乎是件好事，然而事后却发生了博物馆参观人数大幅度下降，住宅不受欢迎，公园游客避开运动设施等等的后果。这类失败的原因往往由于变化破坏了人们与其社区所提供的机遇之间的联系。"[3]

保证人们不与社区所提供的机遇隔绝的最佳办法是让他们参与自己社区的设计。

建筑师要促进公众参与设计过程就必须考虑思想交流的方法。有些建筑师习惯于绘制精致的图纸给业主或者董事会参阅。图纸整洁、漂亮，具有肯定和完成的气氛。当这类图纸应用在公众参与的设计项目时，一般人就会有这样的感觉：他们是在被告知，而不是参加讨论，且不论他的看法究竟与建筑师的意图有多少相反之处，对提出自己的看法就会感到胆怯、没有信心。

所以邀请公众参与交流要以速写、草图的面貌出现。

1. 速写应该始终具有无拘无束的徒手画特征，一种未完成的性质，可以改变，也可以添加上别的设想来改善。即使用机械绘制的透视图也可再徒手复描，使画面更具有探试未定的感觉。

2. 速写要保持简洁性，避免过于抽象以致必须附加解释。图13-5、图13-6的例子取自剑桥（Cambridge）都市设计研究[4]，是非常有效的速写。鸟瞰图是较容易被大多数人理解的形式。

3. 应用标签帮助识别图中的各部分。卡通画的说白形式对标签或阐明环境的可能性是很有用的手段。

社区设计 • **219**

图 13-7 史蒂夫·莱文(Steve Levine)绘

图 13-8 史蒂夫·莱文绘

参与设计室(TAKE-PART WORKSHOPS)

若干建筑师和规划师精力充沛地从事发展图解交流方法，使公众有可能理解并进入设计过程。劳伦斯·哈尔普林就是其中之一。

"我致力于人们与其环境(个人的和群体的)间的相互作用……个人和群体两方面都是重要的。我们一直在探索这方面的原型关系……在设计室，而原先是在当地现场的。参与设计室使人们有机会发现和表达他们自己和他们社区的需要和愿望……他们发现相互交流的方法，并取得基于多方面意见的创造性抉择。"[5]

规划顾问，哈尔普林的前合作者吉姆·伯恩斯(Jim Burns)具有组织参与设计室的丰富经验。他认为参与设计室的工作过程包括四个基本阶段：

1. **认识**——社区成员对涉及社区环境的事物和这些事物如何相互结合具有更为深刻的了解。建筑师得亲临社区观察和访问记录才能取得真实的信息。
2. **感性认识**——通过汇集社区已存在的事物和居民希望添建的事物使居民开始理解他们社区与他们个人之间的关系。
3. **抉择**——以社区的认识和直觉诸如居民喜欢建造什么和希望何时完成什么为基础做出设计抉择。
4. **履行契约**——采取策略保证社区所选定计划得以实现。[6]

为了完成这四个阶段，参与设计室必须发展辅助图解(如所附图13-7~图13-11)使社区成员有可能参与设计过程。

图 13-9 史蒂夫·莱文绘

图 13-10 史蒂夫·莱文绘

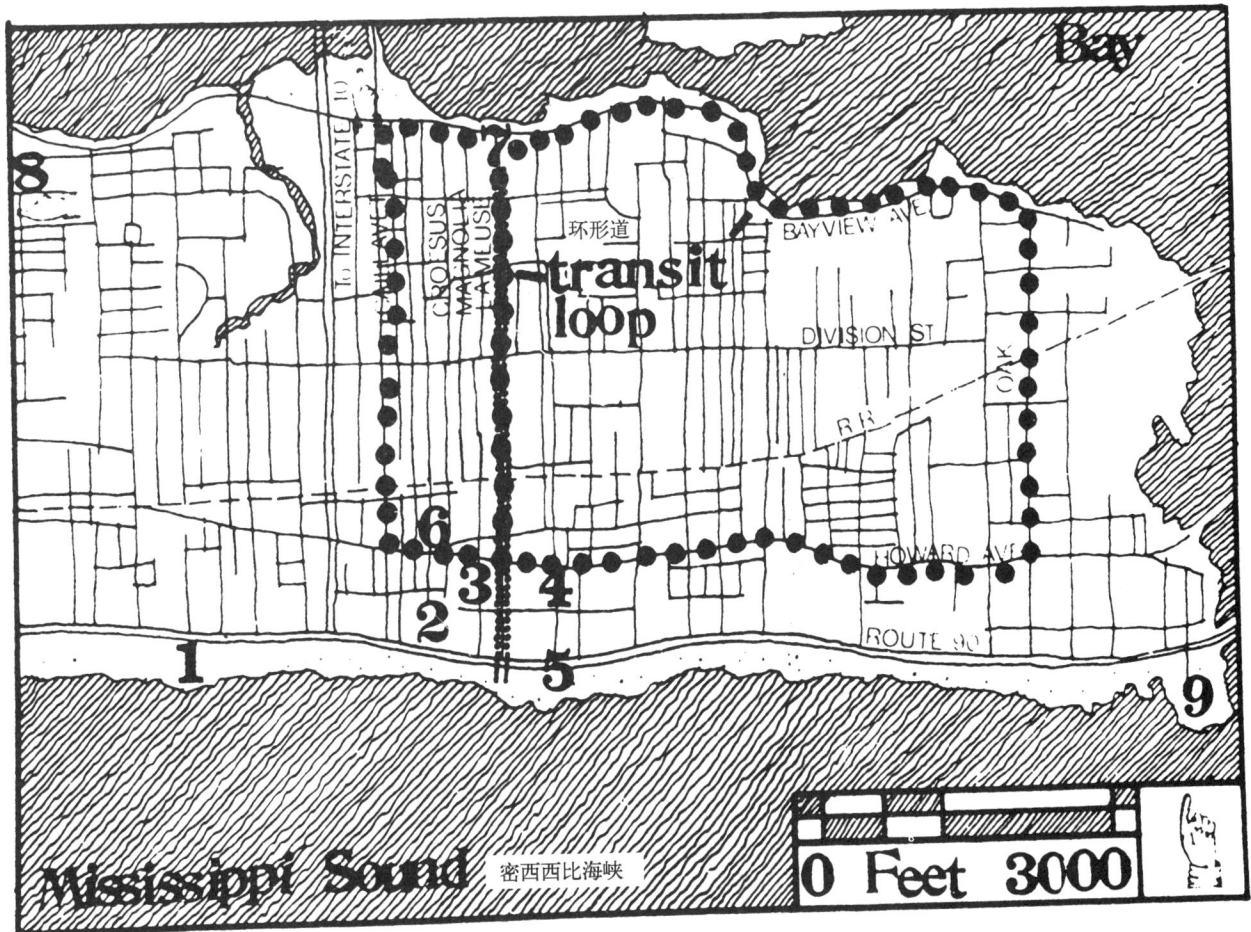

图 13-11 史蒂夫·莱文绘

图13-12　美国菲尼克斯市研究。约翰·J·德斯蒙德(John.
　　　　 J.Desmond) 绘

图13-13　大西洋城研究。彼得·哈塞尔曼绘

美国建筑师协会－区域/城市设计协助小组 (AMERICAN INSTITUTE OF ARCHITECTS REGIONAL/URBAN DESIGN ASSITANCE TEAM)

美国建筑师协会派遣专业小组去社区进行城市设计研究已有几十年以上的经历。这些小组——包括建筑师、经济学家、都市设计师、社会学家、经理和律师——与社区有识之士共同分析问题、制订策略。R/UDAT(Regional/Urban Design Assistance Team 区域/城市设计协助小组)[7]工作进程的一个重要部分即是以专业居民联合调查结果为根据编制的整个社区的报告书。这时社区的远景发展是至关重要的文件。但是，必须让公众理解，报告只是走向发展的设想不是最终的决定。报告中所附的社区速写图只不过是总的环境想像，并无正式、特定的设计结果，只作为与公众进行设计交流的模式。

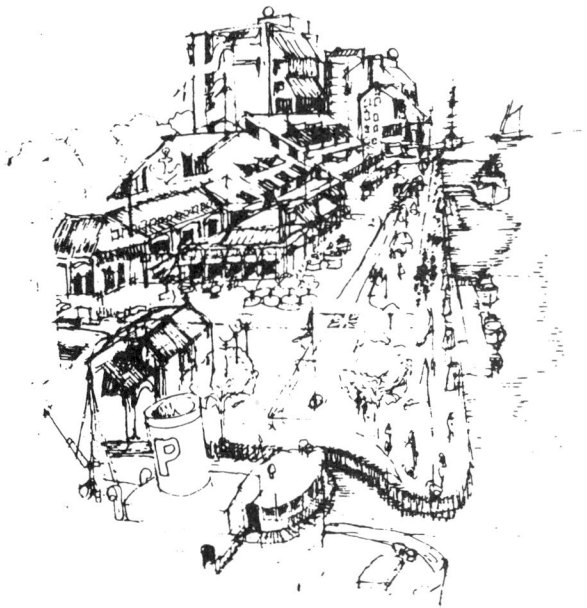

图 13-14　朴次茅斯港研究。威廉·德基(William Durkee)
　　　　　和罗伊·曼(Roy Mann)绘

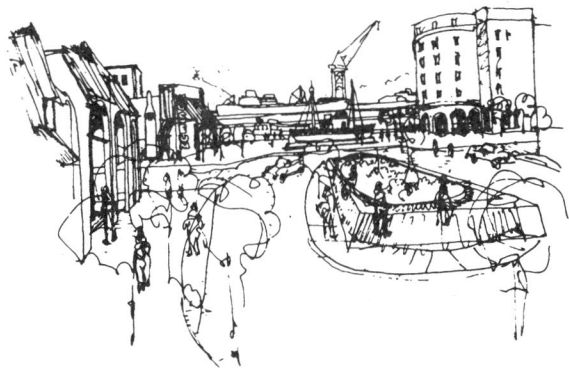

图 13-15　朴次茅斯港研究。威廉·德基(William Durkee)
　　　　　和罗伊·曼(Roy Mann)绘

PHOENIX CORE

图 13-16　菲尼克斯市研究。查尔斯·A·布莱辛(Charles A.Blessing) 绘

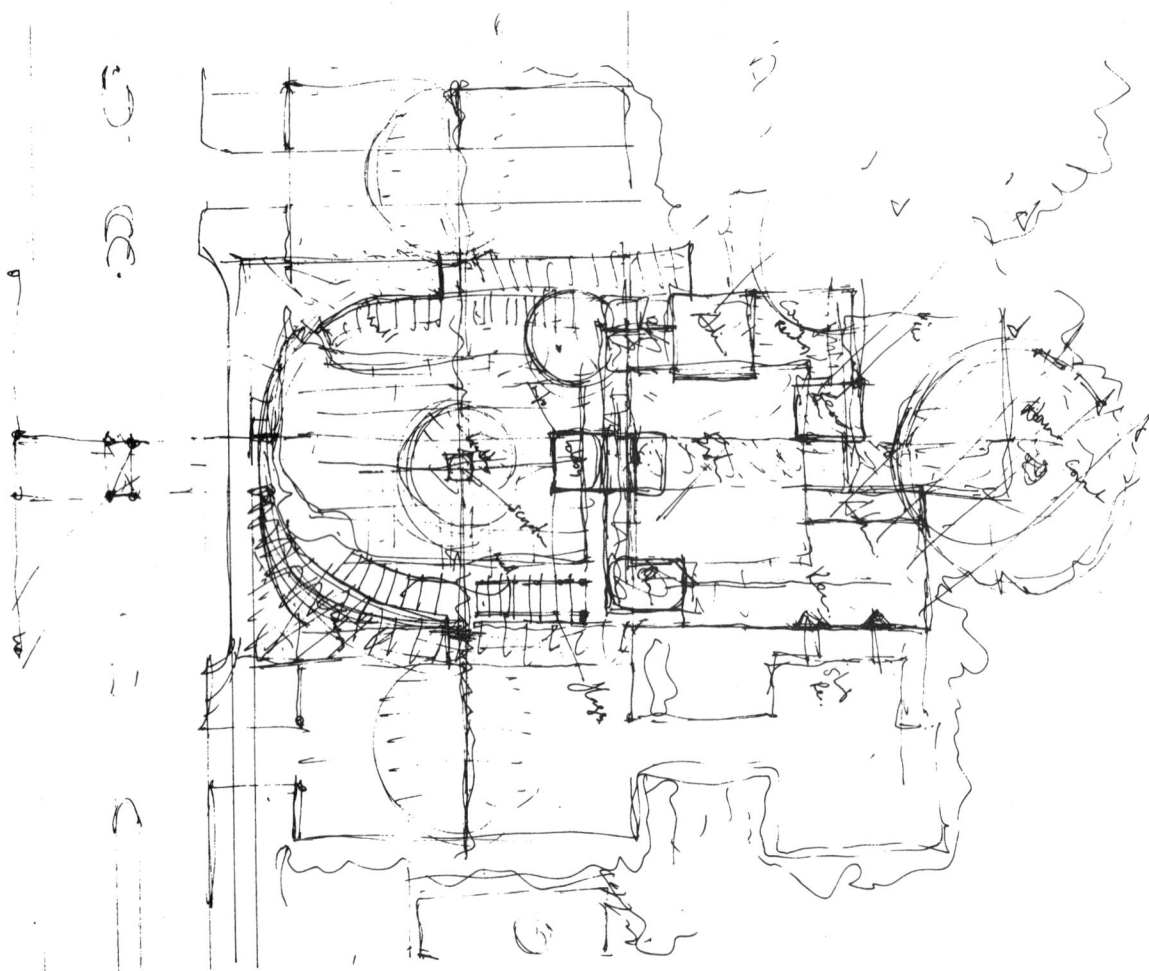

图 13-17　空间区划研究，哈里·埃金克绘

图 13-18　现场调查，哈里·埃金克绘

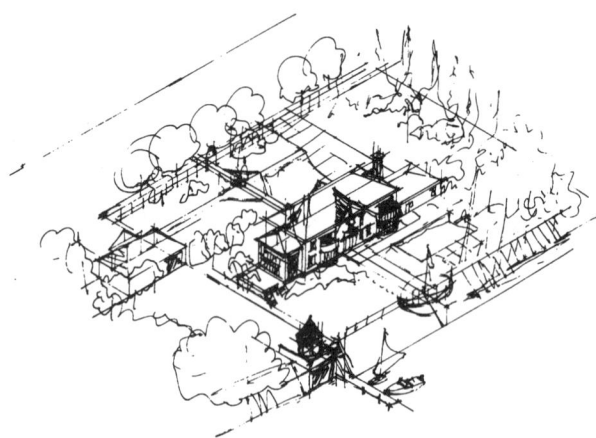

图 13-19　场地研究，哈里·艾金克绘

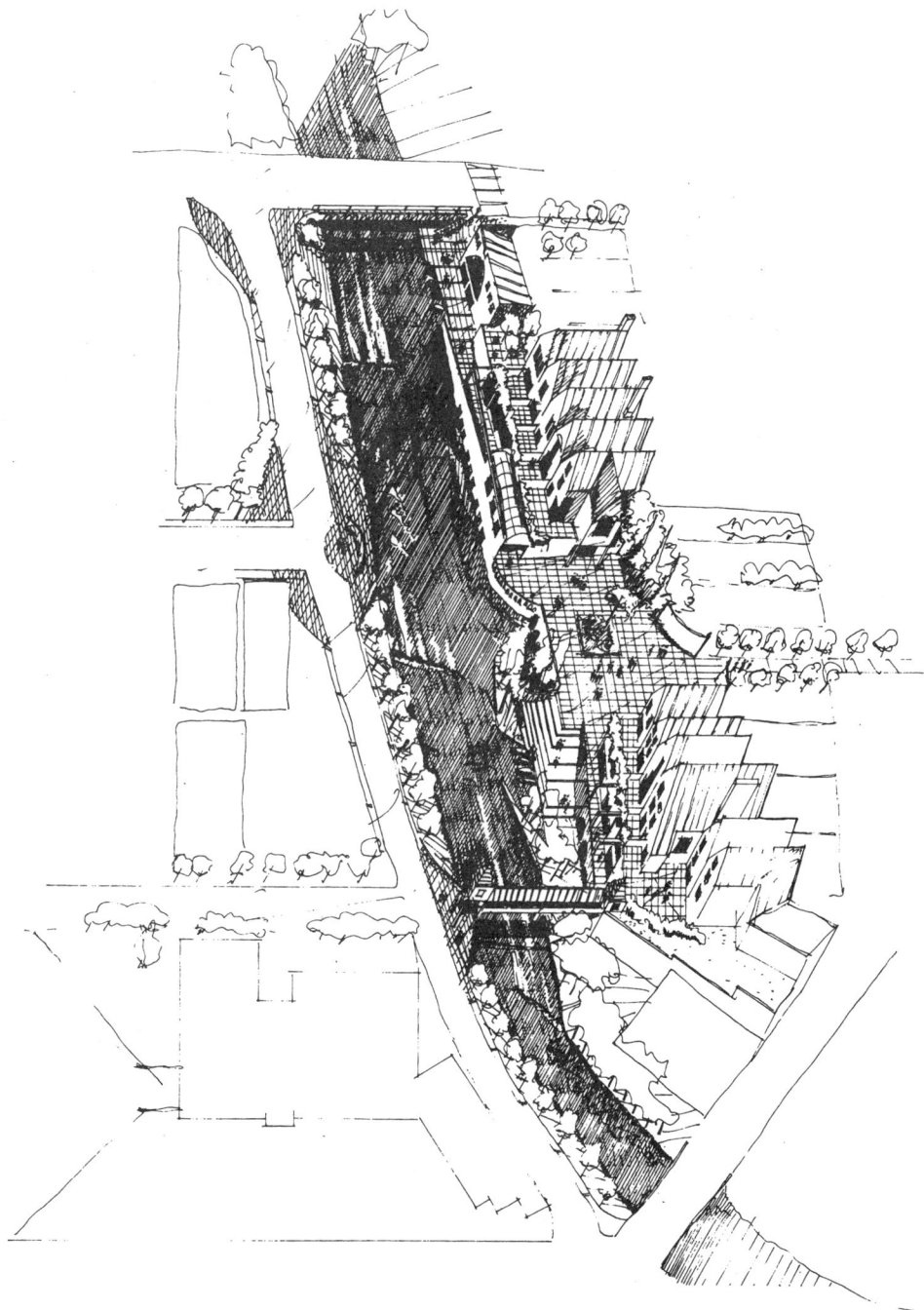

工作草图 （WORKING SKETCHES）

　　为了把社区成员纳入设计过程，设计师通常在公共交流场合发展构思并绘图，探讨性草图是沟通信息和诱导社区参与的有效手段。这种草图可以用松弛的风格绘制。

图 13-20　印第安纳州埃尔克哈特城市设计研究，哈里·埃金克绘

区域配置
Regional Setting

Climatic Factors
气候因素

Seasonal Azimuth
季节方位角

Direct Beam Incidence
阳光直射地带

Solar Envelope
太阳覆盖

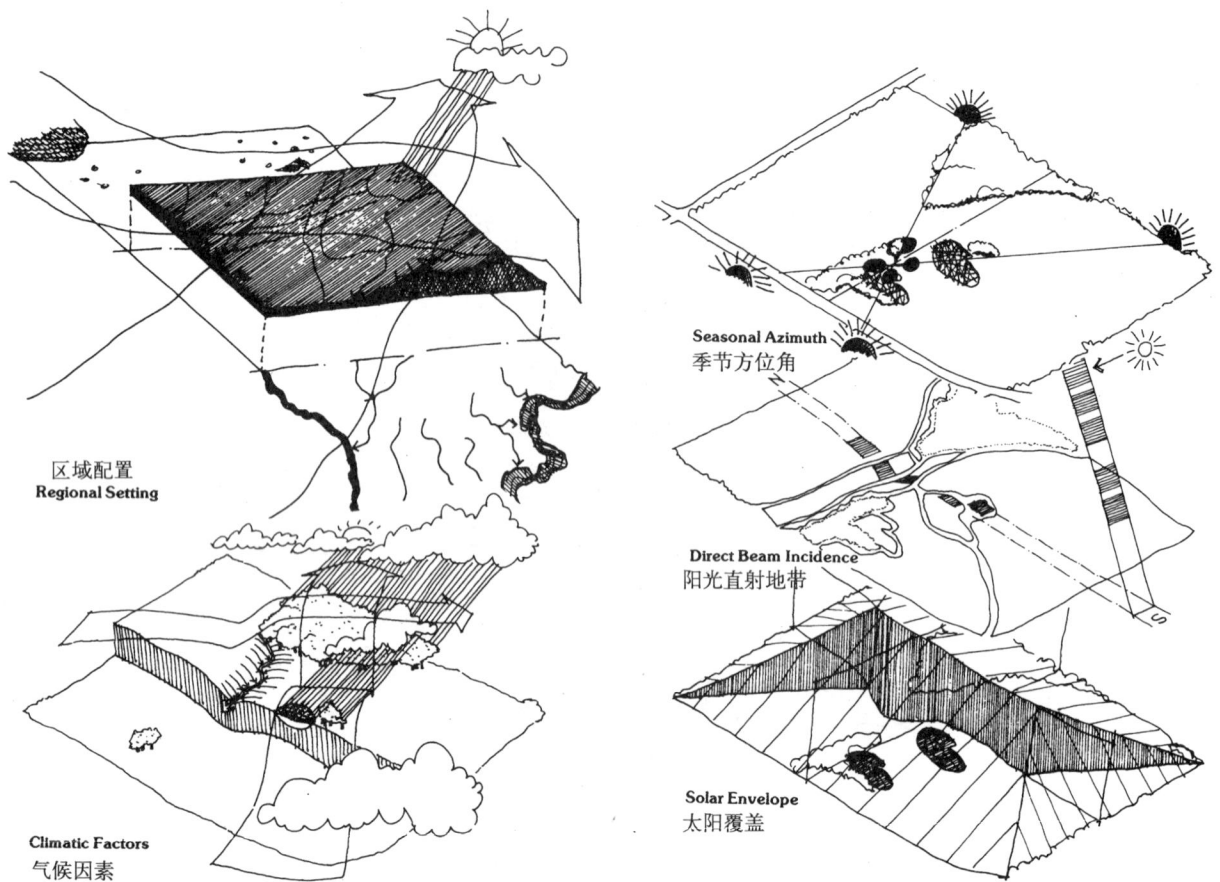

图 13-21　场地气候及日照研究。哈里·埃金克绘

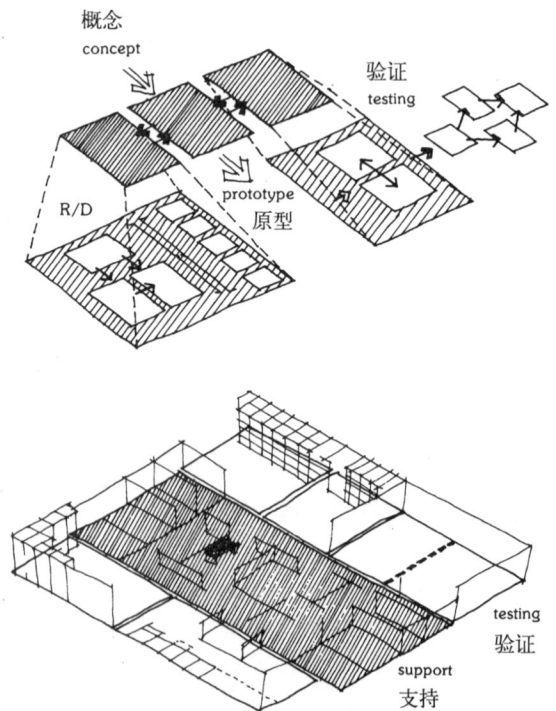

概念
concept

验证
testing

R/D

prototype
原型

在杂志和报纸上发表图画需要特别仔细的计划。为了避免太多的图纸带来的枯燥和在公众中引起冲突，每幅图应清晰、简洁地反映设计因素之间的关系。这里显示的轴侧图、鸟瞰图和透视图看起来是最易为普通人所接受的。虽然他们都仔细绘制了底图，但还是用徒手绘制，看起来比较随意，能吸引公众来讨论。

testing
验证

support
支持

图 13-22　任务书的图表，哈里·埃金克绘

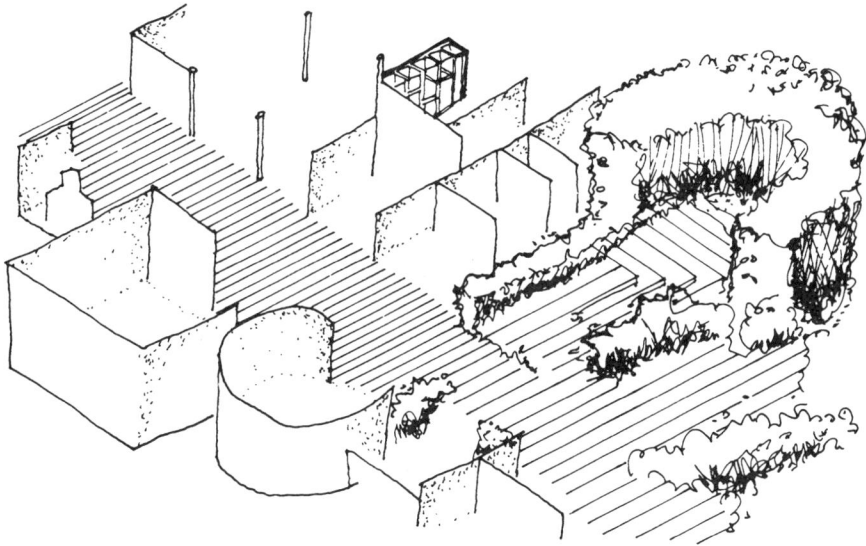

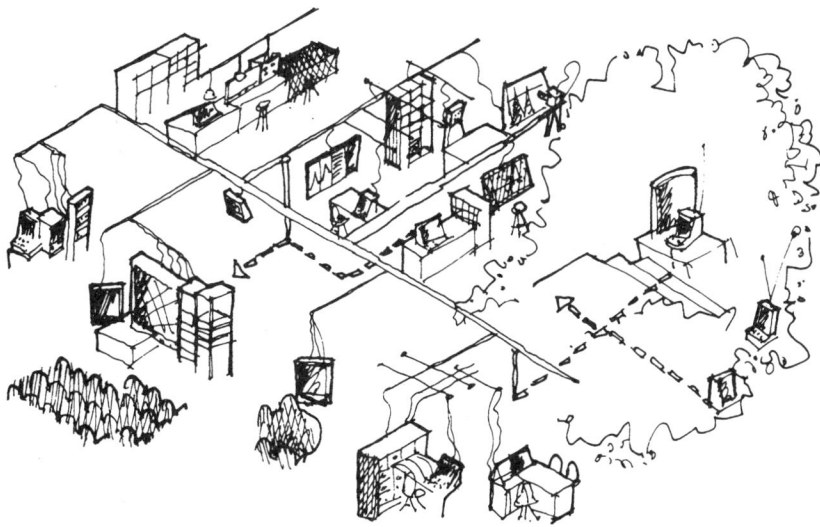

图 13-23 任务书发展研究，哈里·埃金克绘

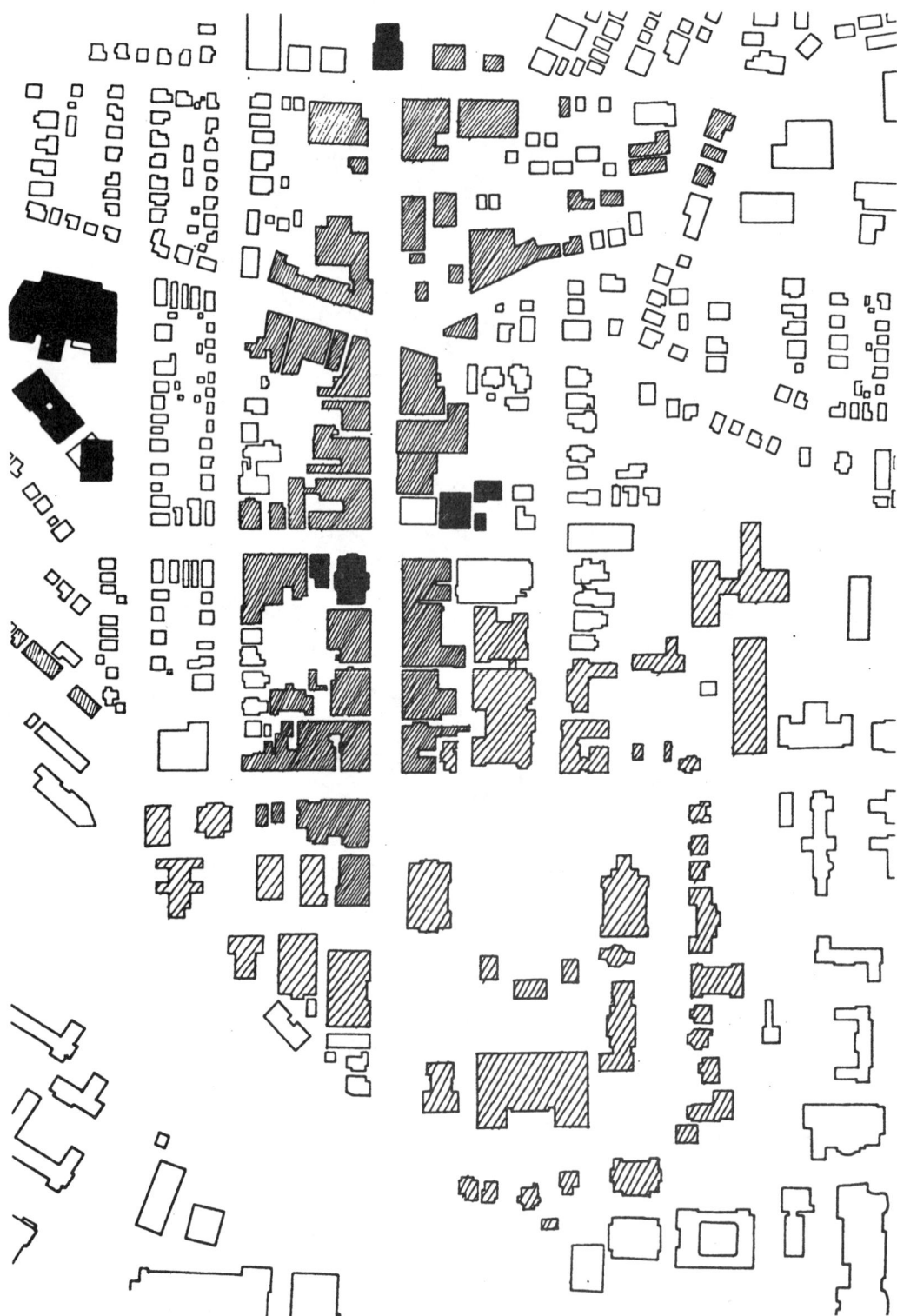

图 13-24　俄亥俄州阿森斯，城市分析

图 13-25　俄亥俄州阿森斯，城市分析

图 14-1 内森·摩尔绘制计算机模型图

14 结束语 (Conclusion)

建筑与其他艺术在未来的人类文化中均占有显要、活跃的地位，而创造力是最重要的因素之一。遍阅全书，我以为大部分篇幅论述了如何做和可以做什么，至于为什么就谈得比较少。

艺术对民族生存的重要意义在1951年受加拿大政府委任的《马赛报告》(Massey Report)中已经明确地指出了：

> "当丘吉尔先生于1940年号召英国人民做出最大努力时，他向英国的传统祈求，把形成他同胞的生活方式和特征的普遍背景作为他呼吁的基础。在大不列颠的精神遗产中丘吉尔找到了在危急时刻能迅速动员去应付威胁的力量。没有什么能比对思想和感情的呼吁更'有实效了'……加拿大能成为一个整体是因为某些精神、习惯和信仰为全人民所共享，绝不会妥协的缘故。我们国家也依靠了精神遗产的力量，坚毅不懈地经历了多次艰难岁月，将在未来按我们对自己信任的程度而繁荣兴旺。虽然这都是触摸不到的东西，然而它不仅给民族以主要的特征，也给她以活力。某些在日常生活的重负下似乎不重要或者甚至不相干的事物，可能正是那永恒的事物，给社区生存力量的事物。而传统始终处于形成之中。据此，我们得出第二种设想：遍及我国，有兴趣于艺术、文学和科学的，难以数计的机构、团体和个人今日正在逐渐形成未来的民族传统。" [1]

建筑师是问题的解决人。但是建筑上的问题就如我们社会的问题一样，远远比所谓"实用"的水平要深奥得多。一幢建筑物除了提供安全和可靠外还应该强调上述的精神因素。建筑必须依旧既是一门艺术又是一门科学。

视觉交流处在方法论和使用范畴上的彻底变革中。计算机和声像技术为设计师提供具有迷人力量和速度的绘图工具；计算机辅助设计系统将原来绘图时间缩短了三分之二。专家及半专家系统实现了计算机的大容量记忆功能。视觉模拟提供了在设计师设想的环境中漫游的经历。这些相似的技术革命性地改变了视觉交流在公众中的角色。一向只为专家掌握的图像技术变得任何人只要有一台微机就可以获得了；让下一代在早期就接触计算机图形和视像会给他们带来前所未有的视觉图库。

在采用新技术的早期阶段，关注"如何"用这些机器完成任务是最首要的。我们着迷的发现硬件和软件，使他们做得更多更快。就像我在这个结论开始时所建议的，为了从科学中获得更有益的帮助，我们必须关注"为什么"要采用这些技术。对设计目的的深层理解是开发确实能实现我们愿望的新能量的关键。正如李维斯·孟福德所述：

> "不论技术是多么完全地建立在科学的客观程序上，但它并没有形成像宇宙一样独立的系统：它像人类文化中的一个元素一样存在着，像社会团体会有正负效应一样，它也具有。机器本身没有愿望也没有承诺，是人类的精神产生愿望和恪守承诺。" [2]

图 14-2 内森·摩尔绘计算机模型图

图 14-3 内森·摩尔绘计算机模型图

图 14-4　内森·摩尔绘计算机模型图

挑战(THE CHALLENGES)

在建筑教育中，对传统和数字媒介的对比已是十分热门的话题。有人认为数字媒介不仅是一种机遇，而且可以使传统媒介彻底作废。另一种人认为它们在影响力的品质上仍然旗鼓相当。争论的答案在于两个关键方面——媒介的适度和媒介的整合。

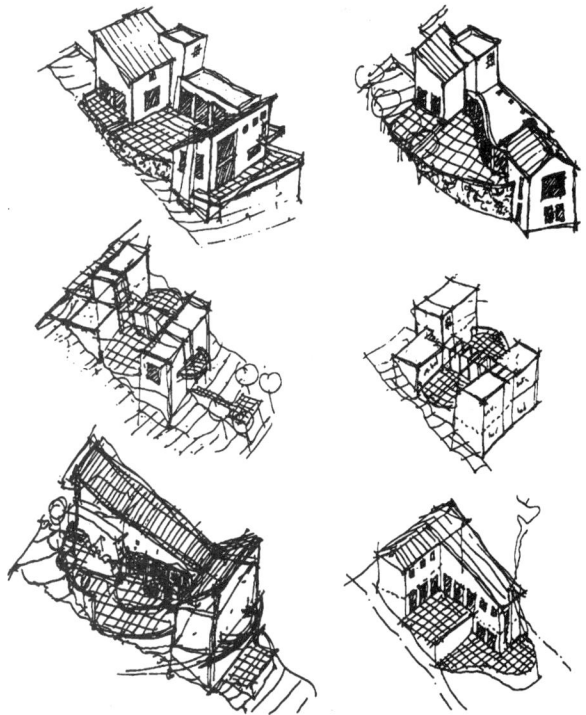

图 14-5　哈蒙兹(Hammonds)住宅深入草图，建筑师：House+House

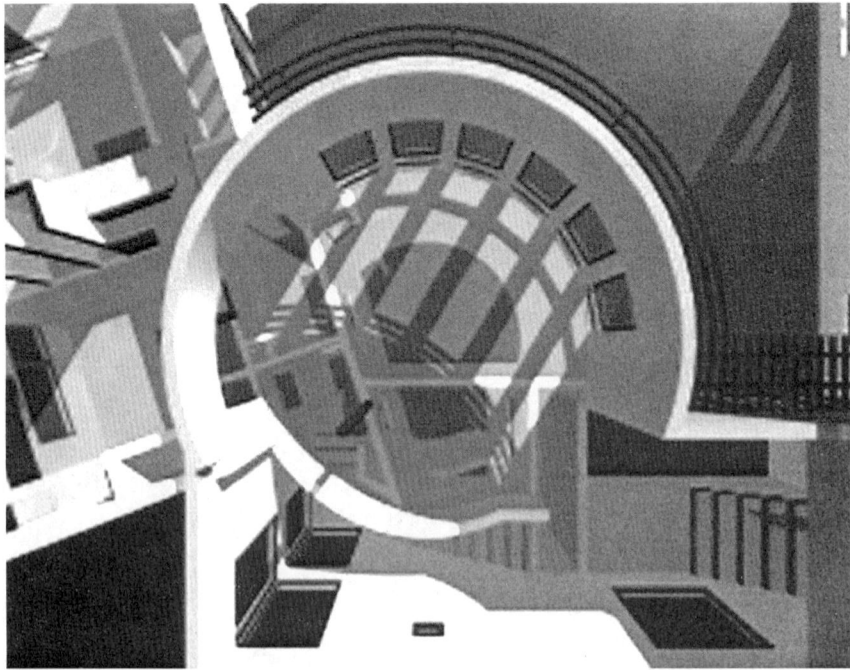

图14-6　哈蒙兹住宅计算机渲染图，建筑师：House+House

适度（Appropriateness）

当系统理论学的先锋路德维希·冯·贝塔朗菲（Ludwig von Bertalanfy），被问及系统哲学能否让科学哲学作废时，他用交通工具做了一个类比。他说，在洲际货运中，帆船被燃油轮船取代，燃油轮船又被核动力船所取代。然而不能说帆船和油船已毫无价值。帆船在体育和休闲活动中发挥重要作用，而油船在一些商业运输中仍有自己的市场。

在图形交流中，对个人和小组设计来说，徒手画仍然具有感召力、舒适性和有效性。草图是对环境体验的一种"摘要"。不同的媒介如炭笔、纸、黏土或绘画能使一个设计过程有不同的感觉，敏锐灵活地激发思维的运转。

但计算机图形就已处于思维的定型阶段，它可以轻而易举地画出直角图、平行线和透视图。三维模型已经发展到了能够被定义、表现和与设计研究同步的水平。

整合（Integration）

更有前景的方面是探索传统媒介和数字媒介的互补功能，当我们关注媒介——人类思维的联系时——巨大的可能性出现了。重读本书开始时讨论的图解思考过程，我们就能看出计算机屏幕上的图形仅仅是这个过程中的一个环节，它本身并无意义，它的含义和丰富的变化取决于设计师感觉能力的强弱，而感觉能力又取决于设计师视觉表现的体验。这种依赖关系确立了徒手画的地位，它能帮助我们理解建筑与环境。

最后，图解思考是关于人类思维奇迹的方法。媒介的生命力取决于它在多大程度上激发了人类的思维和想像。

图 14-7 计算机模型图

图 14-8 草图的表达

注释 （Notes）

第三版前言 Preface to the Third Edition

1. Peters, Thomas J., and Waterman, Robert H., Jr. *In Search of Excellence.* New York: Harper & Row, 1982.

第一版前言 Preface to the First Edition

1. From "The Need of Perception for the Perception of Needs," keynote speech by Dr. Heinz Von Foerster delivered at the 1975 National Convention of the American Institute of Architects, Atlanta, Georgia.

Chapter 1 第1章

1. Broadbent, Geoffrey,. *Design in Architecture.* New York: John Wiley & Sons, Inc., 1973, p. 343.

2. Hamilton, Edward A. *Graphic Design for the Computer Age.* New York: Van Nostrand Reinhold Company, 1970, p. 16.

3. McKim, Robert H. *Experiences in Visual Thinking.* Monterey, CA: Brooks/Cole, 1972, p. 22.

4. Arnheim, Rudolf. *Visual Thinking.* Berkeley: University of California Press, 1969, p. 13.

5. Arnheim, Rudolf. "Gestalt Psychology and Artistic Form." In *Aspects of Form,* edited by Lancelot Law Whyte. Bloomington: Indiana University Press, 1966, p. 203.

6. McKim, *Experiences in Visual Thinking,* p. 40.

7. Arnheim, "Gestalt Psychology and Artistic Form," p. 206.

8. Levens, A. S. *Graphics in Engineering Design.* New York: John Wiley & Sons, Inc., 1962, p. 415.

9. Arnheim, Rudolf. *Art and Visual Perception: A Psychology of the Creative Eye.* Berkeley: University of California Press, 1954, p. 46.

Chapter 2 第2章

1. All of the successful architectural designers that I have interviewed stressed the importance of sketching ability in their work.

2. Perls, Frederick. *Ego, Hunger, and Aggression.* New York: Random House, 1969.

3. Downer, Richard. *Drawing Buildings.* New York: WatsonGuptill Publications, Inc., 1962, p. 9.

4. Cullen, Gordon. *Townscape.* London: The Architectural Press, 1961.

5. Gundelfinger, John. As quoted in *On-the-spot Drawing,* by Nick Meglin. New York: WatsonGuptill Publications, Inc., 1969, p. 62.

6. Folkes, Michael. *Drawing Cartoons,* New York: WatsonGuptill Publications, Inc., 1963, p. 19.

Chapter 3 第3章

1. *Webster's New World Dictionary,* 2d ed. New York: William Collins & World Publishing Co., Inc., 1976.

2. Arnheim, *Art and Visual Perception: A Psychology of the Creative Eye,* p. 33.

3. Lockard, William Kirby. *Design Drawing.* Tucson, AZ: Pepper Publishing, 1974, p. 124.

4. Jacoby, Helmut. *Architectural Drawings.* New York: Praeger Publishers, Inc., 1965.

5. Gundelfinger, *On-the-spot Drawing,* pp. 61–62.

6. Lockard, *Design Drawing,* p. 262.

Chapter 4 第4章

1. Bonta, Juan Pablo. "Notes for a Semiotic Theory of Graphic Languages." Paper presented to the International Conference on Semiotics, Ulm, Germany, 1972.

2. McKim, *Experiences in Visual Thinking,* p. 129.

3. Bruner, Jerome. *On Knowing: Essays for the Left Hand.* Cambridge, MA: Belknap Press of Harvard University Press, 1962, p. 123.

4. Arnheim, "Gestalt Psychology and Artistic Form," p. 204.

5. Bruner, *On Knowing: Essays for the Left Hand,* p. 182.

6. McKim, *Experiences in Visual Thinking,* pp. 1-24-1-26.

Chapter 5 第5章

1. Larson, Tom. Personal communication.

Chapter 6 第6章

1. Best, Gordon. "Method and Intention in Architectural Design." In *Design Methods in Architecture,* edited by Geoffrey Broadbent and Anthony Ward. New York: George Wittenborn, Inc., 1969, p. 155.

2. Broadbent, *Design in Architecture,* p. 365.

3. McKim, *Experiences in Visual Thinking;* p. 105.

4. McKim, *Experiences in Visual Thinking,* p. 127.

5. Rittel, Horst. "Some Principles for the Design of an Educational System for Design." Part I, *DMG Newsletter.* Berkeley, CA: Design Methods Group, Dec. 1970.

6. Pena, William M. *Problem Seeking: An Architectural Programming Primer.* Boston: Cahners Books International, Inc., 1977, pp. 170–179.

Chapter 7 第7章

1. Koeberg, Don, and Bagnall, Jim. *The Universal Traveler.* Los Altos, CA: William Kaufmann, Inc., 1976. p. 9.

2. McKim, *Experiences in Visual Thinking,* p. 45.

3. Rowan, Helen. "The Creative People: How to Spot Them." *THINK.* New York: IBM Corp., Nov.–Dec. 1962, vol. 28, no. 10, p. 15.

4. *Webster's New World Dictionary.*

5. March, Lionel, and Steadman, Philip. *The Geometry of Environment.* London: RIBA Publications Limited, 1971, p. 28.

6. Beeby, Thomas H. "The Grammar of Ornament/Ornament as Grammar." *VIA III,* The Journal of the Graduate School of Fine Arts, University of Pennsylvania, 1978, p. 11.

7. Beeby, "The Grammar of Ornament/Ornament as Grammar," pp. 11–12.

8. Carl, Peter. "Towards A Pluralist Architecture." *Progressive Architecture.* Feb. 1973, p. 84.

9. Norberg-Schulz, C. *Existence, Space and Architecture.* New York: Praeger Publishers, Inc., 1971, p. 109.

10. Hanks, Kurt, Belliston, Larry, and Edwards, Dave. *Design Yourself.* Los Altos, CA: William Kaufmann, Inc., 1977, p. 112.

Chapter 8 第8章

1. Rowan, "The Creative People: How to Spot Them," p. 11.

2. Rowan, "The Creative People: How to Spot Them," p. 13.

3. Pye, David. *The Nature of Design.* New York: Reinhold Publishing Corporation, 1964, pp. 65–66.

4. McKim, *Experiences in Visual Thinking,* p. 47.

5. Broadbent, *Design in Architecture,* p. 341.

6. Broadbent, *Design in Architecture,* p. 343.

7. Alexander, Christopher, Ishikawa, Sara, and Silverstein, Murray. *A Pattern Language.* New York: Oxford University Press, 1977, pp. xliii–xliv.

Chapter 9 第9章

1. Lockard, *Design Drawing,* p. 119.

2. Pena, *Problem Seeking: An Architectural Programming Primer,* p. 165.

Chapter 11 第11章

1. McKim, *Experiences in Visual Thinking,* p. 31.

2. Kubie, Lawrence. *Neurotic Distortion of the Creative Process.* Garden City, NY: Farrar, Straus & Giroux, Inc. (Noonday Press), 1961.

3. McKim, *Experiences in Visual Thinking,* p. 127.

4. Cherry, Colin. *On Human Communication.* Cambridge, MA: MIT Press, 1966, p. 4.

5. Jencks, Charles. *LeCorbusier and the Tragic View of Architecture.* Cambridge, MA: Harvard University Press, 1973.

Chapter 12 第12章

1. Broadbent, *Design in Architecture,* p. 358.

2. Caudill, William W. *Architecture by Team.* New York: Van Nostrand Reinhold Company, 1971.

3. For a description of brainstorming methods, see Gordon, William J. *Synetics: The Development of Creative Capacity.* New York: Macmillan Publishing Co., Inc., 1968.

Chapter 13 第13章

1. Drucker, Peter F. *The Age of Discontinuity.* New York: Harper & Row, 1968. Toffler, Alvin. *Future Shock.* New York: Random House, 1970. Bennis, Warren G., and Slater, Philip F. *The Temporary Society.* New York: Harper & Row, 1968.

2. These two renovation projects adapted large older structures for use as shopping complexes in the waterfront area of San Francisco. They have both been very successful socially, aesthetically, and economically.

3. Burns, Jim. *Connections: Ways to Discover and Realize Community Potentials.* Stroudsburg, PA: Dowden, Hutchinson & Ross, 1979. p. 13.

4. Dowling, M. I., Eggink, H. A., Leish, B., and O'Riordan, J. *East Cambridge Study.* Cambridge, MA: Graduate School of Design, Harvard University, 1976.

5. Halprin, Lawrence. *From Process: Architecture No. 4 Lawrence Halprin.* Edited by Ching-Yu Chang. Tokyo: Process Architects Publishing Company Ltd., 1978.

6. Burns, *Connections: Ways to Discover and Realize Community Potentials,* pp. 21–30.

7. The American Institute of Architects established the Regional/Urban Design Assistance Team Program several years ago as a service provided by the profession for the public. In its short history, the program has served cities throughout our country with a combined population of over 10 million people.

Chapter 14 第14章

1. *Report of the Royal Commission on National Development in the Arts, Letters and Sciences.* Ottawa, Canada: King's Printer, 1951.

2. Mumford, Lewis. *Technics and Civilization.* New York: Harcourt, Brace & World, Inc., 1962. p. 6.

参考书目（Bibliography）

I. DRAWINGS AND GRAPHICS
I.绘画与图解

Atkin, William Wilson. *Architectural Presentation Techniques.* New York: Van Nostrand Reinhold Co., 1976.

Beittel, K. *Mind and Context in the Art of Drawing.* New York: Holt, 1972.

Bellis, Herbert F. *Architectural Drafting.* New York: McGraw Hill Book Co., 1971.

Bowman, William I. *Graphic Communication.* New York: John Wiley & Sons, Inc., 1968.

Ching, Frank. *Architectural Graphics.* New York: John Wiley & Sons, Inc., 1975.

Collier, G. *Form, Space, and Vision.* Englewood Cliffs, NJ: Prentice-Hall Inc., 1972.

Czaja, Michael. *Freehand Drawing, Language of Design.* Walnut Creek, CA: Gambol Press, 1975.

DaVinci, Leonardo. *Notebooks.* New York: Dover Publications, Inc., 1970.

DeVries, Jan Vredeman. *Perspective.* New York: Dover Publications, Inc., 1968.

Downer, Richard. *Drawing Buildings.* New York: WatsonGuptill Publications, Inc., 1962.

Dubery, Fred, and Willats, John. *Drawing Systems.* London: Van Nostrand Reinhold Co., 1972.

Goldstein, Nathan. *The Art of Responsive Drawing.* Englewood Cliffs, NJ: Prentice-Hall Inc., 1973.

Goodban, William I., and Hayslett, Jack. *Architectural Drawing and Planning.* New York: McGraw-Hill Book Co., 1972.

Guptill, Arthur Leighton. *Drawing with Pen and Ink.* New York: Reinhold Publishing Co., 1961.

Hanks, Kurt, and Belliston, Larry. *Draw! A Visual Approach to Thinking, Learning, and Communicating.* Los Altos, CA: William Kaufmann, Inc., 1977.

Hanks, Kurt, Belliston, Larry, and Edwards, Dave. *Design Yourself.* Los Altos, CA: William Kaufmann, Inc., 1977.

Hayes, Cohn. *Grammar of Drawing for Artists and Designers.* New York: Van Nostrand Reinhold Co., 1969.

Hill, Edward. *The Language of Drawing.* New York: Prentice-Hall Inc., 1966.

Hogarth, Paul. *Drawing Architecture: A Creative Approach.* New York: Watson-Guptill Publications, Inc., 1973.

Jacoby, Helmut. *New Architectural Drawings.* New York: Praeger, 1969.

Jacoby, Helmut. *New Techniques of Architectural Rendering.* New York: Praeger, 1971.

Kemper, Alfred. *Presentation Drawings by American Architects.* New York: John Wiley & Sons, Inc., 1977.

Kliment, Stephen A. *Creative Communications for a Successful Design Practice.* New York: Watson-Guptill Publications, Inc., 1977.

Lockard, William Kirby. *Drawing as a Means to Architecture.* New York: Reinhold, 1968.

Lockard, William Kirby. *Design Drawing.* Rev. Ed. New York: Van Nostrand Reinhold, 1982.

Lockard, William Kirby. *Design Drawing Experiences.* Tucson, AZ: Pepper Publications, 1974.

Lockwood, Arthur. *Diagrams.* New York: WatsonGuptill Publications, Inc., 1969.

McGinty, Tim. *Drawing Skills in Architecture.* Dubuque, IA: Kendall/Hunt Publishing Co., 1976.

Mendelowitz, David M. *A Guide to Drawing.* New York: Holt, Reinhart and Winston, 1976.

Murgin, Mathew. *Communication Graphics.* New York: Van Nostrand Reinhold Co., 1969.

Nicolaides, K. *The Natural Way to Draw.* Boston: Houghton-Mifflin, 1941; Paperback ed., 1975.

North Carolina University. State College of Agriculture and Engineering. School of Design. *The Student Publication of the School of Design.* Vol. 14, Nos. 1–5, 1964–1965.

O'Connell, William I. *Graphic Communications in Architecture.* Champaign, IL: Stipes Publishing Co., 1972.

Pedretti, Carlo. *A Chronology of Leonardo DaVinci's Architectural Studies after 1500.* Geneva: E. Droz, 1962.

Rottger, Ernst, and Klante, Dieter. *Creative Drawing: Point and Line.* New York: Van Nostrand Reinhold Co., 1963.

Stegman, George K. *Architectural Drafting.* Chicago: American Technical Society, 1966.

Steinberg, Saul. *The Labyrinth.* New York: Harper & Brothers, 1960.

Thiel, Phillip. *Freehand Drawing, a Primer.* Seattle: University of Washington Press, 1965.

Thurber, James. *Thurber and Company.* New York: Harper & Row Publishers Inc., 1966.

Walker, Theodore D. *Plan Graphics.* West Lafayette, IN: PDA Publications, 1975.

Weidhaas, Ernest R. *Architectural Drafting and Construction.* Boston: Allyn and Bacon, 1974.

White, Edward T. *Concept Sourcebook.* Tucson, AZ: Architectural Media, 1975.

II. DESIGN AND PROBLEM-SOLVING
II.设计与解决问题

Adams, James L. *Conceptual Blockbusting.* New York: Scribner, 1974.

Alexander, Christopher. *Notes on the Synthesis of Form.* Cambridge, MA: Harvard University Press, 1967.

Alexander, Christopher, Ishikawa, Sara, and Silverstein, Murray. *A Pattern Language.* New York: Oxford University Press, 1977.

Alger, J., and Hays, C. *Creative Synthesis in Design.* Englewood Cliffs, NJ: Prentice-Hall Inc., 1964.

Archer, L. Bruce. *The Structure of Design Processes.* London: Royal College of Art, 1968.

Bender, Tom G. *Environmental Design Primer.* New York: Schoken, 1976.

Best, Gordon. "Method and Intention in Architectural Design." *Design Methods in Architecture.* Edited by Broadbent and Ward. New York: George Wittenborn Inc., 1969.

Broadbent, Geoffrey. *Design in Architecture.* New York: John Wiley & Sons, Inc., 1973.

Broadbent, Geoffrey, and Ward, Anthony, eds. I. *Design Methods in Architecture Symposium.* New York: G. Wittenborn, 1969.

Burns, Jim. *Connections: Ways to Discover and Realize Community Potentials.* Stroudsburg, PA: Dowden, Hutchinson & Ross, Inc., 1979.

Duffy, Francis, and Torrey, John. "A Progress Report on the Pattern Language." In Moore, Gary T., *Emerging Methods in Environmental Design and Planning.* Cambridge, MA: MIT Press, 1970.

Environmental Design: Research and Practice. Environmental Design Research Conference. Los Angeles: University of California, 1972.

Garrett, L. *Visual Design, A Problem Solving Approach.* New York: Reinhold, 1967.

Halprin, Burns. *Taking Part.* Cambridge: MIT Press, 1974.

Halprin, Lawrence. *RSVP Cycles.* New York: George Braziller Inc., 1969.

Heimsath, Cloris. *Behavioral Architecture.* New York: McGraw-Hill Book Co., 1977.

Jones, John Christopher. *Design Methods.* New York: John Wiley & Sons, Inc., 1920.

Jones, Owen. *The Grammar of Ornament.* London: B. Quaritch, 1910.

Koberg, Don, and Bagnall, Jim. *The Universal Traveler.* Los Altos, CA: William Kaufmann, Inc., 1972.

Manheim, Marvin L. *Problem Solving Processes in Planning and Design.* Cambridge, MA: School of Engineering. MIT, 1967.

Moore, Charles Willard, Lyndon, Donlyn, and Allen, Gerald., *The Place of Houses.* Berkeley, CA: University of California Press, 2000.

Moore, Gary T. *Emerging Methods in Environmental Design and Planning.* Cambridge, MA: Design Methods Group. MIT Press, 1968.

Mumford, Lewis. *The City in History.* New York: Harcourt, Brace & World, Inc., 1961.

Nelson, George. *Problems of Design.* New York: Whitney Publishers, 1957.

Pena, William M., with Caudill, William W., and Focke, John W. *Problem Seeking.* Houston: Caudill Rowlett Scott, 1969.

III. VISUAL COMMUNICATION AND PERCEPTION
III.视觉交流和直觉

Alexander, H. *Language and Thinking.* New York: Van Nostrand Reinhold Co., 1967.

Arnheim, Rudolf. *Visual Thinking.* Berkeley: University of California Press, 1969.

Bach, M. *Power of Perception.* Garden City, NY: Doubleday, 1966.

Bartlett, F. C. *Remembering.* New York: Cambridge University Press, 1977.

Bartley, S. *Principles of Perception.* New York: Harper, 1972.

Block, H., and Salinger, H. *The Creative Vision.* Gloucester, MA: Peter Smith, 1968.

Bois, J. *The Art of Awareness.* Dubuque, IA: W. C. Brown, 1973.

Bry, Adelaide, and Bair, Marjorie. *Directing Movies of Your Mind: Visualization for Health and Insights.* New York: Harper and Row, 1978.

Chomsky, Noam. *Language and Mind.* New York: Harcourt Brace Jovanovich, 1972.

Chomsky, Noam. "Review of B. F. Skinner Verbal Behavior." *Language Magazine,* Jan–Mar 1959.

Cunningham, S., and Reagan, C. *Handbook of Visual Perceptual Training.* Springfield, IL: Thomas, 1972.

Feldman, Edmund Burke. *Art As Image and Idea.* Englewood Cliffs, NJ: Prentice-Hall Inc., 1967.

Gibson, J. *The Senses Considered as Perceptual Systems.* Boston: Houghton-Mifflin, 1966.

Gibson, James. *The Perception of the Visual World.* Boston: Houghton-Mifflin, 1950.

Harlan, C. *Vision and Invention.* Englewood Cliffs, NJ: Prentice-Hall Inc., 1970.

Hayakawa, S. *Language in Thought and Action.* New York: Harcourt Brace Jovanovich, 1978.

Huxley, A. *The Art of Seeing.* Seattle, WA: Madrona Publishers, 1975.

Janson, H. W. *The Nature of Representation: A Phenomenological Enquiry.* New York: New York University Press, 1961.

Jeanneret-Gris, Charles Edouard. *New World of Space.* New York: Reynal and Hitchcock, 1948.

Kepes, Gyorgy. *Language of Vision.* Chicago, IL: Paul Theobold and Co., 1944.

Luckiesh, Matthew. *Visual Illusions, Their Causes, Characteristics and Applications.* New York: Dover, 1965.

McKim, Robert H. *Experiences in Visual Thinking.* Monterey, CA: Brookes/Cole, 1972.

The Notebook of Paul Klee. Vol. 1: The Thinking Eye. New York: Wittenborn, 1978.

Paramenter, Ross. *The Awakened Eye.* Middletown, CT: Wesleyan University Press, 1968.

Pitcher, G. *A Theory of Perceptions.* Princeton, NJ: Princeton University, 1971.

Robertson, T. *Innovative Behavior and Communication.* New York: Holt, 1971.

Samuels, M., and Samuels, N. *Seeing with the Mind's Eye.* New York: Random House, 1975.

Summer, Robert. *The Mind's Eye*. New York: Dell Publishing, 1978.

Vygotsky, Lev S. *Thought and Language*. Cambridge, MA: MIT Press, 1962.

Walker, Theodore D. *Perception and Environmental Design*. West Lafayette, IN: PDA Publishers, 1971.

Whitehead, Alfred North. *Symbolism, Its Meaning and Effect*. New York: Macmillan Co., 1959.

IV. CREATIVITY

IV.创造力

Banker, W. *Brain Storms*, New York: Grove, 1968.

Barrett, W. *Time of Need: Forms of Imagination in the 20th Century*. New York: Harper, 1972.

Batten, M. *Discovery By Chance*. New York: Funk and Wagnalls Co., 1968.

Berrill, N. J. *Man's Emerging Mind: The Story of Man's Progress Through Time*. New York: Fawcett World Library, 1965.

Boas, G. *History of Ideas*. New York: Scribners, 1969.

Bourne, L. *Human Conceptual Behavior*. Boston: Allyn and Bacon, 1966.

Brown, R. *The Creative Spirit*. Port Washington, NY: Kennikat, 1970.

Bruner, J., Goodnow, I., and Austin, G. *A Study of Thinking*. New York: Wiley, 1956.

Burton, W., Kimball, R., and Wing, R. *Education for Effective Thinking*. New York: Appleton, 1960.

Chang, C. Y. *Creativity and Taoism*. New York: Harper, 1970.

Cobb, S. *Discovering the Genius Within You*. Metuchen, NJ: Scarecrow, 1967.

DeBono, E. *Lateral Thinking*. New York: Harper, 1972.

DeBono, E. *New Think*. New York: Basic Books, Inc., 1968.

Dyer, F., and Dyer, J. *Bureaucracy vs. Creativity*. Coral Gables, FL: University of Miami, 1965.

Eberle, R. *Scamper: Games for Imaginative Development*. Buffalo: D.O.K., 1972.

Garfield, Patricia. *Creative Dreaming*. New York: Ballantine Books, 1974.

Gombrich, F. H. *Art and Illusion*. New York: Phardon/Pantheon, 1960.

Gordon, W. J. J. *Synectics: The Development of Creative Capacity*. New York: Macmillan, 1968.

Greene, Herb. *Mind and Image*. Lexington, KY: University Press of Kentucky, 1976.

Gruber, Howard E., ed. *Contemporary Approaches to Creative Thinking*. New York: Atherton Press, 1963.

Koestler, Arthur. *The Act of Creation: A Study of Conscious and Unconscious in Science and Art*. New York: Dell Publishing, 1973.

Korner, S. *Conceptual Thinking: A Logical Inquiry*. New York: Dover, 1959.

Krippner, S., and Hughes, W. *Dreams and Human Potential*. Paper presented to American Association of Humanistic Psychology, 1969.

Maslow, A. H. *The Farther Reaches of Human Nature*. New York: The Viking Press, 1973.

McKellar, Peter. *Imagination and Thinking: A Psychological Analysis*. Norwood, PA: Norwood Editions, 1978.

Osborn, A. F. *Applied Imagination: Principles and Practices of Creative Thinking*. New York: Scribners, 1957.

Pikas, A. *Abstraction and Concept Formation*. Cambridge, MA: Harvard University, 1966.

Pollock, T. *Managing Creatively*. Boston: Cahners Books, 1971.

Prince, George M. *The Practice of Creativity*. New York: Harper & Row (paperback, Collier Books, 1972).

Reed, F. *Developing Creative Talent*. New York: Vantage, 1962.

Rieser, Dolf. *Art and Science*. New York: Van Nostrand Reinhold, 1972.

Rowan, Helen. "The Creative People: How to Spot Them." *THINK*. New York: IBM Corp. Nov.–Dec., 1962, pp. 7–15.

Samples, Robert. *Introduction to the Metaphoric Mind*. Reading, MA: Addison-Wesley Publishing Co., 1976.

Watson, James D. *The Double Helix*. Pasadena, CA: Atheneum Press, 1969.

插图版权 （Illustration Credits）

1-1, 8-29: By permission of Biblioteca Ambrosiana, Milano. From the *Codex Atlanticus*, figures 37 and 86 in *Leonardo DaVinci: The Royal Palace at Romarantin* by Carlo Padretti. Cambridge, MA: Harvard University Press, 1972.

1-2, 1-3: Reproduced from the *Catalogue of the Drawings Collection of the Royal Institute of British Architects, volume 9*, Edwin Lutyens, published by Gregg International, an imprint of Avebury Publishing Company, England, 1973.

1-4, 7-3, 7-33, 11-1: Reproduced from *Alvar Aalto: Synopsis*, edited by Bernhard Hoesli, published by Birkhauser Verlag, Basel, 1970.

1-5, 5-11, 5-15: Courtesy of Thomas N. Larson, FAAR, The Architects Collaborative.

1-6, 7-34, 11-10: Courtesy of Thomas H. Beeby, Hammond, Beeby, Babka, Architects, Chicago.

1-7, 2-6, 5-4: From Atkin, William W. *Architectural Presentation Techniques*. © 1976 by Litton Educational Publishing, Inc. Reprinted by permission of Van Nostrand Reinhold Company.

1-8: From Erman, Adolph. *Life in Ancient Egypt*. New York: reprinted by Benjamin Blom, Inc., 1969. Distributed by Arno Press, Inc.

1-17: From *Cybernetic Serendipity: The Computer and the Arts*. New York: Praeger Publishers, Inc., 1968.

1-24, 5-2, 11-2: Courtesy of David T. Stieglitz, Stieglitz Stieglitz Tries, Architects, Buffalo, NY.

1-27: Reprinted from the July 1978 issue of *Progressive Architecture*, copyright 1978, Reinhold Publishing Company.

2-2, 5-20, 5-22, 5-23, 7-29: Reproduced by permission of Lisa Kolber.

2-3, 7-18: Reprinted with the permission of Process Architects Publishing Company Ltd., Tokyo, and Lawrence Halprin. Copyright 1978. From *Process; Architecture No. 4 Lawrence Halprin*.

2-4: Reproduced by permission of Karl Brown.

2-5: Reprinted with the permission of Design Publications, Inc. From the March 1975 issue of *Industrial Design Magazine*.

2-7, 5-21, 5-26, 5-27: Reproduced by permission of Patrick P. Nall.

2-38: Reproduced by permission of Todd Carlson.

3-1: Rendering of the Student Union Housing, University of Alberta at Edmonton, Architects: A. J. Diamond and Barton Myers in association with R. L. Wilkin, Architect, and Barton Myers, Partner-in-Charge. Rendering by A. J. Diamond.

3-21: Courtesy of Thomas P. Truax. From a research study, Ohio University School of Architecture and Planning, 1974.

3-24, 3-25: Reprinted from *Helmut Jacoby Architectural Drawings*. New York: Praeger Publishers, Inc., 1965.

3-26: Reprinted from *Freehand Drawing: Language of Design*, by Michael Czaja. Walnut Creek, CA: Gambol Press, 1975.

3-27, 5-14: Courtesy of Michael F. Gebhart, The Architects Collaborative.

3-28: Reproduced by permission of Bret Dodd.

5-5, 7-5, 8-30: Reprinted from atelier rue de Sevres 35, by Guillermo Jullian de la Fuente and Anthony Eardley, a catalogue from an exhibition of project sketches and notes from LeCorbusier to Guillermo Jullian de la Fuente published by the College of Architecture in collaboration with the University Art Gallery, University of Kentucky, Lexington.

7-6: From Richard Saul Wurman and Eugene Feldman. *The Notebooks and Drawings of Louis I. Kahn*. Cambridge, MA: MIT Press, 1962.

5-1: By courtesy of Architectural Publishers Artemis, Zurich. Published in *Louis I. Kahn*. Copyright 1975.

5-3, 5-9: Courtesy of Edwin F. Harris, Jr., '59. From *The Student Publication of the School of Design*, vol. 10, number 2, North Carolina State University, Raleigh, NC.

5-6: From Papadaki, Stamo. *The Work of Oscar Niemeyer*. New York: Van Nostrand Reinhold Company, 1950.

5-7, 5-19: Courtesy of James W. Anderson and Landplus West, Inc., Land Planners/Landscape Architects.

5-8: Reprinted with the permission of Lawrence Halprin. From *The RSVP Cycles: Creative Processes in the Human Environment*. New York: George Braziller, Inc., 1969.

5-10, 5-12, 7-7: Courtesy of Gerald Exline. From Williams, A. Richard. *The Urban Stage* (Study Draft). Champagne-Urbana, IL, 11:1976.

5-13: Reprinted with the permission of Process Architects Publishing Company Ltd., Tokyo, and Romaldo Giurgola, Copyright 1977. From *Process: Architecture No. 2* Mitchell Giurgola Architects.

5-17: Drawing by architect Hugh Stubbins, from his book *Architecture: The Design Experience*. New York: John Wiley and Sons, 1976.

5-25: Reproduced by permission of Thomas A. Cheesman.

5-24: Reproduced by permission of James A. Walls.

7-11, 7-12: From "The Grammar of Ornament/Ornament as Grammar" by Thomas H. Beeby, published in *VIA III*, The journal of the Graduate School of Fine Arts, University of Pennsylvania. Reprinted with the permission of Thomas H. Beeby.

7-28: Reprinted from Norberg-Schulz, C. *Existence, Space & Architecture*. New York: Praeger Publishers, Inc., 1971.

7-32: Courtesy of Thomas P. Truax. From master's thesis project, Ohio University, 1975.

8-14: Courtesy of Mark S. Sowatsky. From Atlantis 2, thesis project, College of Architecture and Planning, Ball State University, Indiana, 1977.

10-12, 10-13, 10-14, 10-17: Reproduced by permission of Raymond Gaetan.

10-15, 10-16: Reproduced by permission of Tim Treman.

12-3, 12-4: Reprinted with the permission of William W. Caudill, FAIA, Caudill Rowlett Scott, from his book *Architecture by Team*. New York: Van Nostrand Reinhold Company, 1971.

13-5, 13-6: Drawn by Harry A. Eggink. From the *East Cambridge Study*, by Michael Justin Dowling, Harry A. Eggink, Bruce Leish, and Joan O'Riordan, Urban Design Program, Graduate School of Design, Harvard University, 1976.

13-7, 13-8, 13-9, 13-10, 13-11: Reprinted with the permission of the publishers and Steve Levine from *Connections: Ways to Discover and Realize Community Potential* by Jim Burns. Copyright 1979 by Dowden, Hutchinson & Ross, Inc., Publisher, Stroudsburg, PA.

13-13: Reprinted with the permission of Peter Hasselman, AIA, from the Atlantic City Study. American Institute of Architects, Regional/Urban Design Assistance Team.

13-12: Reprinted with the permission of John Desmond, FAIA, from *Phoenix Study*. American Institute of Architects, Regional/Urban Design Assistance Team.

13-14, 13-15: Reprinted by the permission of W. P. Durkee, Urban Design Associates, Pittsburgh, and Roy Mann, Roy Mann Associates, Cambridge, MA, from *Portsmouth Study*. American Institute of Architects, Regional/Urban Design Assistance Team.

13-16: Reprinted with the permission of Charles A. Blessing, FAIA, from *Phoenix Study*. American Institute of Architects, Regional/Urban Design Assistance Team.

13-17, 13-18: Drawn by Harry Eggink. Preliminary sketches for Basketball Hall of Fame at New Castle, IN.

13-19: Drawn by Harry Eggink. Rogan House, Elkhart, IN.

13-20: Drawn by Harry Eggink. East Bank Development for Elkhart, IN.

13-21, 13-22, 13-23: Reprinted with the permission of Harry Eggink from *Aleph Park*, a computer-based, high-tech, industrial site planning case study (Harry A. Eggink and Robert J. Koester, project directors; Michele Mounayar, principal consultant). Muncie, IN: Ball State University, College of Architecture and Planning and Center for Energy Research/Education/Service, 1984.

14-1, 14-2, 14-3, 14-4: Reproduced by permission of Nathan Moore.

14-5: By David Thompson Design. Reproduced by permission of House + House Architects.

14-6: Computer rendering by Shawn Brown. Reproduced by permission of House + House Architects.

英汉词汇对照

Aalto,Alvar 阿尔瓦·阿尔托

Abstraction: 抽象

    applied 抽象应用

    and experience 抽象与体验

    and problem solving 抽象与解决问题

Activity patterns 活动方式

Aesthetic order 美学法则

Alexander,Christopher 亚历山大·克里斯托弗

Analogies 相似

Analysis cards 分析卡片

Articulation 表达

Balance 平衡

Behavior 行为

Book organization 书目编排

Brainstorming 思维激发

Building program 工程任务书

Cartoons 卡通

Character 特征

Challenges 挑战

Climate 气候

Communication in the design process

    设计过程中的交流

Community design 社区设计

Community workshop process 工作交流过程

Comparison 对照

Comprehensive views 综合景象

Concept formation 构思成形

Conceptual/perceptual thinking 概念/感性思维

Concrete 具体

    images 具体形象

    thinking 具象思维

Conditioning,mental/physical 脑力/体力条件

Consistency 连贯

Consolidation 巩固

Construction process 施工过程

Context variables 文脉可变体

Cost-benefit analysis 成本-效益分析

Creativity 创造力

Da Vinci,Leonardo 莱奥纳尔多·达·芬奇

Design 设计

    breif 设计概要

    communication 设计交流

    as lifetime process 设计作为终身过程

    objectives 设计目标

    problems 设计问题

    process 设计过程

Details 细部

Direction 方向

Discovery 发现

Discrimination 辨别

Distillation 蒸馏

Distortion 变形

Diversity 多元

Doodles 信手涂鸦

Drawing 绘画

Drawing evaluation 许图

Economy of expression 表达的经济

Effective Communication 有效的交流

Elaboration 精心推敲

Energy 能量

Environmental problem-solving 从环境上解决问题

Environment for thinking/designing 设计/思考的环境

Equipment 装备

Escape 回避

Evaluation 评价

Evaluation criteria 评价标准

Experience reversal 经验逆转

Exploration 探索

Extraction 提取

Fantasy analogy 幻想类比

Figure-ground drawings 绘制地图

Focus 焦点

Form 形式

Freehand drawing 徒手画

Games,visual-mental 视觉智力游戏
Graphic 图解
    grammar 图解语法
    grammars,alternate 图解语法，替换
    language 图解语言
        applying 图解语言应用
        pitfalls of 图解语言陷阱
Graphic Thinking 图解思考
    applied to design 图解思考用于设计
    communication process 图解思考交流过程
    options 图解思考选择
    role in architecture 图解思考在建筑中的角色
    tradition 思解思考传统
Graphic vocabulary 图解字典
Growth of ideas 发展构思

Hierarchy 等级

Ideagram 构思图饰
Identities 本体
Identity 本体
Images,structuring 形象，结构
Imagination 想像
Increasing effectiveness 提高效率
Individual design 个人设计
Invention 发明
Inviting communication 引导交流

LeCorbusier 勒·柯布西耶
Linework 标线

Manipulation verbs 手法动词
Mass 体量
Matrix 矩阵
Modifiers 修饰
Mood 情绪
Need 需要
Network diagrams 网络图表
Notebooks 记事本

Objectives,design 目标，设计
Observation 观察
Observations,combining 观察，结合
Open-ended images 开放的草图

Opportunity-seeking 寻求机遇
Ordering images 形象法则
Ornamental grammar 装饰语法
Overcoming obstacles 克服障碍

Parallel projections 平行投影
Parti 偏见
Pattern language 模式语言
Perception 感知
Perceptual image 感性形象
Personal analogy 人体类比
Perspective 透视
Physical behavior 人的活动
Physical site analysis 自然环境分析
Plan section 平面
Plan sketches 平面草图
Preparation for designing 设计准备
Priorities,design 优先，设计
Problem-solving process 解决问题过程
Process 进程
Program,building 任务书，工程
Proportion 比率
Prototypes 雏形
Public design 公众设计
Puzzles,visual 视觉迷惑
Pyramid of possibilities 呈角锥体增长的可能性

Qualitative representation 授权代表

Random thoughts 胡思乱想
Recentering 最近的
Reduction 减少
Refreshment 清新
Relationships 关系
Repetition 重复
Representation 表达
    elementary forms 表达元素形式
    qualitative 表达质量
Reversals 反转
Rhythm 节奏

Scale 尺度
Section sketches 剖面草图
Selectivity 有选择性的

Sense awareness 意识

Simultaneity 模仿

Site analysis 场地分析

Site selection 场地选择

Sketch 草图

    basic elements 草图，基本元素

    building a 建筑物速写

    details 细部草图

    structure 草图轮廓

    technique 草图技法

    tones 草图色调

Sketches,abstract 草图，抽象

Sketch-notebook 草图－速写本

Skill development 发展技巧

Sources of solutions 解决设计问题的源泉

Space/order 空间／秩序

Stimulation 激发

Style 风格

Symbolic analogy 象征类比

Synectics 符号关系学

Team 小组

    design 小组设计

    techniques 小组技巧

Thinking 思考

    abstract 抽象思考

    concrete 具象思考

    private 个人思考

    public 公众思考

    reversals 逆向思考

Tones 色调

Topological continuity 拓扑连续

Tracing 描画

Transformation 转变

    program to schematic design 从任务书到设计的转变

Unity 整体

Urban design 城市设计

Varibles in design 设计中的可变体

Verification 验证

    and experience 验证和实验

Vertical section 剖面

Vision 视觉

Visual 视觉

    communication 视觉交流

    perception 视觉感知

    thinking 视觉思维

Visual-mental games 视觉智力游戏

Vitality 生命力

Wright,Frank Lloyd 弗兰克·劳埃德·赖特

Yin and yang 阴和阳